风电机组设计

——材料篇

王 鹏◎主 编

杨世芳　王鹏洁　段 巍◎副主编

U0161215

化学工业出版社

·北京·

内容简介

本书是一本涵盖风机叶片材料领域广泛知识的综合教材。全书共 6 章，主要介绍风机叶片在实际使用中所承受的载荷和作用，风机叶片制造的传统金属材料和金属基复合材料、生物基复合材料、新型涂层材料等新型材料的应用，当前风机叶片材料领域的前沿话题，风机叶片材料应用过程中存在的问题和亟待解决的技术难题，最后对风机叶片材料领域未来的发展趋势进行分析和展望。各章内容都具有独立性，同时各章内容之间也具有一定的连贯性，为读者提供了全面而系统的风机叶片材料知识。

本书可以作为能源与动力工程等相关专业师生的教材，也适合从事相关研究的学者、工程师，或者从事风机叶片制造与设计的技术人员阅读，希望读者能从本书中获得一定的知识，并在实际应用和研究中做出更加明智的决策。

图书在版编目（CIP）数据

风电机组设计 . 材料篇/王鹏主编；杨世芳，王鹏洁，段巍副主编 . —北京：化学工业出版社，2023.12
　ISBN 978-7-122-44647-3

Ⅰ.①风… Ⅱ.①王…②杨…③王…④段… Ⅲ.①风力发电机-叶片-材料-高等学校-教材 Ⅳ.①TM315

中国国家版本馆 CIP 数据核字（2023）第 231422 号

责任编辑：金林茹　　　　　　　　装帧设计：王晓宇
责任校对：王鹏飞

出版发行：化学工业出版社
　　　　　（北京市东城区青年湖南街 13 号　邮政编码 100011）
印　　装：北京天宇星印刷厂
787mm×1092mm　1/16　印张 13¾　字数 342 千字
2024 年 4 月北京第 1 版第 1 次印刷

购书咨询：010-64518888　　　　　售后服务：010-64518899
网　　址：http://www.cip.com.cn

定　　价：99.00 元　　　　　　　　　　版权所有　违者必究

前言

《风电机组设计——材料篇》是一本系统介绍风机叶片材料的综合教材，旨在向广大读者介绍风机叶片材料领域的基本原理、传统材料和新型材料的应用以及前沿技术的发展趋势。 通过对风机叶片材料的全面讲解，希望读者能够深入了解风机叶片材料的力学基础、传统材料和新型材料的特点与优劣，并对未来材料科学的发展方向进行展望与思考。

本教材共分为 6 章，每章均以具体的主题展开，同时各章内容之间又有一定的连贯性。 第 1 章为绪论，简要介绍本教材内容的研究背景、目的和意义，以及教材的概要结构，使读者对教材内容有一个整体了解。 第 2 章重点探讨风机叶片的力学基础，包括载荷及其作用、应力、应变和变形等，为后续章节提供必要的理论基础。 第 3 章围绕复合材料和传统材料的应用展开，详细介绍目前广泛应用于风机叶片制造的钢、铝和复合材料等的特点和相关技术。 第 4 章重点介绍新型复合材料的应用，包括新型纤维增强材料、生物基复合材料、新型涂层材料等，以及这些材料在风机叶片中的应用和制备技术。 第 5 章深入探讨风机叶片领域的前沿话题，包括微结构设计、智能材料在风机叶片中的应用、3D 打印技术等。 第 6 章在总结全书主要内容的基础上，对现有技术的局限性进行分析，并展望材料科学的未来发展趋势。

编写本教材的过程中，笔者秉持科学、全面、系统的原则，力求将复杂的材料科学知识以简洁明了的方式呈现给读者。 希望本教材能成为广大读者在风机叶片材料领域学习和研究的参考资料。

本书得到了华北电力大学研究院双一流建设经费的资助，在此致以诚挚的谢意！ 同时，感谢所有对本教材编写和出版做出贡献的人员和机构，以及所有支持和关注本教材的读者。

由于笔者水平有限，书中不妥之处，敬请读者批评指正！

王鹏

目录

1.1 飞速发展的风力发电需求

1.1.1 全球能源需求和环境挑战

全球能源需求和环境挑战是 21 世纪人类社会所面临的核心议题之一。随着全球人口的不断增加和经济的持续发展，能源需求呈现出日益增长的趋势，对现代社会的各个方面产生深远影响。能源已经不仅仅是生活和生产的基本需求，更是社会稳定和经济增长的基石。然而，传统化石燃料的长期使用引发了严重的环境问题，加剧了气候变化、空气污染和生态破坏等，迫使人类必须重新审视能源的选择与利用。

人口的持续增长意味着更多人需要用电、供暖、照明等基本服务，这无疑对电力和能源供应提出了更高的要求。与此同时，城市化和工业化的迅速推进也导致了工业、交通、建筑等领域的能源消耗快速增长。新兴市场和发展中国家的快速崛起，更是加速了全球能源需求的增长。尤其在信息技术、数字经济等领域的高速发展下，对电力和能源的需求增长更加显著。数据中心、云计算、人工智能等高能耗产业的兴起，使得电力需求不断增长，从而进一步加大了全球能源市场的压力。图 1-1 给出了 2000—2030 年全球能源需求增长预测情况。

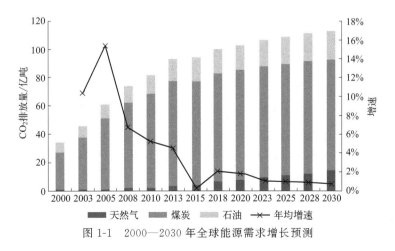

图 1-1 2000—2030 年全球能源需求增长预测

总之，能源需求的持续增长不仅源自人类基本需求的扩展，而且受到经济结构演变和技术发展的影响。面对这一挑战，社会必须寻求创新的能源供应和利用方式，以平衡能源供需，实现可持续发展的目标。

长期以来，人类过度依赖化石燃料，如煤炭、石油和天然气，以满足能源需求。然而，这种能源模式所产生的环境问题已经愈发凸显，对地球生态系统和人类社会造成了严重威胁（图 1-2）。

图 1-2　化石燃料带来的污染问题

最为突出的问题之一是气候变化。化石燃料的燃烧释放大量的二氧化碳等温室气体，形成温室效应，导致全球气温上升。这引发了极端天气事件，如更频繁的热浪、干旱、暴雨等，对农业、水资源和生态系统产生了直接影响。冰川融化和海平面上升威胁到低洼地区的居民和生态环境，加剧了全球性的环境问题。图 1-3 给出了全球气候整体变化趋势。

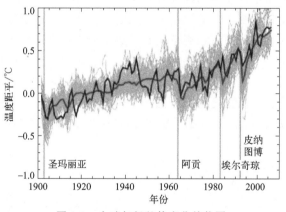

图 1-3　全球气候整体变化趋势图

空气污染是另一个由化石燃料燃烧引起的严重问题。燃煤和石油产生的排放物中含有细颗粒物、硫化物和氮氧化物等有害物质，它们对空气质量产生影响。细颗粒物不仅损害人们的健康，而且降低了大气透明度，影响能见度和生态系统的稳定性。臭氧则对呼吸系统和植物生长造成危害，形成光化学烟雾，影响城市空气质量。

化石燃料的开采和运输也会引发环境问题。石油泄漏和煤矿事故不仅造成环境破坏，而且给生态系统和人类健康带来长期影响。煤矿开采导致地表沉降、水体污染和土地退化，威胁了生态平衡和可持续发展。同时，化石燃料的运输也存在风险，如油轮事故可能引发海洋生态系统的灾难性破坏。

此外，化石燃料的采集、加工也需要大量的水资源和土地资源。水资源的过度开采会导致水资源枯竭,影响整个生态系统。土地的开垦和破坏也会导致生态系统的退化,减少生物多样性,影响生态平衡。

综上所述,化石燃料的使用引发了一系列严重的环境问题,从气候变化到空气污染,从水资源枯竭到生态系统破坏,都对地球环境造成了极大的威胁。为了应对这些挑战,人类必须加快能源转型,采用更加清洁、可持续的能源(图 1-4),以实现环境保护和可持续发展的目标。

图 1-4　可持续清洁能源是未来重要的发展方向

可持续能源转型是具有深远意义的,不仅关乎能源供应的稳定,还关系到环境保护、经济发展和社会稳定。我们必须共同努力,通过推动能源多样化、加强科技创新、改善政策环境等方式,实现能源转型的目标。只有在可持续的能源体系下,人类生活才能繁荣、安全。我们必须认识到,可持续能源转型不仅是一种选择,更是一种必然,是我们为子孙后代创造更好未来的重要举措。在可再生能源中,风能作为重要的清洁能源之一,具有广泛分布、高效利用和可再生的特点,已经成为全球能源转型的重要组成部分。

1.1.2　可再生能源的崛起与风力发电的兴起

在能源领域,可再生能源正以其环保、可持续的特点崭露头角,从能源安全、环境保护到经济可持续发展等都具有不可忽视的价值,已经成为全球能源供应的重要组成部分。人类未来的发展是一个需要权衡各种因素的复杂过程,我们必须认识到,可再生能源不仅是一种选择,更是一种责任。发展可再生能源,不仅可以解决当下的环境和能源问题,为人类的未来提供更大的机会和可能性,而且对经济的稳定发展也至关重要,可降低能源价格波动对经济的冲击。同时可再生能源产业的兴起也创造了大量就业机会,促进了产业升级和创新,为经济可持续发展注入活力。

可再生能源的使用几乎不产生污染物和温室气体,有助于提高空气质量、减少水和土壤污染,保护生态系统。其中,风力发电(图 1-5)作为可再生能源的代表,不仅在环保和能源领域具有显著影响,还在经济效益与社会效益方面发挥着重要作用,正逐渐成为全球能源转型的核心驱动力之一。下面将着重探讨风力发电的优势以及在技术方面的持续进步,以展示其在未来可持续能源中的重要地位。风力发电在环保与经济效益方面的作用如下所示。

图 1-5　风力发电

① 风力发电在能源领域扮演着环保和清洁能源的角色。相较于传统化石燃料，风能转化为电能的过程中不产生污染物和温室气体，无需燃烧，因此几乎没有对大气、水源和土壤的负面影响。这使风力发电在减少碳排放、提高空气质量以及缓解气候变化等方面具有重要意义。另外，风力发电具有持续性和可再生性，无论是在陆地还是海上，风能资源都广泛分布，为人类提供了持续、可再生的能源来源。

② 风力发电在电力系统中具有高度的可调节性，可以根据电力需求和风速变化灵活调整输出。技术进步使风机叶片的角度和转速能够更快速地响应风速变化，从而增强了电力系统的稳定性。此外，风力发电还能够与其他形式能源如太阳能、储能等进行协同，构建更加弹性和可靠的能源供应体系。

③ 风力发电的成本不断下降，逐渐接近甚至低于传统能源的成本。风能作为一种自然资源，无需购买，风力发电厂的运营成本相对较低，因此在长期运营中可以降低电力成本。

④ 风力发电项目的建设和运营促进了相关产业链的发展，为经济增长提供了动力。风力发电产业的发展创造了大量的就业机会，从风机制造、组装到运维。另外，整个风力发电产业涵盖了多个环节，涉及材料、技术、设备等多个领域，创造了多样化的就业机会。风力发电的发展也带动了智能化运维、储能技术、智能网联技术等的发展，推动了能源系统的升级和变革。同时，风力发电技术的创新和发展，使其在不同地区、不同环境下都有了更多应用的可能性，如海上风电、城市风电等，实现了多元化发展。

⑤ 风力发电的兴起推动了新兴产业的培育和发展。除了风机制造和组装，风力发电还催生了风电场设计、运维管理、智能监测等产业的发展。这些产业的兴起为技术创新和产业升级提供了平台，促进了相关产业的发展。新兴产业的培育不仅带动了经济增长，还推动了科技进步，为国家的长期可持续发展创造了条件。

风力发电在社会效益与可持续发展方面也发挥着关键作用。可持续发展是一种平衡经济、社会和环境的发展模式，风力发电在其中扮演着积极的角色。风力发电在社会效益和可持续发展中的地位和作用如下所示。

① 保障能源供应与能源安全。可持续发展需要可靠的能源供应，而风力发电的可再生性和稳定性使其成为可靠的能源选择。风力发电的发展可以减少对传统能源的依赖，提高能源供应的稳定性。这种能源供应的保障不仅有助于满足人们的生活和生产需求，还增强了国

家的能源安全。

②　提升环境质量与健康状况。风力发电作为清洁能源，几乎不产生污染物和温室气体，有助于提高环境质量。相比于传统的能源开采和利用，风力发电不会产生空气污染和水污染，不会对生态系统造成严重破坏。环境的改善有助于保护生态平衡，维护生物多样性，为人类提供一个更加可持续的生态环境。

③　降低气候变化风险。风力发电的清洁特性有助于降低温室气体的排放，从而降低气候变化的风险。大气中的温室气体导致地球表面气温上升，引发极端气候事件，影响生态平衡。风力发电的推广可以减少燃烧化石燃料所产生的温室气体，为全球减缓气候变化作出贡献。

④　促进科技创新与产业升级。风力发电的发展催生了相关技术的创新和进步。风机叶片设计、智能监测系统、储能技术（图 1-6）等的不断创新，提高了风力发电的效率和可靠性。同时，风力发电的兴起也推动了相关产业链的升级，促进了科技创新和产业升级，为可持续发展注入了活力。

图 1-6　风光储绿色能源系统规划图

⑤　支持可持续城市发展。城市是人类生活和生产的重要场所，也是能源消耗的集中地。风力发电作为清洁能源可以为城市提供可持续的能源供应。在城市能源供应体系中引入风力发电，可以减少传统能源的使用，提升城市空气质量，提升城市居民的生活质量，实现城市可持续发展。

⑥　促进国际合作与共享。风力发电的可再生性和可持续性使其成为国际合作的重要领域。各国可以通过合作，共享技术、经验和资源，共同推进风力发电的发展。国际合作有助于加速技术创新和产业发展，实现全球能源转型和可持续发展的目标。

尽管风力发电在环保、可持续发展、经济效益和社会效益方面都具有重要作用，但在其快速发展的同时仍然存在一些挑战和问题。随着技术不断进步和社会认知的提高，风力发电有望克服这些挑战，迎来更加广阔的发展前景。

①　可变性与不稳定性。风能的不稳定性和可变性是风力发电面临的主要挑战之一。由于天气和气候的变化，风速和风向难以预测，导致风力发电的发电量波动较大。这会对电网稳定性产生影响，需要配备储能系统或与其他能源形式相结合，以确保能源供应的稳定性。

②　地理限制与环境影响。风力发电的布局需要充分考虑地理环境和生态影响。选择适合的地点对风力发电的效益至关重要，但在某些地区可能面临土地紧张、生态破坏等问题。此外，风力发电机组的建设和运营也可能对当地生态系统和野生动植物造成一定的影响，需

要进行科学评估和管理。

③ 技术成本与竞争力。尽管风力发电的技术不断进步，但初始投资和运营成本仍然是制约其发展的因素之一。风力发电需要大规模的设备和基础设施投资，特别是在复杂地理环境中的建设成本较高。此外，与传统的能源形式相比，风力发电在一些地区可能面临竞争力不足的问题，需要持续降低成本以提升竞争力。

④ 社会接受度与政策支持。风力发电项目的推广还需要社会接受度和政策支持。一些风力发电项目可能引发当地居民的担忧，例如噪声、景观破坏等问题，需要加强社会沟通和参与，提高项目的社会接受度。同时，政府的政策支持和法律法规的制定对风力发电的发展也非常重要，有助于创造良好的发展环境。

⑤ 能源存储与智能化。解决风力发电的可变性和不稳定性问题需要更多的能源存储和智能化技术的应用。能源存储技术可以在风能充足时将多余的电能存储起来，在能源短缺时释放出来，实现能源平衡。智能监控系统可以预测风速、调整发电机组的运行状态，优化能源利用效率。

⑥ 技术创新与国际合作。为了克服风力发电面临的挑战，风机叶片设计、发电机效率提升、智能监测系统等领域需要不断创新，降低成本、提高效率。此外，国际合作也可以促进技术、经验和资源的共享，加速风力发电技术的发展。

⑦ 拓展应用领域与能源多元化。风力发电的应用不仅局限于发电领域，还可以拓展到其他领域。例如，将风力发电与储能技术相结合，为无电地区提供电力供应；将风力发电与电解水技术结合，产生氢气作为清洁燃料。此外，风力发电的发展也应与其他可再生能源形式相互配合，实现能源多元化和互补。

1.1.3 风力发电的历史

风力发电作为一种重要的可再生能源利用形式，其产生和发展可以追溯到古代。尽管现代风力发电的发展始于近两个世纪前，但人类对风力的利用和探索有着悠久的历史。

（1）古代利用风力

古代是人类对自然界进行探索和利用的时期，风力作为一种自然资源在人类的生活中发挥了重要作用。虽然古代人们对风力的应用相对简单，但这一时期的利用经验为后来风力发电的发展奠定了基础。

公元前 3000 年左右，古埃及人使用风帆来推动船只，帮助船只在尼罗河等水域进行远程航行，这对古代贸易和文化交流起到了积极的作用。随着社会的发展，古希腊和古罗马时期出现了更多关于风力的利用案例。如古希腊时期，风力被用于推动小型船只进行沿海运输；古罗马时期，风车被广泛用于提水和磨谷物，给当时的农业生产和生活带来了便利。中国古代也有丰富的风力利用经验。早在东汉时期（公元 25—220 年），中国就出现一种称为"雪车"的风车，用于磨谷物。这种风车结构简单，利用风力旋转的原理实现了谷物的研磨。此后，中国的风车得到了进一步发展和改进，成为一种重要的农业工具（图 1-7）。中世纪的欧洲，风车得到了更广泛的应用。尤其是在荷兰，风车被广泛用于排水，维持土地的肥沃。这些风车在结构和功能上都有创新，为现代风力发电机的设计奠定了基础。

（2）18 世纪的风力研究

18 世纪是科学技术蓬勃发展的时期，人类对自然界的认识不断深化。在这个时期，风力作为一种自然资源被更加系统和深入地研究，为风力发电技术的发展和创新提供了宝贵的

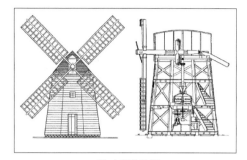

(a) 实物图　　　　　　　　　　　　　　　　(b) 内部结构图

图 1-7　风车推磨

经验和基础，风力机械的设计和应用也开始得到更多关注。

当时的科学家开始运用更加系统的方法，通过实验和观察来研究自然现象。风车设计也在一定程度上得到了改进和创新，科学家和工程师开始尝试设计更加高效和稳定的风车，他们考虑了风的影响、叶片形状、转子的转速等因素，通过不断的试验和改进，逐渐提高了风车的效率和性能。另外，人们也开始进行更加系统和科学的气象观测，包括对风力的测量，当时的科学家开始使用风向标和风速计等工具来记录和测量风的强度和方向。这些观测数据为风力的研究和风能的应用提供了基础，使人们能够更好地了解风的特性和变化规律。这一时期，风力在更多领域得到应用，除了传统的领域（如磨坊和水泵），风力还被用于提供动力（如驱动机械运转）。这些应用在一定程度上推动了风力机械的设计和技术创新，为后来风力发电技术的发展奠定了基础。

（3）19 世纪末的发展

19 世纪末是工业革命的高峰时期，科技和工程领域取得了巨大突破，风力技术也在这一时期迎来了重要的发展。随着工业化进程的加速和对能源需求的不断增长，风力被重新关注并应用于更广泛的领域。

19 世纪末，风力泵水技术得到了显著的发展，利用风能来驱动水泵，将地下水提升到地表，满足了人们的饮水和灌溉需求。这一技术在干旱地区得到广泛应用，改善了当地的水资源状况，提高了农业生产和人们的生活质量。另外，人们开始尝试利用风力来发电。虽然这一阶段的风力发电技术尚未达到现代水平，但这些尝试为后来风力发电技术的发展打下了基础。1888 年，美国科学家查尔斯·布什尼尔（Charles F. Brush）建造了一台风力发电机，能够将风能转化为电能。虽然当时的发电量有限，但这标志着风力发电技术的开端。后来，风力设备逐渐商业化，进一步促进了技术创新和性能提升，为后来现代风力发电技术的发展打下了基础。同时，风力技术也开始在更多领域得到应用，除了泵水和发电，风力还被用于驱动一些机械设备，如面粉磨坊、纺织机等。这些应用在一定程度上满足了当时社会的需求，同时也为风力技术的发展提供了更多实践经验。

尽管 19 世纪末风力技术取得了一些重要进展，但也面临着一些挑战和限制。风力受到天气条件的影响，不稳定的风速会影响设备的性能。此外，当时的风力发电技术尚未能够满足大规模电力需求，发电量有限，难以与传统能源竞争，这些限制制约了风力技术的更大发展。

（4）20 世纪初的应用

20 世纪初是工业革命继续和科技进步的时期，风力技术在这一时期逐渐从机械驱动向电力供应方向发展，风力发电作为一种新兴技术开始受到更多关注。

20世纪初，风力泵水技术得到了进一步发展。随着农业生产的增长和人口的增加，对水资源的需求也在不断增加。风力泵水技术将地下水提升到地表，满足了农田灌溉和人们生活的需求。随后风力发电技术开始兴起并逐渐成熟，美国的风力发电技术取得了重要进展，一些早期的风力发电机开始投入使用。后来，风力发电机的设计不断改进，叶片形状、叶片角度、转子结构等都得到了优化，使风力发电机在一定程度上提高了发电效率，更适合一些特定地区的电力供应。一些国家也意识到风力发电的潜力，政府开始提供支持和鼓励风力技术的发展，这也在一定程度上推动了风力技术的进步和创新。

（5）20世纪中期的衰退

20世纪中期是风力技术发展中的一个衰退时期。这段时间，风力技术在工业化和电气化进程的推动下逐渐失去了一部分应用市场，主要因为对更便捷、稳定的能源形式的需求增加，以及石油等化石燃料的广泛应用。

20世纪中期，化石燃料开始在工业生产、交通运输和家庭生活中广泛应用。化石燃料的高能量密度和稳定供应使其能够满足不断增长的能源需求，相比之下，风力技术在供能的可靠性和稳定性上存在一定不足，导致其在能源市场上逐渐被替代。电力网络的扩展和完善，使人们能够从更远的地方获取电力供应，使得大型中心化发电站成为主流，而风力发电在电网的整体规模上相对较小。电力网络的发展也提高了电力供应的稳定性，使得人们更加依赖传统的能源供应形式。另外，这一时期，相对于化石燃料，风力技术没有得到足够的政策支持，政府在能源领域的投资主要集中在传统能源上，而对于风力技术的研发和应用投入有限，导致了风力技术在经济和政策层面上处于竞争劣势，限制了其发展的空间。

20世纪中期，风力技术仍然面临一些技术限制和挑战。风力发电的可靠性、效率和成本仍然是关键问题，设备的维护和管理也存在困难，特别是在恶劣气候条件下。这些技术限制和挑战进一步限制了风力技术的应用范围和发展速度。

（6）20世纪末的复兴

20世纪末，环保意识的崛起、能源危机的影响以及技术创新的推动，使风力技术得到了新的发展机遇，经历了一次显著的复兴，成了可再生能源领域的焦点之一。

20世纪末，全球范围内环保意识崛起，风力发电作为一种清洁、零排放的能源形式，受到了越来越多人的关注，被认为是减少环境污染和降低碳排放的途径之一。另外，全球能源危机逐渐凸显，石油价格的剧烈波动使得人们认识到多样化能源来源的重要性，风力发电技术因其丰富的资源和清洁的特点，成了一个备受关注的选项，被认为可以在一定程度上减少对进口化石燃料的依赖。越来越多的国家纷纷采取了政策支持和激励措施来推动风力发电的发展，能源市场的自由化和法规的完善也为风力发电的商业化提供了更有利的环境，风力技术逐渐走向商业化和产业化。不同国家之间的经验交流和技术合作、新兴市场的崛起也都促进了风力技术的创新和进步。

（7）21世纪的蓬勃发展

进入21世纪，风力技术迎来了蓬勃发展的新时代。在日益严重的气候变化、能源安全问题以及可持续发展的形势下，风力发电作为一种清洁、可再生的能源形式，逐渐走上了可持续发展的道路。

21世纪以来，风力技术经历了持续的技术创新和进步。从风力涡轮机的设计到叶片的材料，从控制系统到数字化监测，各个方面的技术都取得了重大突破。风力涡轮机的效率不断提升，风能的捕捉效果越来越好。智能化、数字化技术的应用使得风力发电设备的运维更加高效，降低了成本，提高了可靠性。风力发电逐渐从小规模试验项目转向大规模商业化运营。越来越多的风电场在全球范围内建设和投产，风力发电的规模不断扩大。大型风电机组的制造和运营效益得到提升，使风力技术变得更具商业吸引力。风力技术开始在多个领域得到应用，除了传统的陆地风电场外，海上风电（图1-8）、离岸风电等新型应用逐渐兴起。

图 1-8　蓬勃发展的海上风电

技术创新、规模化、商业化、多元化应用、国际合作、政策支持、能源转型、技术成本下降、绿色金融、新材料智能化应用等多方面因素，共同推动了风力技术的快速发展。随着全球范围内对可持续发展的呼声不断提高，风力技术有望在未来继续保持高速增长，为人类的清洁能源供应做出更大贡献。

（8）未来展望

展望未来，风力发电作为可再生能源领域的重要组成部分，正面临着巨大的发展机遇和挑战。在全球范围内，能源转型和可持续发展的需求不断加强，为风力技术的进一步发展提供有利的环境。随着技术的不断进步和成本的不断下降，风力发电有望继续保持持续增长的发展态势。预计在未来几十年内，风力发电容量将继续扩大，成为全球能源体系中的重要一环。海上风力未来有望成为风力技术的重要增长点，混合能源系统（图1-9）将成为未来能源供应的趋势，风力技术的智能化和数字化应用将持续加强，新材料的研发和设计的创新将为风力技术带来新的突破，能源储存技术在风力发电系统中的应用将逐渐增加，分布式风力发电系统和社区风电项目有望成为一种新的发展趋势，使个人和社区能够参与到能源生产和

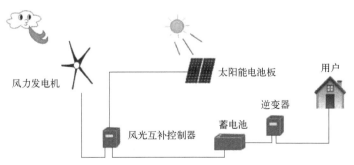

图 1-9　风光互补混合能源系统示意图

供应中。

　　风力技术的发展也面临着一些挑战。例如，风力发电的波动性和可靠性问题仍需要进一步解决；海上风电的建设和运维成本较高，需要寻找降低成本的途径；新材料和技术的应用也需要经过严格的测试和验证。然而，这些挑战也正是激励创新和进步的动力，随着技术的不断突破，风力发电在未来有更广阔的发展前景。

1.1.4　风力涡轮机及其叶片的关键作用

　　风力涡轮机（图 1-10）是风力发电系统的核心组成部分，其叶片作为能量转化的关键部件，在风能转化过程中起着重要作用。本节将深入探讨风力涡轮机及其叶片的关键作用，以及在风力发电系统中的技术创新和发展趋势。

图 1-10　风力涡轮机

　　风力涡轮机是将风能转化为机械能的设备，是风力发电系统的核心，其关键作用体现在以下方面。

　　① 风能捕捉与转化　风力涡轮机的叶片能够捕捉并吸收风能，将风的动能转化为叶片的旋转动能。通过叶片与风的相互作用，涡轮机能够将风能转化为机械能，推动发电机发电。因此，风力涡轮机是风能转化的关键环节，直接影响风力发电系统的发电效率和能量利用率。

　　② 能量转移与转换　风力涡轮机的转动叶片通过传递动能到发电机，将机械能转化为电能，并通过电网供应给用户。因此，风力涡轮机在能量的转移和转换中发挥着关键作用，直接影响风力发电的经济性和可靠性。

　　③ 稳定性与控制　风力涡轮机的设计和控制对于风力发电系统的稳定性至关重要。合理的涡轮机设计可以使其在不同风速下都能够高效工作，最大限度地捕获风能。此外，风力涡轮机还需要根据风速的变化进行调整，保持最佳运行状态，以实现稳定的发电输出。

　　④ 耐久性与可靠性　风力涡轮机有时要在恶劣的自然环境条件下工作，如高风速、极端温度等，因此，其设计和制造需要考虑耐久性和可靠性。涡轮机的结构和材料应该能够抵抗风力和气候等外界因素的影响，确保设备长期稳定运行。

　　⑤ 技术创新与发展趋势　随着技术的不断创新，风力涡轮机也在不断演化和改进。一方面，涡轮机的设计优化、叶片材料的创新以及控制系统的智能化不断推动涡轮机性能的提升；另一方面，涡轮机的尺寸和容量也在逐渐增加，以适应更大范围的风速和能

源需求。

　　风力涡轮机叶片是将风能转化为旋转动能的关键部件，其形状、材料和设计对于风力发电的效率和性能至关重要。

　　① 捕捉风能与产生扭矩　风力涡轮机叶片的设计旨在最大限度地捕捉风能，使其产生扭矩。叶片的曲线和扭曲设计可以使其在不同风速下都能够高效工作，最大程度地转化风能为机械能。因此，叶片的形状和设计直接影响着风力涡轮机的发电效率。

　　② 材料选择与耐久性　风力涡轮机叶片需要在不同的气候和环境条件下工作，因此叶片材料的选择需要具备高强度、耐腐蚀、耐疲劳等特性。新型复合材料的应用可以提高叶片的耐久性和可靠性，延长设备的使用寿命。

　　③ 动态响应与控制　风力涡轮机叶片的动态响应对于整个涡轮机的性能和稳定性具有重要影响。叶片的弯曲和振动会影响涡轮机的运行状态，需要通过控制系统进行调整和优化，以保持设备的稳定性和发电效率。

　　④ 制造技术与可持续发展　风力涡轮机叶片的制造技术也在不断创新，以满足更大尺寸和更高性能的需求。同时，叶片的回收和再利用也是可持续发展的重要方向，降低资源消耗。

1.1.5　风力涡轮机叶片材料的发展历程

　　风力涡轮机叶片作为风能转化的关键部件，其材料的选择和发展对于风力发电系统的效率和可靠性至关重要。风力涡轮机叶片材料经历了漫长的发展历程，从最早的金属材料到现代的复合材料，不断地推动着风力发电技术的进步。

　　早期，风机叶片主要采用金属材料，这一时期被称为风机叶片的金属材料时代。此时，叶片主要依赖于传统的金属材料，如钢铁和铝合金，如图 1-11 所示。这些金属材料具有较高的强度和耐久性，使得叶片能够在恶劣环境中工作。同时，金属材料在制造和加工方面具有较高的成熟度，可以满足当时小型风力涡轮机的需求。然而，在风机叶片金属材料时代，也暴露出一些挑战和限制：金属材料的密度较大，导致叶片重量较

图 1-11　铝合金叶片

大，限制了风机叶片的尺寸和效率；金属材料容易受到氧化、腐蚀等因素的影响，需要定期的维护和修复；金属材料的疲劳性能较差，容易在长时间的循环载荷下产生损伤，限制了叶片的寿命。当时也不断进行技术改进，例如，优化叶片的设计和结构，可以减轻叶片的重量，提高风能的捕捉效率；对金属材料进行合理的涂层处理，改善其耐腐蚀性能，延长叶片的使用寿命。

　　随着风力发电技术的不断发展和规模的扩大，金属材料的局限性逐渐显现。在大型风机中，金属材料的重量和疲劳问题成为制约风机性能的因素。同时，风力发电行业也越来越关注可持续性和环保性能，对材料提出了更高的要求。为了克服金属材料的局限性，风机叶片的材料逐渐从金属转向了复合材料（由两种或两种以上不同类型的材料组合而成，具有轻

质、高强度、抗腐蚀性能等优点）。风机叶片在复合材料时代的材料选择主要是玻璃纤维增强复合材料（GFRP）和碳纤维增强复合材料（CFRP）等，如图1-12所示。

(a) GFRP   (b) CFRP

图1-12　玻璃纤维与碳纤维增强复合材料

多层玻璃纤维增强复合材料是风机叶片材料的重要突破，具有轻质、高强度、抗腐蚀性强、设计灵活性高等特点。然而，GFRP也存在一些不足之处，比如疲劳性能相对较差、在高温和低温环境下的性能较差等。碳纤维增强复合材料也逐渐应用于风机叶片中，具有高强度和刚度、轻质化设计、抗疲劳性能较好等特点。当然，CFRP也存在一些挑战，比如成本较高、易碎等。除了GFRP和CFRP，还出现了一些新型复合材料在风机叶片中的应用，如生物基复合材料、金属基复合材料等。这些材料具有一些独特的优势，如更好的环保性能、更高的温度稳定性等，为风机叶片的发展带来了更多的可能性。

复合材料应用给风力发电领域带来了重大影响。首先，复合材料的应用极大地提升了风机叶片的性能，使风力涡轮机能够在更恶劣的环境条件下工作，提高了能量捕捉效率和可靠性。其次，复合材料的轻质化设计和抗腐蚀性能降低了风机叶片的维护成本，增强了风力发电项目的经济性。另外，复合材料革命还促进了材料科学和制造技术的创新，为风力发电技术的未来发展提供了更多可能性。随着技术的不断创新，复合材料在风机叶片中的应用将继续发展，新型复合材料的引入将进一步提升叶片的性能和可持续性。

1.1.6　风力涡轮机叶片材料的重要性

风机叶片作为风能捕获的关键部分，其材料性能的提升对整个风力涡轮机的性能提升至关重要。本节将深入探讨风机叶片材料性能的重要性，不同性能指标的意义，以及提升风机叶片材料性能的途径。

风机叶片材料性能的提升对风力发电产业的可持续发展至关重要。材料性能通常涉及多个指标，以下是风机叶片材料性能的几个关键指标。

① 强度和刚度　风机叶片要承受风载荷和振动，因此需要具备足够的强度和刚度。高强度和刚度可以防止叶片在高风速下失效或振动过大。

② 抗疲劳性能　风机叶片长时间在循环载荷下工作，抗疲劳性能成为关键。优异的抗疲劳性能可以延长叶片的使用寿命，降低维护频率。

③ 抗腐蚀性能　风机叶片通常在潮湿和腐蚀性气候条件下运行，因此需要具备优秀的抗腐蚀性能，以减少材料的损伤和腐蚀。

④ 热稳定性　风机叶片在高温、低温等极端环境中工作，需要具备良好的热稳定性，以防止材料性能退化或失效。

⑤ 振动特性　叶片振动会影响风机的噪声和运行稳定性，因此需要控制叶片的振动特性，保证风机的正常运行。

为了提升风机叶片材料性能，需要从材料的组成、制备工艺、结构设计等多个方面进行优化和创新。以下是一些提升风机叶片材料性能的途径。

① 新型材料的应用　随着材料科学的发展，新型材料（如纳米材料、高强度合金等）在风机叶片中的应用将有望提升其性能。

② 复合材料的优化　继续优化复合材料的配方和制备工艺，提高其强度、刚度等性能，并解决其在抗疲劳、热稳定性方面的挑战。

③ 结构设计的创新　优化叶片的结构设计，减少应力集中，改善叶片的强度和稳定性。

④ 材料测试与评估　发展更精确的材料测试和评估方法，及时监测材料性能的变化，为材料的选用和改进提供依据。

提升风机叶片材料性能虽然具有巨大潜力，但也面临一些挑战。材料性能的提升需要在保持经济性的同时满足多种要求，需要在材料选择、制备工艺、结构设计等方面进行全面考虑。此外，材料性能的提升也需要长期的研发投入和实验验证，需要跨学科合作，解决技术、工程和材料科学等多个领域的问题。

未来，随着材料科学、制造技术的不断创新，风机叶片材料性能将持续得到提升。新型材料、智能材料等的应用，以及结构设计的创新将进一步推动风机叶片的性能提升。在全球能源转型的背景下，优化风机叶片材料性能对提高风力发电的可靠性和经济性具有重要意义。

选择风机叶片材料时，需要综合考虑多种因素，包括性能要求、环境影响、成本效益等，同时还要考虑风机叶片的可持续性和环保导向。风机叶片的可持续性涵盖多个方面，从材料选择到制造过程，再到使用和维护，都需要考虑对环境的影响以及对资源的保护。环保导向设计是实现风机叶片可持续性的关键步骤，这意味着在风机叶片设计、制造和使用过程中，将环境保护和资源可持续利用作为首要目标。环保导向设计需要注重减少碳足迹、降低环境污染、循环利用和再制造等。为了实现风机叶片的可持续性和环保导向，许多创新技术正在不断发展。比如，应用生物基材料、开发循环利用技术、借助数字化设计与优化、利用智能监测与维护等。

1.1.7　新兴材料和前沿技术的涌现

近年来，随着材料科学和工程技术的不断进步，一系列新兴材料在风机叶片领域得到了广泛的应用，为风力发电带来了新的机遇和挑战。生物基复合材料（图 1-13）作为一种环保可持续的选择，逐渐成了风机叶片材料的研究热点和应用趋势。

生物基复合材料是由天然纤维和生物基树脂等可再生资源组成的复合材料。相较于传统的玻璃纤维增强复合材料，生物基复合材料具有以下显著特点。

① 环保可持续性　生物基复合材料主要由可再生资源制成，如植物纤维、淀粉基树脂等，降低了对有限化石资源

图 1-13　飞速发展的生物基复合材料

的依赖，有助于降低碳排放和环境影响。

② 低能耗制备　生物基材料的制备过程较为简单，通常需要较低的温度和能耗，有利于降低生产过程中的能源消耗。

③ 可降解性　生物基复合材料使用后可以通过自然降解的方式还原成环境中的有机物，不会对环境造成长期污染。

在风机叶片领域，生物基复合材料作为一种环保可持续的选择，逐渐受到了研究人员和工程师的关注。生物基复合材料的强度和刚度通常较传统的玻璃纤维增强复合材料较低，因此更适合在风机叶片的轻负荷区域应用。生物基复合材料的环保特性使其成为环保导向选择的候选材料。在风力发电系统中，采用生物基复合材料的风机叶片可以减少碳足迹，降低对环境的影响。当然，生物基复合材料的应用也存在一些挑战。

① 性能挑战　生物基复合材料的力学性能通常较传统的玻璃纤维增强复合材料较低，因此其在承受较大载荷的风机叶片中的应用受到限制。

② 耐久性　生物基复合材料在湿热环境下的耐久性可能较差，容易受潮变形，降低了其在恶劣气候条件下的应用性能。

为了应对生物基复合材料在风机叶片中的应用挑战，研究人员和工程师们也在不断探索创新方法。其中，通过改进生物基复合材料的配方、制备工艺和增强方法，提升其力学性能和耐久性，是一个重要的研究方向。此外，智能化设计和多功能性材料的引入，也有望进一步提升生物基复合材料在风机叶片中的应用范围和性能。

1.2　本教材的意义

风机叶片的材料选择、性能优化和创新设计对提高风力发电系统的效率、降低成本以及促进可持续发展具有重要意义。因此，深入研究风机叶片材料的特性、应用和发展趋势，编写相应的教材，具有重要的科学意义。

（1）探究材料特性与性能

全面梳理材料特性、介绍性能评估与测试方法、进行应变和变形分析、研究疲劳性能和材料的热学、耐候性能，同时分析实际工程案例，使读者可以将理论知识应用到实际问题中，并探讨风机叶片材料的未来发展趋势。

（2）分析材料应用和趋势

分析传统材料在风机叶片中的应用，对纤维增强复合材料进行深入研究，介绍一系列创新材料，深入探讨材料与技术的关系，分析当前风机叶片材料应用中存在的挑战，强调材料的环保性能和可循环性，同时分析多个实践案例，提升读者将理论知识转化为实际应用的能力。

（3）解决实际问题与挑战

分析材料的多样性与适用性、解决疲劳与损伤问题、提高材料的可靠性，创新材料和引入新技术、融合材料与制造技术，同时分析综合实践案例，引入可持续性和环保因素，分析前沿技术和创新趋势，为读者提供指引。

（4）促进产学研合作与知识传播

构建产学研合作平台，分享与分析实用案例，探索与创新前沿技术，传播与共享知识，推动多方合作和跨界交流与跨学科融合，同时分析风机叶片材料领域的未来发展趋势，为产学研合作提供方向。

（5）促进可持续发展和环保导向

探讨风机叶片材料的选择、设计、应用以及新兴技术，促进可持续发展和环保导向的实现。探索环保材料的应用，引导材料设计的循环思维，推动能源效率的提升，增强材料的耐久性和可靠性，引导环保创新技术的应用，强调环境与社会责任。

1.3　教材概述

（1）教材结构与内容安排

本教材分为 6 章，每章都针对风机叶片材料的不同方面进行深入探讨，旨在为读者提供全面的知识体系和实用指导。

第 1 章　绪论，介绍风力发电作为可再生能源的背景，探讨可持续发展的需求以及风机叶片材料在此背景下的重要性。同时，明确本教材的意义，为后续内容的探讨进行铺垫。

第 2 章　风机叶片的力学基础，着重介绍风机叶片在风力作用下所承受的载荷，以及材料的应力、应变和变形特性。使读者深入了解风机叶片的力学特性，为后续的材料选择和设计提供基础。

第 3 章　复合材料和传统材料的应用，聚焦于风机叶片材料的历史发展，介绍曾广泛应用于风机叶片制造的复合材料和传统材料，如金属材料和合金材料，详细探讨这些材料的特性、优缺点，以及它们在工业实践中的应用情况。

第 4 章　新型复合材料的应用，深入探讨金属基复合材料、生物基复合材料、新型涂层材料等新兴材料的特性和应用。通过案例分析和技术讨论，展示这些新材料在提升风机叶片性能方面的潜力。

第 5 章　风机叶片领域前沿话题，详细介绍微结构材料设计、智能材料应用、3D 打印技术等新兴技术，为读者展示风机叶片材料领域的创新方向。

第 6 章　对风机叶片技术未来的展望与思考，将对全书的内容进行总结，并展望风机叶片材料领域的未来发展趋势。同时，给读者提供进一步学习和研究建议，鼓励读者积极参与材料领域的创新与实践。

（2）教材特色与创新点

本教材的特色在于将风机叶片材料领域的知识深入到实际应用层面。通过丰富的案例分析、前沿技术探讨以及未来发展展望，使读者掌握材料的基础知识，了解其在实际工程中的应用和挑战。此外，本教材将充分借鉴产学研合作的理念，通过实用案例、创新技术的分享，促进不同领域之间的交流与合作，推动风力发电材料领域的发展。

第**2**章
风机叶片的力学基础

2.1 风机叶片的载荷及其作用

　　风机叶片是风力发电机的核心部件，是风机进行能量转换的重要组成部分。在自然环境中，风机叶片承受着复杂的载荷，为确保叶片在实际使用中安全可靠，每种风机叶片在正式应用之前都要经过评估，包含：静载荷、模态、疲劳、雷击、无损以及一些基本属性检测。风机叶片占风机总成本的 15％～20％，它设计的好坏将直接关系到风机的性能以及效益。

　　1888 年，美国 Charles F. Brush 建造了第一台用于发电的风机，其叶片采用平板设计，效率较低。1891 年，丹麦 PoulLaCour 在设计风机叶片时，引入了空气动力学，从而开创了风机叶片更为科学的设计方法。经过近百年的发展，风机叶片不论结构、造型，还是制造材料都发生了极大的改变。随着风机单机装机容量的增加，风机叶片的直径不断增大。据数据统计，风机叶片直径每增大 6％，风能利用率可增加约 12％。然而风机叶片直径的增大也会带来制造方面的困难，同时叶片的运输、安装成本也将大大提升。

　　风机叶片对材料要求很高，不仅要具有较轻的重量，还要具有较高的强度、抗腐蚀、耐疲劳性能，因此现在的风机厂商广泛采用复合材料制造风机叶片，复合材料在整个风机叶片的占比通常超过 80％，有些甚至高达 90％。现在，风机厂商在制造风机叶片时，叶片外壳常采用玻璃纤维增强树脂，叶尖、叶片主梁则采用强度更高的碳纤维，前缘、后缘以及剪切肋部位常采用夹层结构复合材料。

　　风力发电机组长期于野外运行，其工作的安全性、可靠性、稳定性至关重要，是近些年来人们关注的重点。叶片作为风力机的重要部件，承受着十分复杂恶劣的交变载荷，容易受力产生变形，严重的甚至导致叶片断裂、风机倒塌等事故，因此探究风力机叶片应力分布显得尤为重要。

　　叶片的设计初衷是获得动力学效率和结构设计的平衡，而材料和工艺的选择决定了叶片的实际厚度和成本。结构设计人员在将设计原则和制造工艺相结合的工作中扮演着重要角色，必须找出保证性能与降低成本之间的最优方案。

　　叶片承受的推力驱动叶片转动，推力的分布不是均匀的，而是与叶片长度成比例分布的，叶尖部承受的推力要大于叶根部。大梁设计时，由于叶片自重和外部推力是叶片的主要载荷，为了提高抗弯曲性能，在叶片的长度方向上采用单向纤维布，中间通过抗剪腹板将上下两层梁帽尽可能分隔开，抗剪腹板多采用对角铺放的双向纤维布加泡沫（PET）芯材，起到增加整体刚性的作用。内部为梁结构时，为了降低生产成本，设计中可以去除一些不必要的材料，常见的叶片都采用中空式设计。叶壳的作用主要是提供空气动力学外形，其夹芯结构增加了刚性，夹芯结构由玻璃钢表层中间加泡沫（PET）芯材或巴尔沙木（BALTEK）芯材构成。夹芯结构具备足够的刚性，可承受弯曲载荷，同时防止脱粘。叶壳中对角分布的纤维提供了必要的抗扭刚度。叶根部分通常设计为圆形，多以螺栓连接以便于拆装。金属大梁可以采用焊接的法兰连接。叶片几何尺寸优化设计时，在不改变叶片几何外形的条件下，通过调整梁帽的薄厚来改变叶片性能，降低生产成本。厚度较薄的叶片需要配以更厚的梁帽，但会增加生产成本，同时腹板强度也需提高。但是，几何尺寸的优化设计需要从风机设计、载荷分析、结构设计和制造成本等多方面综合考量才能获得最佳的结果。

涡轮风机（图 2-1）内部的叶轮是由几十片大小、弧度、切削度均匀的叶片组合而成的，这些叶片首先要经过精密加工，外观精美，硬度高，无毛刺毛边等，之后经过动平衡机的平衡度测试检验，使同心轴转起来的平衡度精度在较小的范围内，确保运行无振动。

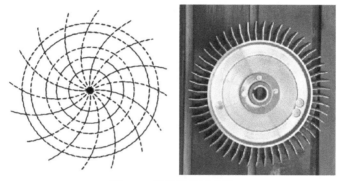

图 2-1　涡轮风机示意图

风机在运行过程中，叶片主要受气动力、重力和离心力这 3 种载荷的作用。气动力使叶片弯曲和扭转；重力使叶片拉压、弯曲和扭转；离心力使叶片拉伸、弯曲和扭转。

叶片的设计载荷、工况情况由风力发电机组的运行模式或其他设计工况（如特定的装配、吊装或维护条件）与外部条件的组合而定。应将具有合理发生概率的各相关载荷情况与控制和保护系统动作放在一起考虑。用于验证风力发电机组结构完整性的设计载荷情况，应用下面的组合形式进行计算：正常设计工况和正常外部条件或极端外部条件；故障设计工况和相应的外部条件；运输、安装和维护设计工况和相应的外部条件。如果极端外部条件和故障工况存在相关性，可以考虑将它们组合在一起。

2.1.1　静态载荷

叶片的静态载荷是指施加在不运动结构上的不变载荷，即构件所承受的外力不随时间而变化，而构件本身各点的状态也不随时间而改变，就是构件各质点没有加速度。如果整个构件或整个构件的某些部分在外力作用下速度有了明显改变，即有较大的加速度，这时的应力和变形问题就是动载荷问题。静载荷包括不随时间变化的恒载和加载变化缓慢以至可以略去惯性力作用的准静载。

在风力机的设计研究中，为了对风力机零部件进行强度分析、结构力特性分析以及寿命计算，确保风力机在其设计寿命内能够正常地运行，必须对风力机及其零部件所受外载荷进行计算。载荷计算是风力机设计中最为关键的基础性工作,也是所有后续工作的基础。

风力发电机运行在复杂的外界环境下,所承受载荷情况非常多,根据风力机运行状态随时间的变化,可以将载荷情况划分为静态载荷、动态载荷和随机载荷。动态载荷和随机载荷具有时间上和空间上的多变性和随机性,要想准确计算比较困难。而静态载荷基本上不考虑风力机运行状态的改变,仅考虑环境条件改变的情况,现就风力机的静态载荷计算作简要讨论。

2.1.1.1 风机叶片静态载荷分析

风力机依靠叶轮将风中的动能转化为机械能,叶轮是风力机最主要的承载部件。叶轮主要承受三种力:空气动力、重力和离心力。为了便于对风力机及其零部件所承受的载荷进行计算,根据风力机系统的结构形式、运动特点和计算需要,在风力机的几个特殊位置设置了适当的坐标系,建立了一个风力机四坐标系系统(图 2-2)。

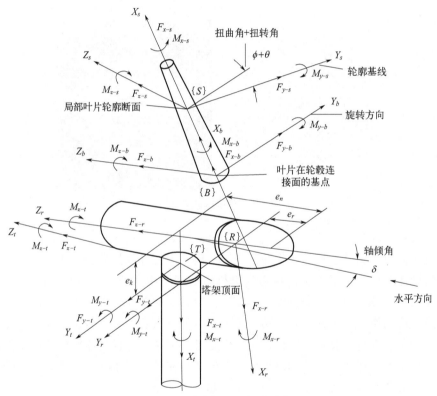

图 2-2 风力机四坐标系系统

叶片坐标系 $\{S\}$:坐标原点位于叶片的各分段翼型轮廓半径的基点上,X 轴沿叶片的展向,Y 轴沿叶片的翼弦方向,它与叶片的旋转方向有扭曲和扭转角。叶根坐标系 $\{B\}$:坐标原点位于叶片与轮毂连接面的中心。轮毂坐标系 $\{R\}$:坐标原点位于轮毂后端面的中心,Z 轴沿轮毂旋转轴线方向,它与水平方向有一个轴倾角。塔架坐标系 $\{T\}$:坐标原点位于塔架与机舱连接面的中心,X 轴垂直向下,Z 轴位于水平方向。

作用在叶轮上的空气动力是风力机最主要的动力来源,也是各个零部件载荷的主要来源。要计算风力机上的载荷就必须先计算出作用在叶片上的空气动力。目前计算作用在叶片翼型上的空气动力的主要理论依据是叶素理论。

叶素理论的基本出发点是将叶片沿展向分成许多微段（这些微段称为叶素），假设作用在每个叶素上的气流相互之间没有干扰，作用在叶片上的力可分解为升力和阻力。作用在每个叶素单元的合成流速与叶片平面的夹角为攻角。这时，将作用在每个叶素上的力和力矩沿叶片展向积分，就可以求得作用在风轮上的力和力矩（图 2-3）。

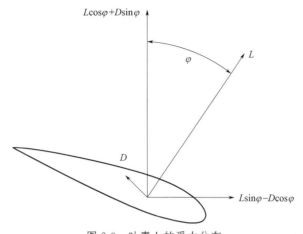

图 2-3　叶素上的受力分布

如图 2-3 所示，由叶素理论得到的升力元和阻力元分别为

$$\mathrm{d}L = \frac{1}{2}\rho W^2 C C_l \, \mathrm{d}r \tag{2-1}$$

$$\mathrm{d}D = \frac{1}{2}\rho W^2 C C_d \, \mathrm{d}r \tag{2-2}$$

从而可知风轮半径处叶素上的轴向推力：

$$\delta T = L\cos\varphi + D\sin\varphi = \frac{1}{2}\rho W^2 N C (C_l\cos\varphi + C_d\sin\varphi)\delta r \tag{2-3}$$

在风轮轴上产生的扭矩为：

$$\delta Q = L\cos\varphi - D\sin\varphi = \frac{1}{2}\rho W^2 N C r (C_l\sin\varphi - C_d\cos\varphi)\delta r \tag{2-4}$$

式中，ρ 为空气密度；W 为垂直来流风速；C 为弦长；C_l、C_d 分别为剖面翼型升力和阻力系数；N 为叶片数；φ 为来流角。

要计算作用在整个叶片上的空气动力和扭矩，只需沿叶片展向对这些升力元、阻力元和扭矩元进行积分。风力机的外界载荷主要作用在叶片上，塔架所承受的载荷主要是由叶片所受载荷引起的。作用在叶片上的载荷主要有空气动力、惯性力等交变载荷和重力载荷。

（1）空气动力载荷（下标记作 a）

在叶片坐标系 {S} 中，根据叶素理论，叶片上每个单位长度的轮廓断面的空气动力为：

$$F_{y-sa} = \frac{1}{2}\rho W^2 C (C_l\sin\alpha - C_d\cos\alpha) \tag{2-5}$$

$$F_{z-sa} = \frac{1}{2}\rho W^2 C (C_l\cos\alpha + C_d\sin\alpha) \tag{2-6}$$

同理，在叶根坐标系 {B} 中，作用在叶片单位长度的空气动力载荷为：

$$f_{y-ba} = \frac{1}{2}\rho W^2 C (C_l \sin\varphi - C_d \cos\varphi) \tag{2-7}$$

$$f_{z-ba} = \frac{1}{2}\rho W^2 C (C_l \cos\varphi + C_d \sin\varphi) \tag{2-8}$$

式中，ρ 为空气密度；W 为垂直来流风速；C 为弦长；C_l、C_d 分别为剖面翼型升力系数和阻力系数；α 为攻角；φ 为来流角。

空气动力剪力：

$$F_{y-ba} = \int_r^R f_{y-ba} \, dr \tag{2-9}$$

$$F_{z-ba} = \int_r^R f_{z-ba} \, dr \tag{2-10}$$

空气动力弯矩：

$$M_{y-ba} = \int_r^R (r_1 - r) f_{z-ba} \, dr_1 \tag{2-11}$$

$$M_{z-ba} = \int_r^R (r_1 - r) f_{y-ba} \, dr_1 \tag{2-12}$$

空气动力扭矩：

$$M_{x-ba} = -\left[\int_r^R f_{y-ba} (z_P - z_C) \, dr_1 + \int_r^R f_{z-ba} (y_P - y_C) \, dr_1 \right] \tag{2-13}$$

式中，R 为叶轮半径；r 为叶根距叶轮中心的距离；P 为翼型压力中心；C 为扭转中心，并且假设使安装角减小的方向为空气动力扭矩的正方向。

（2）重力载荷（下标记作 _g_）

叶片在转动过程中始终承受重力的作用，重力在各坐标轴的分力随叶片旋转方位角的不同而不同（这里设叶片与轮毂坐标系的 X 轴平行时方位角为 0°），而且由于轴倾角的存在，还要计算重力在叶轮旋转面上的分力。

在叶片坐标系 {S} 中，叶片每个单位长度的轮廓断面的重力在各坐标轴的分力为：

$$F_{x-sg} = mg\cos(\omega t)\cos\delta \tag{2-14}$$

$$F_{y-sg} = mg\sin(\omega t)\cos\delta\sin\beta \tag{2-15}$$

$$F_{z-sg} = mg\sin(\omega t)\cos\delta\cos\beta \tag{2-16}$$

在叶根坐标系{B}中，由重力载荷计算重力拉力：

$$F_{x-bg} = \int_r^R mg \, dr\sin(\omega t)\cos\delta \tag{2-17}$$

重力剪力：

$$F_{y-bg} = -\int_r^R mg \, dr\sin(\omega t)\cos\delta \tag{2-18}$$

重力弯矩：

$$M_{z-bg} = -\int_r^R (r_1 - r) mg \, dr_1 \sin(\omega t)\cos\delta \tag{2-19}$$

重力扭矩：

$$M_{x-bg} = \int_r^R mg (z_G - z_C) \, dr_1 \tag{2-20}$$

式中，m 为叶片单位长度的质量；ω 为叶片旋转角速度；δ 为叶片安装角；下角 G 代表重心，由于轴倾角较小（一般为 4° 左右），为计算简便，本书忽略重力垂直于叶轮旋转平面的分力。

（3）离心力载荷（下标记作 *p*）

叶轮绕主轴旋转而产生离心载荷，它作用在翼剖面的重心上，与重力载荷相互作用会给叶片带来很大的作用力，在计算中要分别考虑。在轮毂坐标系〔*R*〕中，离心力：

$$F_{x-rp} = \int_r^R m\omega^2 r_1 \mathrm{d}r_1 \cos(\omega t)\cos\delta \tag{2-21}$$

$$F_{y-rp} = \int_r^R m\omega^2 r_1 \mathrm{d}r_1 \sin(\omega t)\cos\delta \tag{2-22}$$

离心力弯矩：

$$M_{y-rp} = \omega^2 \int_r^R e_r m r_1 \mathrm{d}r_1 \cos(\omega t)\cos\delta \tag{2-23}$$

离心力扭矩：

$$M_{x-rp} = \omega^2 \int_r^R e_r m r_1 \mathrm{d}r_1 \sin(\omega t)\cos\delta \tag{2-24}$$

式中，e_r 为叶根坐标系和轮毂坐标系原点的间距。

风机叶片的结构刚度和强度对风机整体的结构承载能力及可靠性至关重要。静载荷性能测试的目的是验证叶片承受极限（如 50 年一遇的狂风）设计载荷的能力。风机叶片静载荷性能测试中的测试载荷是参照设计极限载荷确定的，通常要在预定的加载方向施加包含了足够安全余量的最大载荷，以测试其屈曲稳定性，并验证叶片的刚度和叶尖最大位移。静载荷性能测试可以使用多点或单点负载方法，并且负载可以在水平或垂直方向进行，加载可以使用液压激励、起重机、绞盘或其他加载装置。风机叶片是弹性结构，作用其上的载荷具有交变性和随机性，使得叶片动态特性较为复杂。风机叶片的自由动态响应可以分解为一系列离散的模态形式，这些模态参数包括频率、阻尼、振型。在有意义的频率范围内，所有的模态构成了对叶片完全的动态描述。为了构建叶片的动力学模型，必须确定相应的模态参数，模态试验是用来获得机械系统动态性质、特征最常用的方法。目前叶片模态测试一般采用一阶手动激励、二阶脉冲锤驻点敲击的方式进行。

2.1.1.2　风机叶片静态载荷测试的发展

国外风电产业起步较早，各大检测机构对叶片检测已经进行了很多实践和探索，积累了很多经验。早在 20 世纪 90 年代，欧洲在该领域就开始制定标准测量方法和性能试验（SMT）。1996 年，美国国家可再生能源实验室（NREL）的大型结构测试部门研制了测量叶片响应和跟踪叶片测试状态的数据采集系统（BSTRAIN）。该系统可以自动搜集叶片静载荷和疲劳测试数据，自动检测叶片刚度，远程获得叶片测试状态，并分析处理数据，提高了试验精准性。1997 年，W. D. Musial 等比较了两种叶片试验载荷，并且基于强度的方法和基于载荷的方法进行了风机叶片的静载荷性能测试和疲劳测试。同年，欧洲主要叶片检测机构和 NREL 共同发起了 "European Wind Turbine Testing Procedure Development" 项目，各叶片测试机构分别对同一批次的 Nedwind 25 叶片进行静力、模态和疲劳测试，并对各机构所采用的不同测试方法进行比较。S. Larwood 在报告中详细介绍了 NREL 对 Nedwind 25 叶片的几种测试方法及其结果。丹麦 Rise 实验室对模态测试中不同的锤击激励方式做了比较，并对一些可能的影响因素如试验台刚度、叶片自重等进行了相关研究。2002 年，G. C. Larsen 等对风机叶片的振动模态进行了分析，提出随着风机叶片趋于大型化，叶片面临的柔度增加的问题，如摆振方向振动失稳，则会导致整个风轮的破坏。2006 年，

E. R. Joergensen 对某 34m 叶片在挥舞方向加载直至破坏，并记录了整个加载过程中位移的变化情况。随后，F. M. Jensen 等将试验结果和有限元分析进行了比较，还对该叶片的失效机理做了详细分析。M. Desmond 利用一种新的有限元模型对静载荷、疲劳载荷试验中叶片所受的载荷和变形进行了分析。P. Malhotra 则具体分析了大型风机叶片静载荷和疲劳载荷试验，并得到了大型的叶片更适合用双轴疲劳载荷测试的结论。2010 年，L. C. T. Overgaard 等阐述了静载荷试验中，当风机叶片承受挥舞方向的极限载荷时，叶片的破坏机理为叶片分层和屈曲。A. G. Dutton 等采用声发射探测在静载荷和疲劳载荷试验中叶片的损伤情况。G. Wacker 整理了风机叶片在认证时所必需资料，同时比较了不同标准（GL \ NVN \ IEC \ DS）的区别。

由于国外在风电领域的研究起步较早，叶片测试的相关标准也已经形成，随着风电产业的不断发展，这些标准也得到了不断优化。

近年来，国家对风电领域大力支持，国内的风电事业取得了一定的进展。国内对风机叶片的静载荷和模态测试方面的研究也逐步深入。

风机叶片生产厂家在每种新型号的叶片装机之前，必须完成叶片的评估，这为我们在叶片测试方面积累了宝贵的经验。同时国内的一些研究机构也对风机叶片检测做了一些有益的尝试。例如，静力测试方面，汕头大学曹人靖等提出了一种研究水平轴风机风轮静载荷结构特性的测试方法，用单点加集中载荷所得数据来综合评定受分布载荷作用的风轮叶片的强度及变形特性，用于检验风轮叶片结构设计的合理性，获得了在定常载荷作用下叶片受力的危险截面。试验证明：以抗弯截面系数和定常载荷作用下的截面弯矩曲线的分布为判据，进行叶片结构形状合理性分析，是一种快速、实用的测试方法，可为研究风力机气动弹性稳定性和改进风轮叶片设计提供判据。《一种风电用大型叶片的静强度测试方法及测试系统》专利技术将单点加载后通过载荷分配梁转换成对叶片的多点加载载荷，分配梁与叶片加载夹具之间均通过吊索连接，吊索上安装有载荷传感器，叶片上安装有应变片和位移传感器，根据加载过程中分别采集到的受力、形变及位移数据信息，判断出叶片的静强度是否满足设计要求。在测试方法研究方面，朱永凯结合声发射技术特点，研究了基于声发射传感器阵列的风机叶片结构健康监测方法。其中 PZT 压电陶瓷传感器阵列布设于受损率较高的叶片部位，对叶片按 20％最大设计载荷的增量施加载荷，结合 Kaiser 效应和 Felicity 效应分析采集到的声发射信号，统计声发射波击数，从而判断损伤发生的区域。该方法具有灵敏度高、定位准确和实时性好的特点，在风机叶片结构健康监测研究领域具有较大的意义。风机叶片模态测试一般采用自由振动法或强迫振动法，通过对结构施加瞬态激励或连续的正弦激励，使结构产生自由或受迫振动，通过安装在某些确定位置的传感器记录相应振动信号，再对信号进行频率分析（如快速傅里叶变换等），并进行模态参数识别，从而得到结构的动力特性参数（如固有频率、阻尼及振型等）。风机叶片的模态分析可用于检验模态参数，验证和改进解析模型，预测在假定激励作用下的响应；对于叶片的改变（如增加载荷、刚度等），预测动力学特性；或者是为得到所需的动态特性，预测出必要的结构设计上的改变。从另一个角度讲，风机叶片的失效在很多情况下都归因于共振应力所引起的疲劳。如果要延长叶片寿命，则必须降低叶片共振应力，而模态数据无疑为降低叶片共振应力提供了依据。基于模态测试的重要性和前面提及的基本试验方法，内蒙古工业大学的吴春梅等采用锤击法和正弦激励法，对长度为 0.6m、额定功率为 300W 的叶片进行了模态实验，测量出了 5 阶模态，比较了两种实验方法，并对两种不同质量的加速度传感器及安装位置对测试结果的影响进行了比较。叶枝全等采用汕头大学研制的 DAS 动态信号分析与故障诊断系统对 0.85m 桨叶进行了实验研究，并与有限元分析结果进行了对比。沈阳工业大学的王琪等和天津工业大学的李声艳等分别对整机和风机叶片的模态进行了简单的测试。以上所测试的叶片均为不超过 1m 的实心叶片，而目前中国的主流叶片长度已达到 30~60m，结构为由复合材料铺层辅以夹心材料构成的蒙皮和大梁组成的空心体。2005 年，毛火军针对 1.5MW 级 38m 长的风机叶片进行了模态试验与数值模拟的研究，考虑到该型号叶片大展弦比、大质量、固有频率较低的结构特点，选择不测力法进行测量，选用合适的传感器确定合理的测点布置方案进行试验研究，并对试验结果进行了分析。可见，前期国内对风机叶片模态测试和静载荷性能测试的研究工作主要集中在小型叶片上。随着风机叶片逐渐趋于大型化，叶片无论是在尺寸还是在成本上都不可小觑，与之相应的叶片静载荷测试和模态测试工作也有了很大的变化，目前国内每年测试的叶片不少，但对叶片测试过程中的一些关键点的研究工作有待进一步深入。

目前，风电产业取得了跨越式发展，发展过程中凸显了一些弊端，其中叶片测试方面的研究薄弱。虽做了大量的叶片全尺寸静载荷和模态测试，但多是按照国外标准进行，国内目前对风机叶片测试方面的研究工作还不够深入，以下几个方向值得进一步深入研究：大型叶片测试过程中遇到的一些新问题，有待进一步研究解决；如何通过风机叶片全尺寸静载荷和模态测试深入了解叶片的结构特性、优化试验设计及测试方法，是值得研究的一个具体方向；在测试的具体细节上，如传感器数量和施力点布置方案的影响、夹具的优化、扭矩测量和其对试验结果的影响等也需深入研究。

2.1.2 动态载荷

动载荷是指随时间而明显变化的载荷，即具有较大加载速率的载荷，包括短时间快速作用的冲击载荷（如空气锤）、随时间做周期性变化的周期载荷（如空气压缩机曲轴）和非周期变化的随机载荷（如汽车发动机曲轴）。

风机受到各种载荷的影响，并在运行和停机时均能够承受正常条件以及暴风雨和飓风期间的载荷。动态风机载荷会在安装时产生，这些载荷可以与冲击或疲劳相关，或者拥有持续变化或循环的特点。叶片上的载荷会在叶轮每次旋转时改变，但也会受到偏航动作、风载荷以及持续变化的载荷组合的影响。水平轴风机叶片上的重力载荷会在每次旋转时改变两次，首先叶片会提升至最高点且叶尖朝上，然后叶片会"跌落"至最低点。当叶轮受到阵风影响，非集成传动链的齿轮箱会被反向作用推至扭矩支持的一侧，这种突然的动作通常会导致输出轴与发电机轴的暂时不对称。动态载荷也被认为会导致结构变形的连续变化。如果潜在动态载荷可以降低，那么叶轮和机舱质量以及塔筒和塔基质量（在较低程度上）可以提升，以降低风机成本。

风载为风速在风轮扫掠面积固定空间内的变化所产生的叶片上的周期性固定载荷。除了风载，旋转叶片还受到惯性载荷的作用。叶片承受着复杂的交变载荷，使其产生变形，甚至发生断裂引发事故。造成风力机叶片故障的重要原因是叶片动态应力导致的疲劳损伤，应力应变响应作为分析叶片疲劳损伤和运行失稳的重要基础，值得深入研究。

固有频率是结构故障识别的重要参数，应力强化效应可以明显增加整个结构的固有频率。在风力机叶片旋转过程中，考虑叶片承受气动载荷、离心力、重力和陀螺载荷的作用，会产生伸长、弯曲和扭转振动，特别是叶片的侧向振动较快，这些持续的振动会降低叶片的疲劳寿命，削弱风力机的效率。大型风力机叶片多使用复合材料，风力机复合材料叶片摆振运动时产生的层间滑动裂纹是叶片破坏的主要诱因之一，应力强度因子是判断叶片裂纹扩展的重要参量。分析位移和主应力，发现对于较小的水平轴风力机叶片，GFRP 材料更安全。因此，董平等在试验基础上提出了由 GFRP 复合材料叶片表面位移推导应力强度因子 K 值的新方法，初步探讨了叶片摆振运动中表面位移与层间断裂韧性的响应关系。周勃等通过对有边缘微裂纹的兆瓦级风力机叶片试件进行拉伸断裂试验，发现叶片复合材料有较大的损伤容限，并且根据风力机叶片裂纹尖端塑性区的应力强度因子，确定了影响裂纹扩展的主要因素，同时实现了风力机叶片裂纹声发射信号时频特征的清晰准确提取。根据裂纹扩展释放能量的过程，推导主裂纹扩展 AE 信号的表达式，最后在裂纹扩展试验中明晰了主裂纹扩展的 AE 信号特性及其与应力变化之间的关联，提出一种基于裂纹扩展 AE 信号分形特征的疲劳损伤模糊评价方法，发现多裂纹干扰对主裂纹扩展有抑制作用，同时利用计算流体力学（CFD）和断裂力学仿真分析，以风力载荷作为裂纹扩展的主要载荷，利用流固耦合界面的数据传递对风力机叶片裂纹扩展机理进行仿真分析。应变测量与应力、疲劳和失效直接相关。Wu 等采用旋转俯仰装置进行周期气动载荷试验，研究了非定常气动载荷作用下粘接扩展复合材料风轮叶片的应变响应和疲劳寿命，发现应变值和转速呈二次函数关系。王超等充分考虑多重载荷的影响，建立叶根应变与叶片载荷之间的关系模型，通过风电机组叶片载荷识别实例，表明基于"应变-载荷"关系模型开展叶片载荷分析在工程上是可行的。随着风力机大型化，风力机叶片抗弯刚度有所降低，因此增加了叶片撞击塔顶而破损的风险。为了防止此类事故的发生，Aihara 等将一种挠度监测系统安装到已经运行的风力机叶片，提出了基于应变的估计算法并利用最优传感器布置的目标函数对叶片弯曲进行了评估。另外，蒋祥增等对运行工况下的风轮应变与塔架振动进行同步测试，发现风轮上的应变频谱的峰值频率和塔架上的振动频谱的峰值频率能够很好地对应。Zhu 等考虑包括应力和应变等设计要求的约束条件，提出一种通过叶片-塔架耦合模型进行多目标风力机优化设计的方法，提高了风力发电的效率。疲劳失效风险是风力机叶片失效的主要原因，风速的周期性变化会产生叶片疲劳应力循环。唐文艳等指出叶片应力由工作载荷引发的低频应力和气动弹性振动引发的高频应力叠加而成，是具有平均应力的循环应力，并且给出了叶片的疲劳损伤计算公式。Evans 等利用 IEC 简化载荷模型、实测工作数据和试验数据，对某 2.5m 小型风力机叶片的疲劳载荷和疲劳寿命进行了对比分析，发现该自由偏航小型风力机的疲劳载荷由几个中、高应力比的疲劳循环载荷和许多低、中应力比的疲劳循环载荷组成，通过最小化不稳定的偏航行为和降低最大偏航率，负载的平均应力降低。另外，基于应力的方法来研究不同的唤醒条件下由 BTC 效应引起的疲劳载荷，发现 BTC 方法也能够减轻风力机叶片上的疲劳负荷。Epaarachchi 等利用叶片有限元模拟结果，将风循环转换为适当的叶片应力循环，该方法可根据确定的叶片应力循环，并结合长期风数据来创建疲劳加载程序。Boujleben 等提出了一种流体-结构相互作用的数值模型，由于使用了增强的应变场，该模型可提供有关叶片中应力分布的更详细的信息，这种更详细的应力分布对于疲劳失效风险的研究更有意义。Liu 等对采用压电材料的叶片进行可靠性研究，发现叶片根部的应力和叶片尖端的位移均减小，疲劳失效和叶片根部过载的概率显著降低。Zhang 等通过有限元分析，计算了气动载荷所引起的最大应力，得到了载荷循环、最大应力、最小应力、平均应力、应力幅值和等效应力等疲劳分析的力学参数，通过对载荷谱进行快速傅里叶变换，将时间-应力谱转换为应力循环，提出了一种估算水平轴风力机复合叶片疲劳寿命的方法。根据古德曼曲线和 S-N 曲线，也可以估算出每个循环的等效载荷谱以计算应力，然后使用 Miner 规则将计算出的应力用于估算叶片的疲劳损伤，由此可以预测疲劳寿命，以获得最佳的维护策略，防止整个风力机发生故障。全尺寸结构试验是目前验证风力机叶片综合性能的主要手段，而结构缺陷的存在会导致叶片结构在载荷作用下应力集中。Yang 等主要研究了大型全尺寸复合材料风力机叶片在襟翼方向载荷作用下的实际倒塌试验，并通过实验结果与数值模型的关联，基于积分变形结果和应力集中假设，提出了一种确定叶片准确失效位置的方法，得出了结论：叶片的准确失效位置一般在应力集中位置，在载荷作用下，随着应力的增加，该区域将出现断裂或损伤点，进而演变成叶片断裂和完全不可恢复的结构倒塌事故。Chen 等基于连续损伤学的三维应力/应变域渐进失效分析方法对大型复合材料叶片在弯曲和扭转共同作用下的结构塌陷进行全面研究，模拟了大型复合材料风力机叶片的失效行为，该方法能够较准确地预测复合材料的渐进破坏，并且对风力机叶片进行了应变测量的实验分析，为叶片倒塌的原因提供定量证据，从而确定综合弯曲和扭转的大型复合叶片结构倒塌的根本原因和破坏机理。Zhang 等通过对大型风力机叶片实验测试倒塌后的失效区域和测试过程中的失效模式进行联合分析，发现应变与施加在叶片上的载荷呈正相关，应力分布不均导致后面板分层，进而导致叶片的灾难性破坏，扭转力矩在损伤区域产生了倾斜裂纹和倾斜凸起，加剧了复合裂纹的扩展。Overgaard 等将风力机叶片在翼型静态试验下的极限强度结果与数值模型预测相关联，发现叶片的极限强度受分层和非线性弯曲应变（即屈曲失稳）的控制，这种不稳定现象之间的相互作用导致了叶片结构的逐步倒塌。

风力发电机叶片在气动力、重力和离心力作用下会产生振动，主要振动形式有：挥舞、摆振和扭转。挥舞是指叶片在垂直于旋转平面方向的弯曲振动；摆振是指叶片在旋转平面内的弯曲振动；扭转是指叶片绕其变矩轴的扭转振动。这 3 种机械振动和气动力交织作用，形成气动弹性问题。如果这种相互作用是减弱的，则振动稳定，否则会出现颤振和发散。这种不稳定运动的破坏力极强，是风力发电机设计中必须考虑并要避免的，因此，叶片的动力学问题是风机叶片设计的关键部分。由于叶片一般存在扭角，弱主轴不会落在以上叶片的旋转平面上，其结果就是一个主轴上的叶片弯度必将导致另一主轴上的叶片运动。经过进一步分析可以得出，挥舞和摆振方向振动的相互作用影响一般很小，在简要分析中可以不予考虑。对于叶片的扭曲振荡，一般研究中也可以忽略。因为扭转载荷较小，而且典型的中空叶片，较高的扭曲强度使得扭曲的自然频率远远大于激振频率。

叶片元素在面外方向单位长度隶属于时变载荷 $q(r,t)$ 的半径 r 上的运动方程是：

$$m(r)x + c(r)x + \frac{\partial^2}{\partial r^2}\left[EI(r)\frac{\partial^2 x}{\partial r^2}\right] = q(r,t) \tag{2-25}$$

等式的左侧各项是叶片元素上的负荷，分别由惯量、阻尼和弯度引起。$I(r)$ 是弱主轴叶片截面上的第二力矩；x 是位移；$m(r)$ 和 $c(r)$ 分别是单位长度的质量和阻尼。

叶片对于波动空气动力载荷的动态响应，可以通过模型分析的方法进行调研。将其中各种不同振动的固有模式引起的振动进行叠加，得到如下公式：

$$x(t,r) = \sum_{j=1}^{\infty} f_j(t)\mu_j(r) \tag{2-26}$$

式中，$\mu_j(r)$ 是第 j 阶模态的形状，假设在叶尖具有统一值；$f_j(t)$ 是叶尖位移随时间的变化。

对于低程度阻尼，固有频率可以写成：

$$m(r)\omega_j\mu_j(r) = \frac{\mathrm{d}^2}{\mathrm{d}r^2}\left[EI(r)\frac{\mathrm{d}^2\mu_j(r)}{\mathrm{d}r^2}\right] \tag{2-27}$$

假设沿着叶片长度的阻尼变化 $c(r)$ 正比于单位长度的质量变化 $m(r)$，例如 $c(r)=am(r)$。将式(2-25)、式(2-26) 代入式(2-27) 中，并在叶片长度上进行积分，可以得到如下公式：

$$m_i f_i(t) + c_i f(t) + m_i \omega_i^2 f_i(t) = \int_0^R \mu_j(r)q(r,t)\mathrm{d}r \tag{2-28}$$

式中，$m_i = \int_0^R m(r)\mu_i^2(r)\mathrm{d}r$ 是广义的质量；$c_i = \int_0^R c(r)\mu_i^2(r)\mathrm{d}r$ 是广义的阻尼；$\int_0^R \mu_j(r)q(r,t)\mathrm{d}r = Q_i(t)$ 则被定义为考虑第 i 次模型的广义波动载荷。式(2-28) 是基本方程，决定叶片对于时变载荷的模型响应。

一阶模态的形状和频率可以通过 Stodola 迭代技术推导得到。简单来说，这包括假设一个可能的模型形状，计算给定频率 1rad/s 下与之相关的惯性载荷，然后计算出这些惯性载荷所产生的束偏移分布图；把分布图标幺化，通常的做法是除以叶尖偏移量，得到第二次反复的输入模型形状。此过程一直重复，直到模型形状收敛为止。一阶模态的自然频率由下面的公式计算得到：

$$\omega_1 = \sqrt{\frac{\text{上次迭代的输入叶尖偏差}}{\text{上次输出的叶尖偏差}}} \tag{2-29}$$

从工程设计考虑，叶片动态分析最重要的是频率计算，以便调整叶片固有频率，避开叶片的共振区，从而降低叶片的动应力。叶片各剖面的扭角不同，故主惯性轴是不平行的，这就会产生 x 和 y 方向的弯曲耦合振动。叶片旋转时还会产生离心力，离心力使各剖面受到轴向拉力，相当于增加了叶片的弯曲刚度，使叶片的弯曲频率增加。一般离心力对叶片的一阶频率影响较大，而对二阶以上的频率影响不大。这里给出较简单的双弯曲耦合振动方程。一系列计算表明，一阶振动方向频率与试验结果很接近，误差不超过 10%，满足设计要求。叶片的双弯曲耦合振动方程为：

$$\begin{cases} (EI_{xy}u'' + EI_x v'') - m\omega^2 u = 0 \\ (EI_y u'' + EI_{xy} v'') - m\omega^2 u = 0 \end{cases} \tag{2-30}$$

上述方程可采用数值方法求解。方程 I_x、I_y、I_{xy} 为 x、y 方向的惯性矩和惯性积；u、v 为 x、y 方向的位移；m 为单位长度的质量；ω 为叶片固有频率。作用在叶片上的激振力的频率为叶片转速的整数倍，此外气动激振力频率与叶片数也有关。通常认为 3 叶片的风力机，气动激振力以 3 倍转速频率（简称 3P）的谐波分量最大。因此叶片的固有频率接近转速频率某一整数倍的一定范围，就会产生较大的动应力，使叶片具有共振的性质。

风力发电机在运行中，很难避免由惯性不平衡力引起的激振力，在设计中应当设法使振动尽可能减小，特别是要避免发生"共振"，因此桨叶的固有振动频率是很重要的参数。由于桨叶的旋转使叶片"刚化"，其固有频率发生了改变，而且桨叶在颤振时的固有频率是系统耦合振动的固有频率，但大多数情况下，系统耦合振动频率同静止状态单个桨叶弯曲、扭转或弯扭耦合频率很接近，通常认为桨叶自激振动频率便是固有频率。一般桨叶、塔架和传动装置各阶固有频率为风轮转速的函数，通常激振力的频率是旋转速度的整数倍，通过坐标原点的射线与频率曲线的交点所对应的风轮转速，即为风轮的临界转速。

为避免共振，叶片的固有频率需离开共振频率一定距离，这个距离常用百分比表示，称为叶片的共振安全率。风力发电机转速有一定的波动，故要求风力机叶片固有频率避开共振频率的范围应更大些。为制定风力机叶片动态标准，应开展叶片动应力测试和频谱分析，以了解动载荷的各谐波情况，为制定标准提供依据。

2.1.3　疲劳载荷

即使材料受到的应力远低于材料的静态强度，也可能会发生结构损伤。疲劳是造成机械结构失效最常见的原因。组件在反复载荷作用下导致最终失效的过程，可以分为三个阶段：在多次循环作用下，材料损伤在微观层面不断发展，直到形成宏观裂纹；在每次循环中，宏观裂纹都会不断增长，直至达到临界长度；当出现裂纹的组件无法继续承受峰值载荷时，就会发生断裂。

在某些应用中，我们无法观察到第二阶段的变化。这种情况下，裂纹在微观尺度上快速增长，导致组件突然失效。后两个阶段的细节通常属于断裂力学领域的研究内容。疲劳这一术语主要适用于第一阶段。然而，这些学科之间存在一些重叠，测得的疲劳循环次数往往还包含后两个阶段。由于组件的大部分寿命都消耗在了出现宏观裂纹之前，因此，大多数设计都会尽可能避免出现此类损伤。

在非恒定外部载荷的影响下，材料的状态还会随时间发生变化。材料中某个点的状态可以通过许多不同的变量（例如应力、应变或能耗）来描述，而疲劳过程通常被认为是由一类特定的变量控制。人们将载荷循环定义为：所研究变量的一个峰值到下一个峰值的持续时间。通常情况下，不同的循环有着不同的幅值。不过，在粗浅的讨论中，可以假设控制疲劳状态的变量在每个载荷循环的开始和结束点都具有相同的值。在弹性材料中，循环载荷会引起周期性的循环应力响应。对于这种情况，载荷循环的定义非常简单。图 2-4 对此进行了说明，其中，控制疲劳状态的变量是应力。

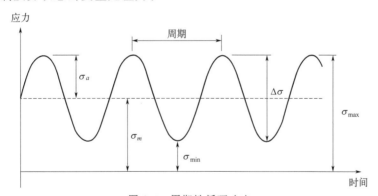

图 2-4　周期性循环响应

在一个载荷循环中，应力在最大应力 σ_{max} 与最小应力 σ_{min} 之间变化。在研究疲劳时，通常使用应力幅值 σ_a 和平均应力 σ_m 来定义应力的变化。此外，应力范围 $\Delta\sigma$ 和 R 值常用来描述应力循环。各个疲劳应力变量之间的关系可以表示为：

$$\sigma_m = \frac{\sigma_{max} + \sigma_{min}}{2} \tag{2-31}$$

$$\sigma_a = \frac{\sigma_{max} - \sigma_{min}}{2} \tag{2-32}$$

$$\Delta\sigma = \sigma_{max} - \sigma_{min} \tag{2-33}$$

$$R = \frac{\sigma_{min}}{\sigma_{max}} \tag{2-34}$$

在描述疲劳损伤时，最重要的参数是应力幅值。然而，要进行详细分析，还必须考虑平均应力。其中，平均拉应力会增加材料对疲劳的敏感性，而平均压应力则会增大材料的应力幅值。

材料对一系列载荷的响应与外部载荷的性质高度相关，外加载荷既可以是周期性的，也可以是随机的，甚至还可能是由可重复的块组成。对于后两种情况，对载荷循环的描述比纯周期性的情况更加复杂，需要一些特殊处理。图 2-5 所示为承受随机载荷的开孔框架的材料响应。图中显示三种广义载荷（两个弯矩和一个扭矩）的时间历史，应力等值线表示单位载荷作用下的材料响应。

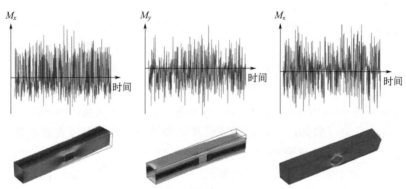

图 2-5 承受随机载荷的开孔框架的材料响应

疲劳分析并非总是基于应力响应，纵观这一分支学科的发展史，由于大部分研究都是基于应力的模型来进行的，因此，这在过去一直备受关注。根据产生裂纹所需的载荷循环次数，人们习惯将疲劳分为低周疲劳（LCF）和高周疲劳（HCF）。两者之间的界限并不明确，但通常以数万次循环作为区分的依据。基本的物理原理是：在高周疲劳情况下，应力足够低，因此应力应变关系可以被认为是弹性的。在分析高周疲劳时，应力范围通常用于描述局部状态。另外，在分析低周疲劳时，应变范围或耗散能量也是常用的选择。

材料疲劳领域的研究最早开始于 19 世纪，这一领域的持续发展产生了许多疲劳预测方法，其中一个经典模型就是 S-N 曲线（图 2-6）。这一曲线将材料失效前所经历的循环次数（即寿命）N 与单轴加载的应力幅值关联起来。总的趋势是：降低应力幅值，可以获得更长的材料使用寿命。通常来说，这种相关性非常强，可以达到应力幅值降低 10% 就能够将使用寿命延长 50%。某些材料在疲劳试验中表现出了应力阈值，称为疲劳极限，当应力低于该阈值时，不会出现疲劳损伤，组件的运行寿命可以无限长。不过，并非所有材料都有疲劳极限。因此，有些材料即使在低水平应力作用下，也会

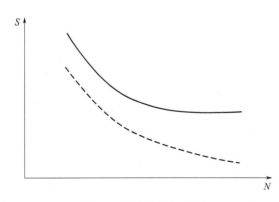

图 2-6 材料的 S-N 曲线

因疲劳而失效。

图 2-6 中，实线和虚线分别表示有疲劳极限和没有疲劳极限的材料的 S-N 曲线。在多轴加载的情况下，外部载荷的方向或位置各不相同，从而使结构在不同的方向上发生变形。这就意味着在每次计算时，都必须计算全应力或全应变张量，而非一个标量值。通常可以使用临界面法来实现，具体做法是通过研究空间中的多个平面，找出预计会产生初始疲劳的临界面。

对于随机载荷，由于每次循环都不同，因此不能用单一的应力幅值来描述应力循环。为了合理预测疲劳，必须将全应力历史转换为应力谱，使之在下一步分析中与疲劳相关。我们可以使用雨流计数法来定义一组具有相应平均应力的应力幅值，Palmgren-Miner 线性损伤法则是在这样一组不同应力水平下用来预测疲劳的常用方法，如图 2-7 所示。

在振动疲劳中经常会出现随机载荷，在此过程中，结构承受的是动载荷。由于应力与激发频率相关，因此可以使用功率谱密度等方法在频域中进行疲劳评估。

某些材料的疲劳寿命受微结构缺陷数量的影响非常大。对这些材料来说，缺陷

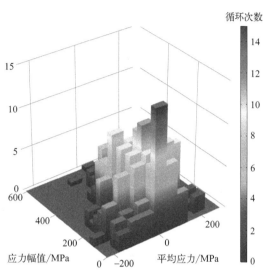

图 2-7　雨流计数法得到的应力循环分布

的位置对组件寿命有着直接的影响。例如，与远离应力集中区的缺陷相比，位于应力集中区附近的缺陷会显著缩短组件的寿命。我们可以使用概率统计方法来处理这种类型的应用。

在选择模型进行疲劳预测时，没有通用的模型可以直接使用，每个模型的适用性都取决于所使用的材料和载荷类型。然而，可以通过一些简单的定性问题来缩小适用模型的选择范围。

疲劳评估不仅需要疲劳模型，还需要材料数据。每个模型都需要一组不同的材料参数，这些参数可以通过材料测试获取。疲劳试验是一个非常耗时的过程，这是因为在材料表现出疲劳特征之前，每一次试验都需要循环很多次。例如，在高周疲劳中，一个试样可能要经历100 万次载荷循环才会失效。

此外，微观结构对疲劳灵敏度的影响也会使试验结果不统一。出现这种情况的原因是材料在微力学层面上不均匀。以合金材料为例，结晶颗粒和颗粒边界会导致应力集中。在金属铸件凝固的过程中，甚至还可能形成孔隙。因此，局部尺度上的应变值可能远大于宏观层面上的平均值，并可能导致晶体内部发生位错。由于这种微力学层面上的位置不规则是随机分布的，因此特定类型的组件所能承受的载荷循环次数存在很大的分散性，即使在均匀的外部载荷作用下也是如此。基于以上原因，需要对大量的试样进行测试，以得到可靠的疲劳数据。图 2-8 给出了某种材料不同部分的 S-N 曲线。黑色方块表示单独测试的结果，表明数据具有分散性。

在评估测试结果时，我们还需要考虑统计效应，以下是此类效应的两个示例：

① 两组不同直径的钢筋在相同的表观应力下进行拉伸测试，直径较大的一组钢筋的寿

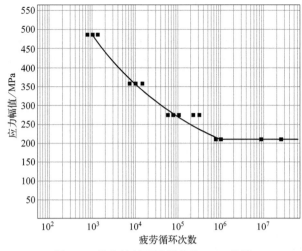

图 2-8　某种材料不同部分的 S-N 曲线

命可能较短。原因在于：材料的体积越大，出现某种尺寸的微观缺陷的可能性就越大。

② 对同一类型的钢筋分别进行拉伸载荷和弯曲载荷测试，对其施加相同的峰值应力，受弯曲载荷作用的钢筋的寿命可能更长。在弯曲过程中，只有一小部分体积的材料会承受最大应力。

除此之外，表面处理和工作环境等因素也会进一步影响材料的疲劳强度。

在将测量数据转换为某种结构的许用值时，必须考虑多种因素的综合效应，以及材料失效的潜在风险可能带来的后果。在疲劳载荷的计算中，时间序列是最基础的载荷。材料在交变载荷作用下，当最大应力超过疲劳极限时，材料内部微观结构组织发生变化，由此导致材料出现裂纹直至扩展到失效。

材料的疲劳寿命损伤过程一般分为三个阶段：无裂纹、裂纹萌生、大裂纹。裂纹萌生阶段占据了结构整个疲劳寿命的极大部分，所以疲劳分析主要应用在裂纹萌生阶段。材料一旦出现裂纹萌生的现象，也就意味着结构将要达到疲劳极限寿命。

对于裂纹萌生的疲劳分析，主要采用的理论是疲劳累积损伤理论。任何一个疲劳累积损伤理论在定义的时候，通常会以疲劳损伤 D 为基础，以疲劳损伤的变化 dD/dn 作为基本量，并且其疲劳损伤 D 具有明确的物理意义，所提出的疲劳演化规律也要与实验所得数据具有较高的一致性。

疲劳累积损伤理论一般需要解决三个问题：循环载荷会对材料或构件制造多大损伤？当有多个循环载荷作用时，损伤怎么叠加？材料或构件失效时的临界判据是什么？

尽管目前有很多定义疲劳损伤的方法，但由于裂纹的微观形成过程特别复杂，而且没有规律可循，所以目前大部分都是采用宏观唯象理论。对于复合材料的疲劳分析，由于其结构各向异性，不同于普通的金属材料，在实际计算时会产生一些误差，给分析过程造成一定的困难。一些国内外学者现在想通过连续介质损伤理论进行分析，但是目前还没有一个大家一致认为可靠的理论。下面介绍目前比较常用的一些疲劳累积损伤理论，并对它们的计算精度给出说明。

线性疲劳累积损伤理论是指结构或构件在循环载荷作用下，各个循环应力之间互不影响，产生的疲劳损伤按线性叠加，当所有应力产生的损伤累积到一定程度时，结构或构件将发生疲劳失效或者破坏。在众多线性疲劳累积损伤理论中，应用最广泛的是 Palmgren-Miner 理论，简称 Miner 理论。Miner 理论是 Miner 在 1945 年根据材料损伤的功能原理提出的。该理论指出，对于循环载荷的每一次作用，其对构件造成的损伤可以线性叠加。假设在某一级应力 σ_i 作用下，当前作用载荷应力水平下的疲劳寿命为 N，发生疲劳断裂时所吸收的总功为 W，而只有部分损伤时吸收的功是 W_i，循环次数定义为 n_i，材料定义为 N 的话，则有 $\dfrac{W_i}{W}=\dfrac{n_i}{N}$。对于疲劳损伤累积理论，Miner 理论需要回答的问题如下。

① 一个载荷对材料造成的损伤：

$$D=\frac{1}{N} \tag{2-35}$$

式中，D 定义为材料的损伤程度；N 为当前作用载荷应力水平下的疲劳寿命。

② n 个等幅载荷作用时，损伤的叠加：

$$D=\frac{n}{N} \tag{2-36}$$

③ n 个变幅载荷作用时，损伤的叠加：

$$D=\sum_{i=1}^{n}\frac{n_i}{N} \tag{2-37}$$

④ 失效时的临界判据：

$$D=\sum_{i=1}^{n}\frac{n_i}{N}=1 \tag{2-38}$$

从以上表达式可以看出，该理论并没有考虑载荷加载次序对疲劳寿命的影响，但实际上加载次序对疲劳寿命的影响会很大，因此实际计算中，Miner 理论估算的寿命都是大于试验条件下的寿命的。因此，一些学者提出了修正的 Miner 理论，该理论表达式为：

$$D=\sum_{i=1}^{n}a\,\frac{n_i}{N}=1 \tag{2-39}$$

式中，a 的值由试验确定，其他参数的意义与原理论相同。在一些疲劳试验中，得出 a 的平均值为 0.68，优化后为 0.7。

线性疲劳累积损伤理论的形式比较简单、使用方便，所以得到了广泛的使用，但是该理论明显的不足之处是：没有将应力之间的相互作用考虑在内，使得估算结果和实验值会出现偏差，有时甚至相差很大。鉴于此，有人提出了考虑这一因素的非线性疲劳累积损伤理论，其中比较典型的就是 Carten-Dolan 理论。该理论对于疲劳损伤累积理论需要回答的问题如下。

① 一个载荷对材料造成的损伤：

$$D=m^c r^d \tag{2-40}$$

式中，c、d 为材料的常数；m 为材料损伤核的数目，应力越大，则 m 也越大；r 为损伤发展速率，它与应力水平 S 成正比。

② n 个等幅循环载荷作用时，损伤的叠加：

$$D=nm^c r^d \tag{2-41}$$

③ n 个变幅循环载荷作用时，损伤的叠加：

$$D=\sum_{i=1}^{p}n_i m_i^c r_i^d \tag{2-42}$$

式中，n_i 为第 i 级载荷的循环数。

④ 失效时的临界判据：

$$D = N_1 m_1^c r_1^d \tag{2-43}$$

对于等幅载荷，N_1 为此载荷作用时的疲劳寿命，对于变幅载荷，"1" 代表所有载荷中最大载荷作用时的疲劳寿命。

因为损伤发展的速率 r 正比于应力水平 S，即 $r_i \propto S_i$，所以

$$1 = \sum_{i=1}^{p} \frac{n_i}{N_1 \left(\dfrac{S_1}{S_i}\right)^d} \tag{2-44}$$

式中，d 为材料常数；S_1 是前一次试验载荷中最大的一个载荷；N_1 为与 S_1 相对应的疲劳寿命。大量的试验表明，Carten-Dolan 理论是较好的疲劳累积损伤理论，其估算精度要优于线性累积损伤理论。但是它也有不足之处，其材料常数 d 需要进行二级疲劳试验才能得到，如果没有此参数，则此理论将无法使用。

雨流计数法的原理是把载荷-时间历程的时间轴向下画，并把它想象为一系列宝塔形的屋顶，雨流从峰或谷的内侧开始向下流水，如图 2-9 所示。它的计数规则是：

① 当始于谷点的雨流遇到比起点更低的谷点时，雨流停止；

② 当始于峰点的雨流遇到比起点更高的峰点时，雨流停止；

③ 若遇到前面流下来的雨流时，雨流停止。

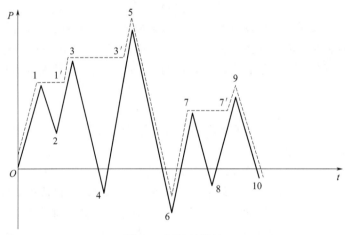

图 2-9 雨流计数法

对雨流计数法的上述规则进行如下修正：

不必把载荷-时间历程的时间轴向下画，即仍保持原来的水平轴方向。

① 以峰点为起点时，向下推进到下一个反复点，然后沿水平方向进到下一个下行范围，如果从所停留的谷的水平看没有下行范围，则向上进到下一个反复点，以上行代替下行来重复这一过程，并把这些过程进行到底。

② 以谷点为起点时，向上推进到下一个反复点，然后沿水平方向进到下一个上行范围，如果从所停留的峰的水平看没有上行范围，那就向下进到下一个反复点，以下行代替上行而重复同一过程，并把这些过程进行到底。

③ 对先前过程中未用的各个范围，或一个范围的某些部分重复这种过程。

目前比较常用的疲劳寿命分析方法有很多种，其中应用最广泛的是名义应力法、局部应力应变法、应力场强法。

利用名义应力法估算疲劳寿命一般有两种方式：一种是按照零件的名义应力和 S-N 曲线，估算疲劳寿命；另一种是对查到的材料的 S-N 曲线进行修改，得到该构件的 S-N 曲线，再进行疲劳寿命的估算。作出以下基本假设：对于相同的材料制成的任意构件，如果具有相同的应力集中系数 K_T，作用的载荷谱也相同，则它们的疲劳寿命就相同。名义应力法的分析过程为：确定构件的危险部位；计算危险部位的名义应力和应力集中系数；确定危险部位的名义应力谱；根据相关理论或文献，得到 S-N 曲线；根据相关疲劳累积损伤理论，估算疲劳寿命。其中的不足之处在于：没有考虑根部缺口处的局部塑性；基本假设与疲劳的机理不相符；试件与标准件之间的等效关系确定困难。

名义应力法预测裂纹形成寿命的结果不够稳定，而且精度偏低，因此，在结构危险部位的预测中一般筛选使用。

局部应力应变法以材料的循环应力应变曲线为基础，通过有限元分析等计算方法，将构件的名义应力谱转变为所需危险截面的应力谱，以此来估算疲劳寿命。作出基本假设：对于相同的材料制成的构件和光滑试件，如果它们具有相同的最大应力应变历程，那么它们就有相同的疲劳寿命。局部应力应变法的分析过程为：确定构件的危险部位；确定危险部位的名义应力谱；利用有限元分析等计算方法计算危险部位的应力应变谱；根据相关理论或文献，查询 S-N 曲线；根据相关疲劳累积损伤理论，估算疲劳寿命。其中的不足之处在于：没有考虑应力集中处多轴应力的影响；公式中所含材料性能参数较多，获取较难，因此计算精度的稳定性较差；对损伤计算的多个公式，物理意义不明确，使用时可能会造成混乱。

但是总的来说，局部应力应变法是一种相对成熟的疲劳寿命估算方法，并且在工程上得到了广泛的应用。

应力场强法以材料的循环应力应变曲线为基础，通过有限元分析等计算方法来计算缺口构件的应力场强历程，然后根据材料的 S-N 曲线，结合相应的疲劳累积损伤理论来估算疲劳寿命。作出以下基本假设：对于同种材料制成的构件和光滑试件，如果它们缺口根部的应力场强历程相同，那么它们的疲劳寿命就相同。应力场强法的分析过程为：确定缺口部位的名义应力谱；利用有限元分析等计算方法计算缺口部位的应力场强度；根据相关理论或文献，查询 S-N 曲线；根据相关疲劳累积损伤理论，估算疲劳寿命。

大量事实表明，应力场强法可以很好地对材料的疲劳性能进行描述，而且对计算模型可以不做简化处理就可进行应力场强度计算，结果也具有较好的精度。

虽然目前关于纤维增强复合材料的疲劳研究有很多，提出了很多不同的分析模型及方法，但是很少有研究者将这些理论应用于复合材料风机叶片的疲劳寿命分析中。笔者认为这种现象与风机叶片的特殊性有很大关系，对风机叶片的疲劳寿命分析难点为：风机叶片在运行过程中所受到的载荷情况非常复杂，给疲劳载荷计算增加了很大的难度，虽然可以用专业的叶片载荷分析软件（如 Bladed）计算，但是软件给出的载荷只是叶片不同半径截面上的合内力，要想得到叶片各点的应力还需要进行一系列的转化工作；实际疲劳载荷谱很复杂，只能通过简化载荷谱或求风速分布的方法近似；风机叶片的外形非常不规则，一方面增加了载荷计算的难度，另一方面也给有限元模拟带来了很大的困难，例如有限元软件中几何模型的建立，以及载荷等效和加载等问题；复合材料风机叶片的实际铺层情况非常复杂，给有限元模型中单元材料属性的定义带来了很大困难，也只能通过近似的方式最大程度地模拟实际铺层情况。

目前关于复合材料风机叶片疲劳寿命分析的文献很少，比较有代表性的有李德源、叶枝全等的《风力机叶片载荷谱及疲劳寿命分析》和陈余岳、蒋学忠的《大型风力玻璃钢叶片疲劳问题探讨》。李德源、叶枝全等采用求风速分布的方法简化了疲劳载荷谱，并计算了叶片根部的疲劳寿命，这样就回避了载荷等效和加载，以及模拟实际铺层情况等问题；陈余岳、蒋学忠则是采用风力发电机组风轮叶片规范推荐的简化疲劳载荷谱，分析了玻璃钢叶片的疲劳问题。它们都没有考虑平均应力的影响以及纤维间基体失效等问题。

综上所述，对复合材料风机叶片的疲劳寿命计算是一项十分庞大的工程，由于要采用一些近似，因此只能称之为"工程估算方法"。

根据风力发电机组风轮叶片国家标准，叶片疲劳分析与试验应以载荷谱为依据。叶片疲劳载荷谱可由计算得到，也可用测试方法得到，如国外的 Wisper 载荷谱，模拟了叶片根端处摆动方向载荷条件，是在测量了欧洲 9 个不同类型风力机载荷基础上得到的。该谱已用于风力机叶片材料和结构细节评估、疲劳寿命预报。我国目前还没有大型风力机叶片实测疲劳载荷谱。目前，工程上常用的简化风力机载荷谱的方法是先选取合理的风速范围（如 5～25m/s）和合理的风速区段（如 2m/s），将每个风速区段的应力作为第 i 级应力，然后根据一定的累积概率分布函数求得每个风速区段的全年分布小时数，进而求得第 i 级应力的循环百分数，最后根据一定的疲劳累积损伤法则，即可求得等效为标准载荷后发生疲劳破坏时的总循环次数。

2.2 应力、应变和变形的概念

应力是一种内力，本质上是原子间作用力。当物体发生变形时，原子间距离会偏离平衡位置（如图 2-10 所示，偏离平衡位置意味着原子间距离不再是 d），从而导致原子间相互排斥或吸引，这是产生应力的根本原因。只有当偏离距离非常小时，排斥力（或吸引力）与偏离距离才能看作是线性的，这也是胡克定律必须在小变形下才成立的原因。

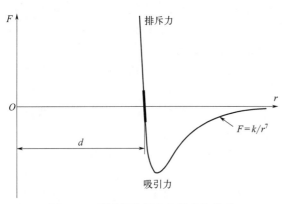

图 2-10 原子间作用力与距离的关系

应力是物体内部力的表现形式，通常用于描述物体受力后的反应或变形情况。它是单位面积上作用的力，可以通过力除以受力面积来计算。

材料在施加一定负荷后发生形变，在除去外力后能迅速恢复原状的能力称为弹性。在弹性范围内，一定的形变所对应的力即为弹性应力。橡胶属于高弹性材料，较大的弹性形变对应的弹性应力较小，说明分子链的蜷曲程度较大。交联网密度增大将使弹性应力增大，因而利用弹性应力的测量可推知聚合物分子链结构、交联网及使用温度与结构的关系。弹性力学中应力与应变为线性关系，应力与应变的比例常数 E 被称为弹性系数或弹性模量，不同材料有其固定的弹性模量。虽然无法对应力进行直接的测量，但是通过测量由外力影响产生的应变可以计算出应力的大小。

工程材料受到应力的作用，都会产生应变。当应力较小时，将产生弹性应变，即符合应力与应变成正比关系的应变，这种应变在应力消失时也随之消失。当应力增大到一定值后，应力与应变不再成正比关系，应力消失后将留下永久性的变形，称为塑性应变。金属在产生塑性应变时，伴随应变硬化。例如反复弯曲一根铁丝时，会感到越弯越硬，直至塑性消失而断裂。金属原子依金属键结合，在常温下具有塑性应变的能力。工程上有多种方法可利用金属的塑性变形能力，使金属制件成型，同时还可提高制件的强度和硬度。这种通过金属塑性应变产生的硬化，称为应变硬化或加工硬化。

2.2.1　弹性应力

物体因受外力作用而变形，其内部各部分之间因相对位置改变而引起的相互作用就是内力。我们知道，即使不受外力作用，物体的各质点之间依然存在着相互作用的力。材料力学中的内力是指外力作用下，上述相互作用力的变化量，所以是物体内部各部分之间因外力而引起的附加相互作用力，即附加内力。这样的内力随外力的增大而增大，到达某一限度时就会引起构件破坏，因而它与构件的强度是密切相关的。

当我们从物体上分离出一块体积 V 时，作用在其上的外力可表示为 $\int_V \boldsymbol{F} dV$，其中 $\boldsymbol{F}$ 是作用在物体单位体积上的力。显然，这个体积 V 内的力是作用力与反作用力，会相互抵消，不会产生合外力。因此，这一外力只能看作是体积 V 周围物质给其的合外力，并且通过体积 V 的表面 A 进行施加，即：

$$\int_{\partial V} dA = \int_V \boldsymbol{F} dV \tag{2-45}$$

由散度定理可知，$\iint_{\partial V} \boldsymbol{F} \cdot \hat{n} dS = \iiint_V \mathrm{div} \boldsymbol{F} dV$，要想把体积分转化为面积分，则 $\boldsymbol{F}$ 必然是某个量的散度。众所周知，求散度是"降阶"过程，如对矢量（一阶张量）求散度得到标量（零阶张量）。要通过求散度得到一个矢量，这个未知量一定是一个二阶张量，这个量就叫应力。

应力可以分为三种类型：拉应力、压应力和剪应力。当一个物体被外部力拉伸时，在受力方向上产生的内部应力称为拉应力。拉应力使物体在受力方向上发生变长。当一个物体被外部力压缩时，在受力方向上产生的内部应力称为压应力。压应力使物体在受力方向上变短。当一个物体受到共面两个相对方向的外部力时，在平行于力的平面上产生的内部应力称为剪应力。剪应力使物体在剪切平面上发生形变。

应力的大小可以通过施加的力以及受力面积来计算。一般来说，单位面积上的应力越大，物体受力越强烈。应力是材料力学中重要的概念，对于研究材料的强度、变形性能以及结构的稳定性等方面具有重要意义。物体受力产生变形时，体内各点处变形程度一般并不相同。用以描述一点处变形程度的力学量是该点的应变。

应力是物体由于外因（受力、湿度、温度场变化等）而变形时，在物体内各部分之间产生相互作用的内力，以抵抗这种外因的作用，并试图使物体从变形后的位置恢复到变形前的位置。有些产品尺寸变化是因为应力的存在，在产品放置后或处理的过程中，如果环境达到一定的温度，产品就会因应力释放而发生变化。一个圆柱体两端受压，那么沿着它轴线方向的应力就是压应力。压应力就是指使物体有压缩趋势的应力。不仅仅物体受力引起压应力，任何产生压缩变形的情况都会有，包括物体膨胀后。有些材料在工作时，其所受的外力不随时间而变化，这时其内部的应力大小不变，称为静应力；还有一些材料，其所受的外力随时间呈周期性变化，这时内部的应力也随时间呈周期性变化，称为交变应力。应变指在外力和非均匀温度场等因素作用下物体局部的相对变形。

应力仪或者应变仪是用来测定物体内应力的仪器。一般通过采集应变片的信号，并转化为电信号进行分析和测量。方法是将应变片贴在被测物上，使其随被测定物一起伸缩，这样里面的金属箔材就随之伸长或缩短。很多金属在机械性地伸长或缩短时其电阻会变化。

线应变又叫正应变，它是某一方向上微小线段因变形产生的长度增量（伸长时为正）与原长度的比值；角应变又叫剪应变或切应变，它是两个相互垂直方向上的微小线段在变形后夹角的改变量（以弧度表示），角度减小时为正。应变与所考虑的点的位置和所选取的方向有关。

为了显示出构件在外力作用下 $m—m$ 截面上的内力，用一平面假想地把构件分成 I、II 两部分[图 2-11(a)]。任取其中一部分（例如 II）作为研究对象。在部分 II 上作用的外力有 F_3 和 F_4，欲使 II 保持平衡，则 I 必然有力作用于 II 的 $m—m$ 截面上，以与 II 所受的外力平衡，如图 2-11(b) 所示。根据作用与反作用可知，II 必然也以大小相等、方向相反的力作用于 I 上。上述 I 与 II 间相互作用的力就是构件在 $m—m$ 截面上的内力。按照连续性假设，在 $m—m$ 截面上各处都有内力作用，所以内力是分布于截面上的一个分布力系。把分布内力系向截面上某一点（通常选取截面的形心）简化后得到的主矢和主矩，称为截面上的内力。

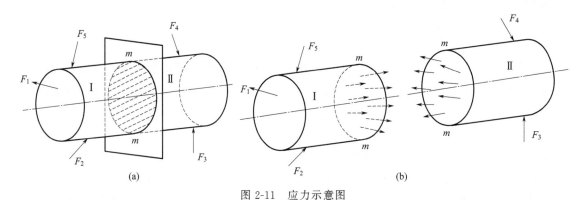

图 2-11 应力示意图

对部分 II 来说，外力 F_3、F_4 和 $m—m$ 截面上的内力保持平衡，根据平衡方程就可以确定 $m—m$ 截面上的内力。

上述利用截面假想地把构件分成两部分，以显示并确定内力的方法称为截面法。可将其归纳为以下三个步骤：欲求某一截面上的内力，先沿该截面假想地把构件分成两部分，然后任意地取出一部分作为研究对象，并弃去另一部分；用作用于截面上的内力代替弃去部分对取出部分的作用；建立取出部分的平衡方程，确定未知的内力。

例 2-1 钻床如图 2-12(a) 所示，在载荷 F 作用下，试确定 $m—m$ 截面上的内力。

解： ① 沿 $m—m$ 截面假想地将钻床分成两部分。取 $m—m$ 截面以上部分进行研究，并以截面的形心 o 为原点，建立 oxy 坐标系，如图 2-12(b) 所示。

② 外力 F 将使 $m—m$ 截面以上部分沿 y 轴方向移动，并绕 o 点转动，$m—m$ 截面以下部分必然以内力 F_N 及 M 作用于截面上，以保持上部的平衡。这里 F_N 为通过 o 点的力，M 为对 o 点的力偶矩。

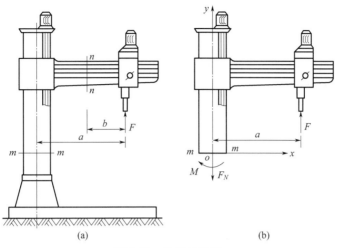

图 2-12　钻床示意图

③ 由平衡条件

$$\sum F_y = 0, F - F_N = 0$$
$$\sum M_o = 0, Fa - M = 0$$

求得内力 F_N 和 M 分别为

$$F_N = F, M = Fa$$

在例 2-1 中，内力 F_N 和 M 是 m—m 截面上分布内力系向截面形心 o 点简化后的结果，用它们可以说明 m—m 截面以上部分内力和外力的平衡关系，但不能说明分布内力系在截面内某一点处的强弱程度。为此，引入内力集度的概念。设在图 2-12(b) 所示受力构件的 m—m 截面上，围绕 C 点取微小面积 ΔA[图 2-13(a)]，ΔA 上分布内力的合力为 $\Delta \boldsymbol{F}$。$\Delta \boldsymbol{F}$ 的大小和方向与 C 点的位置和 ΔA 的大小有关。$\Delta \boldsymbol{F}$ 与 ΔA 的比值为

$$\boldsymbol{p}_m = \frac{\Delta \boldsymbol{F}}{\Delta A} \tag{2-46}$$

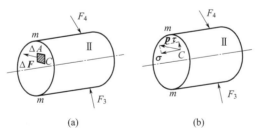

图 2-13　受力构件的 m—m 截面上，围绕 C 点取微小面积 ΔA

$\boldsymbol{p}_m$ 是一个矢量，代表在 ΔA 范围内，单位面积上内力的平均集度，称为平均应力。随着 ΔA 的逐渐缩小，$\boldsymbol{p}_m$ 的大小和方向都将逐渐变化。当 ΔA 趋于零时，$\boldsymbol{p}_m$ 的大小和方向都将趋于一定极限。可写成

$$\boldsymbol{p} = \lim_{\Delta A \to 0} \boldsymbol{p}_m = \lim_{\Delta A \to 0} \frac{\Delta \boldsymbol{F}}{\Delta A} \tag{2-47}$$

$\boldsymbol{p}$ 称为 C 点的应力，它是分布内力系在 C 点的集度，反映内力系在 C 点的强弱程度。$\boldsymbol{p}$ 是一个矢量，一般说既不与截面垂直，也不与截面相切。通常把应力 $\boldsymbol{p}$ 分解成垂直于截

面的分量 σ 和切于截面的分量 τ[图 2-13（b）]。σ 称为正应力，τ 称为切应力。

在我国法定计量单位中，应力的单位是 Pa（帕），$1\mathrm{Pa}=1\mathrm{N/m^2}$。由于这个单位太小，使用不便，通常使用 MPa（兆帕），$1\mathrm{MPa}=10^6\mathrm{Pa}$。

弹性应力是指材料受到外部力作用后，恢复原状时所产生的应力。当外部力作用消失后，材料会恢复到原来的形状和大小，这种恢复过程就是弹性变形。弹性应力是为了使材料恢复到原来的形状和大小所施加的力。弹性应力是一种可逆的应力，即当外部力消失时，材料会恢复原来的形状和大小。

弹性体是指在受到外部力的作用下可以发生弹性形变，随着外力的消失而恢复原状的物体。弹性体的应力应变分析研究的是弹性体在外力作用下，应力和应变的变化规律，为弹性体结构设计和材料选择提供依据。

弹性体受到外力作用后，内部会出现应力。应力是指单位面积内的力，通常用 σ 表示。弹性体的应力分为三种：张应力、剪应力和压应力。张应力是指物体受到拉伸作用时，单位面积内的拉力大小。例如，拉伸一条钢杆时，钢杆内部会出现张应力。剪应力是指物体受到剪切作用时，单位面积内的切力大小。例如，用剪刀剪断一张纸时，纸内部会出现剪应力。压应力是指物体受到压缩作用时，单位面积内的压力大小。例如，站在地上时，人脚底就会受到地面的压力。

在弹性体应力应变分析中，需要确定弹性体的本构关系，即应力和应变的关系。钢材、混凝土和木材等材料的本构关系通过试验方法得到，常用的本构关系有胡克定律、泊松比关系和超弹性本构关系。反映材料性质的应力、应力率等和应变、应变率等之间的关系称为本构关系或本构方程。

由于材料性质极其复杂，要找出适合于任何连续介质的本构关系是不可能的，甚至要找到适用于同一种连续介质在任意变形情况下的本构关系也是不可能的。事实上，在大部分连续介质力学中，只研究一些理想的本构关系。不同的理想本构关系有不同的适用范围。

胡克定律是最简单的弹性体本构关系，表示应力与应变成比例。在弱应力下，大部分弹性体本构关系均可以近似用胡克定律描述。泊松比描述了单位体积的物体在沿一个方向受到拉伸作用时，在垂直于这个方向的平面内发生压缩的程度，常用于描述非金属材料的弹性体本构关系。

超弹性本构关系是指超过胡克定律描述范围的材料本构关系。在强应力下，一些弹性体本构关系不再是简单的线性关系，超弹性本构关系描述了应力与应变之间的复杂关系。

弹性体的应力分析方法有两种：解析法和数值法。解析法是指通过解析方法求解弹性体的应力分布。常用解析法有光滑接触法、双曲线分析法、平面应变分析法等。数值法是指将弹性体划分为若干小的单元，通过数值计算方法求解弹性体的应力分布。常用数值法有有限元法和边界元法。有限元法是指将复杂的问题分解为若干简单的单元，通过求解单元的应力、应变、位移等参数来分析复杂问题。边界元法是一种相对简单的数值方法，其中的单元只有一个面有网格划分，并对边界上的应力和位移数据进行求解。

简单地讲，一个固体力学问题的解答在每一瞬间都必须满足下列三个条件：平衡或运动方程；几何条件或应变与位移的协调性；材料本构定律或应力-应变关系。为简洁起见，力、位移必须满足的初始条件和边界条件都包含在第 1 项和第 2 项中。

从静力学（或动力学）方面考虑，对于应力场中的各分量 σ_{ij}，在物体内部与体力分量 F_i 有关，而在外部则与作用于物体边界上的表面力 T_i 有关。满足这些静力学（或动力学）

条件的应力场就称为静态（或动态）条件允许的应力。这些条件形成了下列用于静力分析的平衡方程。

在表面各点，有 $T_i = \sigma_{ji} n_j$；

在内部各点，有 $\sigma_{ji,j} + F_i = 0$，$\sigma_{ji} = \sigma_{ij}$。

建立多种弹性本构关系以描述可表示为弹性的一类实际材料的力学特性。在实践中，研究这些弹性模型有两个原因：就自身而言，这些弹性模型能很好地描述处于工作载荷水平下的许多工程材料的性能；作为弹性理论的推广，它的塑性理论也需要这些弹性本构模型。例如，弹塑性模型就广泛地应用于过载阶段的金属材料。所谓过载阶段是指应力水平已经超过弹性极限，并且已经发生屈服。

弹性变形是一个没有能量耗散的可逆过程。外力在准静态过程中所做的功全部转化为由于变形而储存在弹性体内的能量，这种能量称为应变能。不管按什么路径或顺序卸载，卸载后物体恢复到未变形的初始状态，应变能全部释放出来。因此，应变能是状态函数，单位体积中的应变能（即应变能密度）是状态变量应变的单值函数。因为应变能等于外力所做的功，所以内力所做的功就是应变能的增量，δW 是应变能密度的增量。由于应变能密度是应变的单值函数，故 δW 必定是全微分。

把无应变的自然状态作为加载前物体的平衡状态，并假定这一自然状态是稳定的平衡状态。加载后的平衡状态称为变形状态或干扰状态。根据稳定平衡状态的定义可知，在准静态变形过程中，从稳定的平衡状态到相邻的变形状态，外力必须做正功。由于 V 可以是任取的体积元，所以上式要求 $\delta W > 0$。令自然状态的应变能为零，则变形状态的应变能密度必正定。有时，亚弹性材料模型被用于描述增量弹性本构关系。这些材料中的应力状态通常是当前应力状态以及达到这种状态的应力路径的函数。

弹性体应力应变分析对于弹性体结构的设计和估算材料性能等方面具有重要意义。掌握弹性体的应力应变分析方法对于工程师和材料科学家来说都是必要的。

聚合物、天然高分子、生物大分子及许多非晶态无机材料的力学行为都表现出典型的黏弹特性，其性能明显依赖于载荷的历史，并对温度有敏感依赖性。从宏观上唯象地描述黏弹行为的经典模型是利用弹簧和粘壶进行串并联组合形成不同的结构，并建立相应结构的动力学方程，这些本构方程具有经典整数阶微分或积分的形式。将分数阶微积分引入本构方程使黏弹性理论有了突破性发展。分数阶微积分描述的动力系统是耗散的，能从本质上反映材料力学性能对载荷及应变历史的依赖性，由此建立的本构关系具有更广泛的普适性。

Bobrov 等研究了某材料在每秒数百热力学温度的骤冷条件下制取的条带在拉伸形变下的应力松弛过程，在不进行预处理时，松弛行为具有近似单一的松弛指数。当在 523K 预处理后，应力松弛过程表现为典型的黏弹行为，并具有很好的线性黏弹特征。

不同材料的应力与应变曲线如图 2-14 ～ 图 2-16 所示。

广义胡克定律指各向异性材料各个方向的弹性模量都不相同；当各向异性材料同时受到三向应力作用时，

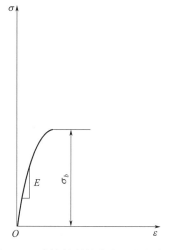

图 2-14 脆性材料的应力与应变曲线

各个方向的形变也是不同的，因而各个方向的泊松系数也随应力方向变化；除正应力对应变有影响外，剪应力也会对应变产生影响；除剪应力对剪应变有影响外，正应力也会对剪应变产生影响。

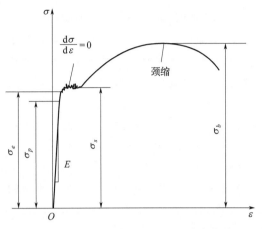
图 2-15　韧性金属材料的应力与应变曲线

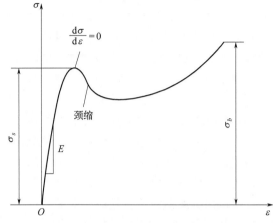
图 2-16　聚合物的应力与应变曲线

2.2.2　塑性应变

塑性应变是指固体物质受到外力作用，发生明显形变且不恢复到初始形态的现象。塑性应变产生的原因是材料内部的位错运动和滑移。位错是晶体结构中的缺陷，通过位错运动和滑移，使晶体的晶格重新排列，以适应外力的作用，从而引起形变。位错运动和滑移是塑性变形的基本机制。在晶体材料中，塑性应变主要是通过晶格的滑移和晶界的滑动来实现的。晶格滑移是晶体内部的晶格平面和晶格面之间的原子重新排列，以适应外力作用。晶界滑动是晶体中两块晶粒之间的相互滑动，也能够使材料发生塑性应变。

当弹性体受到外力作用后，会产生应变。应变是指物体形变的程度，通常用 ε 表示。弹性体的应变分为三种：拉应变、剪应变和压应变。拉应变是指物体在受到拉伸作用时，单位长度内的形变量。例如，拉伸一条钢杆时，钢杆内部会出现拉应变。剪应变是指物体在受到剪切作用时，单位长度内的形变量。例如，用剪刀剪断一张纸时，纸内部会出现剪应变。压应变是指物体在受到压缩作用时，单位长度内的形变量。例如，站在地上时，人体脚底就会出现压应变。

大量研究表明，不同温度范围内镁合金的塑性变形机制也不相同，不能用一种观点来描述所有温度区和应变速率下镁的塑性变形理论。在低温区（＜473K）主要为基面滑移及锥面孪生，这是 hcp 晶格结构合金的典型的低温变形机制。基面上柏格斯矢量为 a 的位错塞积在孪晶界附近，由于晶界处大的弹性畸变使晶内应力局部地超过非基面滑移的临界剪切应力，该应力比基面上室温下的临界剪切应力大很多，可使〈1122〉〈1123〉滑移系启动。中温区（473～523K）塑性变形的控制机制是 a 位错在非基面上的交滑移（Friedel-Escaig 交滑移）。交滑移主要在原始晶界附近被激活，该处的应力高度集中。高温区（＞523K）变形时，激活能上升至 134kJ/mol，与镁的晶格扩散激活能相近，变形行为受扩散控制，同时伴随有位错攀移。合金元素对镁的塑性变形机理有影响，对纯镁和镁合金变形机理的分析表明，在幂指数定律范围内，两者的塑性变形均由交滑移控制。但是，合金化可改变滑移模式。微量的合金元素如 Zn 使堆垛层错能（SFE）大大降低。

① 弹性全应力-应变关系包含 Cauchy 和 Green 两类。

Cauchy 弹性类型特点：应力 σ_{ij} 和应变 ε_{ij} 是可逆的、和路径无关的；应变能 W 和余能密度函数 G 的可逆性和与路径无关性一般不能保证；材料的割线刚度和柔度矩阵一般是对称的。Cauchy 弹性类型最普遍使用的模型是通过简单地修改基于变割线模量的各向同性线弹性应力-应变关系而得来的。

Green（超弹性）类型特点：应力 σ_{ij} 和应变 ε_{ij} 是可逆的、和路径无关的；因为应变能函数 W 和余能函数 Ω 的可逆性及与路径无关性，这种类型的模型满足热力学定律；尽管基于假设函数 W 和 Ω 的本构关系具有极好的数学特性，且可导出不同的通用关系式，但是其包含的材料常数在大多数情况下没有直接的物理意义；W 或 Ω 的函数形式容易假定，以再现所期望的材料特性的物理现象。已经证明，通过施加能量函数 W 和 Ω 的外凸性约束，在一般的 Green 材料中，应力和应变的唯一性总可满足（Druker 稳定性假设）材料的割线刚度，柔度矩阵总是对称的。

② 增量应力-应变关系（亚弹性类型）特点：应力状态一般以当前应变状态和达到这种状态所经过的应力路径表示（即路径无关性）；增量可逆特性必须指定初始条件以得到唯一解；在加载循环中可能产生能量，违反热力学定律；经典亚弹性模型中材料常数的确定要求复杂的测试程序。

③ 变模量增量应力-应变关系特点：主要基于曲线拟合技术；代表了一类特殊的各向同性亚弹性材料，其附加有增量各向同性限制；通常没有唯一的应力应变关系存在。变模量材料的特性是不可逆的，甚至于增量加载也是如此。这些类型的模型具有很多特点：可以很好地满足许多可提供的试验，且具有拟合循环加载下重复滞后数据的能力，计算方便且相对来说更容易拟合试验数据；该模型对所有应力历史可能不能全部满足严格的理论要求；由于模型是增量各向同性的，故偏增量响应分量不予考虑，这将限制模型的应用；该模型假设应力和应变增联的主轴有同轴性，缺乏试验支持。

非线性弹性关系的增量模型，对于初始各向同性材料，尽管具有变切线模量 K_s 和 G_s 的非线弹性应力-应变关系，在形式上与各向同性线性模型相类似，但以增量关系的形式是不正确的。K_s 和 G_s 会造成偏响应分量和体积响应分量的完全分离。但对于更一般模量的假设函数，例如当 K_t 和 G_t 作函数时，这两种响应间将存在相互影响和交叉影响。应力和应变增量的主轴一般并不重合，除了在特殊的增量各向同性模型下，其矩阵总有一个如同各向同性线弹性模型的各向同性形式。

变模量模型有以下优点：完全适合多种可行的试验；能适应加载循环中重复的滞后数据；计算简洁。尽管可能需要用到试错法，但该模型易于与试验数据相拟合。其局限性在于：该模型仅适合没有太大膨胀的材料。对所有应力历史，变模量模型不能全部满足严格的理论要求。该模型假设应变增量主轴总是与应力增量主轴重合，这仅仅在低应力水平下是正确的。如果材料模量和常数不经仔细挑选，在某些应力路径的加载—卸载循环中可能产生能量（违反热力学定律），模型就可能出现问题。

Drucker 材料稳定性假设所施加的限制以及它们的影响如下：应变能函数 W 和余能函数 Ω 存在且总是正定的。这一点可分别由它们的 Hessian 矩阵 $[H]$ 和 $[H']$ 的正定性中直接推导出来，并且符合热力学准则的要求。此外，$[H]$ 和 $[H']$ 的正定性保证了本构关系总是存在唯一可逆关系，即对于任何一个基于假设的 W 函数的本构关系 $\sigma_{ij} = F(\varepsilon_{ij})$，总可以找到一个唯一可逆的关系。在应变和应力空间中，分别对应于 W 和 Ω 的表面是外凸的。表 2-1 给出了一些无机材料弹性模量的数值。

表 2-1　一些无机材料弹性模量的数值

材料	E/GPa	材料	E/GPa
氧化铝晶体	380	烧结 TiC($P=5\%$)	310
烧结氧化铝($P=5\%$)	366	烧结 $MgAl_2O_4$($P=5\%$)	238
高铝瓷($P=90\%\sim95\%$)	366	密实 SiC($P=5\%$)	470
烧结氧化铍($P=5\%$)	310	烧结稳定化 ZrO_2($P=5\%$)	150
热压 BN($P=5\%$)	83	石英玻璃	72
热压 B_4C($P=5\%$)	290	莫来石瓷	69
石墨($P=20\%$)	9	滑石瓷	69
烧结 MgO($P=5\%$)	210	镁质耐火砖	170
烧结 $MoSi_2$($P=5\%$)	407		

2.2.3　变形机理

变形机理是指塑性应变发生的原理和方式。在固体物质中，变形通常是由于晶格内的原子、离子或分子之间发生位移或重新排列造成的。除了位错运动和滑移，其他因素也可能对塑性应变和变形机理产生影响，例如晶体材料的结构、温度、应力等。总体来说，塑性应变和变形机理是固体材料在受到外力作用下发生形变的过程和原理。

在载荷作用下，构件会产生变形。实验证明，当载荷不超过某一限度时，卸载后变形就完全消失。这种卸载后能够消失的变形称为弹性变形。若载荷超过某一限度，卸载后仅能部分变形消失，另一部分不能消失的变形称为塑性变形。构件的承载能力分析主要研究微小的弹性变形问题，称为弹性小变形。

杆件变形的基本形式有轴向拉压、剪切、扭转、平面弯曲 4 种如表 2-2 所示。轴向拉压变形中，杆件在大小相等、方向相反、作用线与轴线重合的一对力作用下，变形表现为长度的伸长或缩短；剪切变形中，作用于杆件的是一对垂直于轴线的横向力，它们的大小相等、方向相反且作用线很靠近，变形表现为杆件两部分沿外力方向发生错动；扭转变形中，是在垂直于杆件轴线的两个平面内，分别作用力偶矩的绝对值相等、转向相反的两个力偶，变形表现为任意两个横截面发生绕轴线的相对转动弯曲。平面弯曲变形中，杆件受到力偶或者垂直于轴线的外力作用，变形表现为杆件在轴线所在纵向平面内弯曲。

表 2-2　四种基本变形比较

变形形式	轴向拉压	剪切	扭转	平面弯曲
简图				
外力特点	外力合力的作用线与杆件的轴线重合	杆件两侧受相距很近的横向力作用	外力偶作用面垂直于杆件的轴线	外力垂直于杆件的轴线并作用在纵向平面内

变形形式	轴向拉压	剪切	扭转	平面弯曲
变形特点	杆件沿轴线方向伸长或缩短,伴随横向收缩或膨胀	两力间的截面沿外力方向发生相对错动	任意两横截面绕轴线产生相对转动	轴线弯曲成一条曲线或曲率发生变化

工程上许多金属结构如起重机长梁臂、紧固件等,虽然是在室温下只受弹性载荷作用,但长期使用后仍发生了过量的宏观永久变形而导致金属结构的失效。这类金属结构的特点是:第一,由于工作在室温附近,其变形过程不涉及原子的长程运动,如位错攀移等;第二,这类金属结构的变形在短期服役后不易被发现或对其工作状态不会产生明显的影响,但长期工作后便会产生一定的宏观永久变形。从理论上讲,只要金属所受平均应力不超过弹性极限就不会产生永久塑性变形,但这只能发生在理想的单晶金属中,而实际上所用材料全部是多晶材料,其内部存在大量晶体缺陷,所以即使载荷在弹性范围内,但由于晶体位向不同,晶体缺陷及原子的近程扩散运动(室温下原子在应力场作用下可作近程扩散)也会产生微观上少量现行仪器很难测量的塑性变形。虽然这些微观变形在短期内不被发现,更不能造成失效,但宏观上产生的一定的永久变形正是由这些微观变形的长期积累形成的,即由金属微观上微量塑性变形积累效应产生了宏观上的永久变形。金属在弹性应力范围内产生微量塑性变形有下面几种机制。

① 晶体内位错近程滑移机理。金属在低于其弹性极限应力下会产生微量塑性变形,但该变形量远低于屈服应力下产生的弹性变形量。因为这种微应变很小,在几次载荷或载荷短期作用下不易被测量出来,然而在分析宏观屈服时,这种微应变就成为总塑性应变中不可忽略的部分。产生微应变的机理与晶内短程位错间距范围内应力分布的不均匀性有关。在切应力作用下并不是所有位错都承受相同的滑移力,也不是所有位错都受到相同强度障碍物(如第二相粒子)的牵制。由于位错间交互作用或局部应力集中使得某些位错在很低的平均载荷下也能受到接近该位错组态下临界切应力的作用,另外一些位错也可能处于能克服障碍物牵制作用的组态。两种情况下位错都能在低于屈服应力时进行滑移而产生微塑性变形。但这些可动位错在滑移很小距离(几个位错间距或几个障碍物间距)后即达到不利于继续滑移的位置。

② 溶质原子定向溶解机理。该机制与原子的扩散有关。由于原子在室温下仍具有一定的扩散能力(如能发生时效现象),在应力场的作用下便可发生溶质原子定向溶解。在无外应力作用时,溶质原子(如钢中的碳原子)在晶体中的分布是随机的、无序的。碳原子在 α-Fe 固溶体中无序地分布在点阵的立方棱边中点上,加上弹性应力后,碳原子在各棱边中点的随机分布情况被破坏,通过扩散优先聚集在受拉的棱边上,致使在点阵的不同棱边上产生了溶质原子溶解能力的差别,这种溶质原子的择优分布必然伴随着晶体点阵和整体的定向塑性变形。当应力去除后,引入的内应力及晶体内溶质原子溶剂原子组态的变化会产生残余的微量塑性变形,该机理成功地解释了应力松弛和弹性后效现象。

③ 定向空位流机理。由于应力的诱导,在温度合适的情况下会发生原子的定向扩散。多晶体晶界作为空位源,在拉应力作用下由于晶界产生空位的能量提高了,造成空位从受拉晶界向受压晶界迁移,即原子从受压晶界迁移到了受拉晶界上。这一原子迁移过程可以通过晶内或沿晶界(实际上沿晶界迁移更容易些)迁移,这一机制对晶粒度非常敏感。

④ 晶间滑动机理。该机理并不是一种独立机理,而要与晶内变形配合进行。由于发生了一系列的晶内变形,这就要求晶粒间通过滑移来协调变形以使变形连续,否则晶界上必然

产生孔洞或裂纹。如在空位定向流机制中，原子从受压晶界向受拉晶界迁移使晶粒变细变长，使晶界分开。只有通过晶界滑动来协调才能使晶界连在一起，因此为了保持晶粒的衔接，晶间滑动是必要的。

金属在弹性应力作用下仍能通过以上几种机制产生微量塑性变形。对于金属结构这种微量塑性变形很小，在短期内不易被发现或不致对金属结构产生本质的影响，但在长期服役后由于变形累积，这些微塑性变形将发展成宏观永久变形，从而影响结构性能，所以必须重视这种微塑性变形的累积效应。

材料力学研究固体的变形，除了为研究构件的刚度外，还因为固体由外力引起的变形与内力的分布相关。

在图 2-17(a) 中，固体的 M 点因变形移到 M'，MM' 即为 M 点的位移。这里假设固体受到约束不可能做刚性位移，M 点的位移全是由变形引起的。如允许作刚性运动，则应在总位移中扣除刚性位移。设想在 M 点附近取棱边边长分别为 Δx、Δy、Δz 的微小正六面体（当六面体的边长趋于无限小时称为单元体），变形后六面体的边长和棱边的夹角都将发生变化，如虚线所示。把上述六面体投影于 xy 平面，并放大为图 2-17(b)。变形前平行于 x 轴的线段 MN 原长为 Δx，变形后 M 和 N 分别移到 M' 和 N'。$M'N'$ 的长度为 $\Delta x + \Delta s$。这里 $\Delta s = \overline{M'N'} - \overline{MN}$，代表线段 MN 的长度变化。

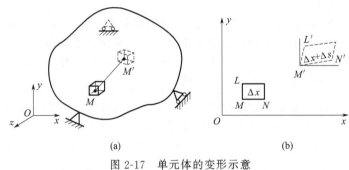

图 2-17　单元体的变形示意

$$\varepsilon_m = \frac{\overline{M'N'} - \overline{MN}}{\overline{MN}} = \frac{\Delta s}{\Delta x} \tag{2-48}$$

ε_m 表示线段 MN 每单位长度的平均伸长或缩短，称为平均应变。逐渐缩小 N 点和 M 点的距离，使 $\overline{MN}$ 趋近于零，则 ε_m 的极限为

$$\varepsilon = \lim_{MN \to 0} \frac{\overline{M'N'} - \overline{MN}}{\overline{MN}} = \lim_{\Delta x \to 0} \frac{\Delta s}{\Delta x} \tag{2-49}$$

ε 称为 M 点沿 x 方向的线应变或简称为应变。如线段 MN 内各点沿 x 方向的变形程度是均匀的，则平均应变也就是 M 点的应变。如在 MN 内各点的变形程度并不相同，则只有由式(2-48) 定义的应变，才能表示 M 点沿 x 方向长度变化的程度。用完全相似的方法，还可讨论沿 y 和 z 方向的应变。

固体的变形不但表现为线段长度的改变，而且正交线段的夹角也将发生变化。例如在图 2-17(b) 中，变形前 MN 和 ML 正交，变形后 $M'N'$ 和 $M'L'$ 的夹角变为 $\angle L'M'N'$，变形前、后角度的变化是 $\left(\dfrac{\pi}{2} - \angle L'M'N'\right)$。当 N 和 L 都趋近于 M 时，上述角度变化的极限值为

$$\gamma = \lim_{\substack{\overline{MN} \to 0 \\ \overline{ML} \to 0}} \left(\frac{\pi}{2} - \angle L'M'N' \right) \tag{2-50}$$

式中，γ 称为 M 点在 xy 平面内的切应变或角应变。

应变 ε 和切应变 γ 是度量一点处变形程度的两个基本量。它们的量纲为 1。

实际构件的变形一般是极其微小的，要用精密的仪器才可测定。材料力学所研究的问题限于小变形的情况，认为无论是变形或因变形引起的位移，其大小都远小于构件的最小尺寸。例如在图 2-18 中，支架的各杆因受力而变形，引起载荷作用点的位移。但因水平位移 δ_1 和竖直位移 δ_2 都是非常微小的量，所以当列出各杆内力和外力 F 在节点 A 的平衡方程时，仍用支架变形前的形状和尺寸，即把支架的变形忽略不计，这种方法称为原始尺寸原理。它使计算得到很大的简化，否则，为求出 AB 和 AC 两杆所受的力，应先列

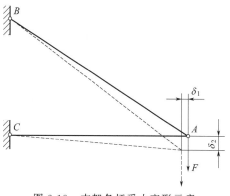

图 2-18　支架各杆受力变形示意

出节点 A 的平衡方程。列平衡方程时又要考虑支架形状和尺寸的变化，亦即考虑两杆力方向的变化。而这些变化在求得两杆受力之前又是未知的，问题就变得十分复杂了。

正因为位移和应变等都是微小的量，所以这些量的平方或乘积与其一次方相比，就可作为高阶微量。

2.3　风机叶片的分析方法

风电叶片使用的主要材料为玻璃纤维增强复合材料。增强材料一般采用玻璃纤维，具有性能良好、成本低廉、拉伸强度高和绝缘性能好等优点。基体一般采用环氧树脂，具有很好的绝缘性、耐腐蚀性、耐热性，并且黏结能力强。风电叶片的性能好坏很大程度上取决于材料性能，通常叶片事故的发生多在盛风期，停机维修将带来巨大的经济损失。另外，大型风电机组的叶片由纤维增强树脂制成，造价高昂，尺寸和质量都很庞大，一旦发生崩溃性的损坏，造成飞车事故，会对整个发电机组及周围环境中的人身安全造成不可估量的损失。这些事故一般都是由叶片材料性能不足以及结构设计不合理引起的。因此，对风电叶片材料和结构的研究显得尤为重要。

首先分析复合材料叶片各项性能属性，然后基于铺层设计的方法，研究新型三维机织复合材料风机叶片在复杂风速下的动态特性和疲劳特性，为风力机叶片大型化奠定理论基础。在 ANSYS Workbench 环境下建立风机叶片几何模型，在几何模型的基础上进行网格划分、施加载荷，并进行结构静载荷分析、流场分析、疲劳特性分析，将所学理论与实践操作相结合，并且运用 Profili、Solidworks、ANSYS 等专业化建模模拟软件，确定叶片设计所需要的基本参数（功率、风速、尖速比等），结合复合材料在风力机叶片实际使用地的应用情况，完成风力机实际设计。复合材料增强体应用于风机叶片，可以显著提高叶片力学性能，提升风机叶片疲劳强度。对复合材料性能的研究通常有实验法和复合材料力学分析法。

实验测量纤维增强复合材料力学性能的方法简单直观，能很方便地求出材料的宏观弹性常数。由于材料的性能是内部微观结构的反映，微观结构对材料性能有直接的影响，而纤维

增强复合材料本身结构复杂，纤维的排布方式、体积含量、截面形状以及纤维基体间的界面性能等诸多因素都会对材料性能产生影响，基于实验的材料性能研究往往难以考虑到这些因素。随着现代计算机运算性能的进步，运用细观力学分析法研究纤维增强复合材料的力学行为已经越来越普遍。

目前，很多人已经针对纤维增强复合材料进行各项力学性能的实验研究，实验内容包括冲击、弯曲、拉伸、疲劳等。屈泉测试了玻璃纤维环氧树脂基、玻璃纤维不饱和树脂基、玻璃纤维乙烯基三种不同基体的玻璃纤维增强复合材料，研究结果表明，将玻璃纤维作为增强体添加到树脂基体中形成的复合材料，其强度和弹性模量有了很大的提高，同样的增强体，乙烯基的复合材料无论是强度还是弹性模量都是最大的。陈南梁对不同铺层方向的复合材料进行了拉伸性能试验，结果表明，单向纤维层合板拉伸的强度与纤维和拉伸方向的夹角有很大关系，当单向纤维的方向与拉伸方向之间的夹角高于45°时，纤维对复合材料强度的影响变得越来越小，最后几乎只与树脂基体有关，而与纤维强度的关系不大。刘元万采用 SHPB法横向对多轴向复合材料进行冲击试验，子弹以不同速度冲击测试材料，计算出载荷随时间变化的关系曲线，实验结果表明：材料具有很好的抗分层性能；在三点弯曲载荷作用下，材料试样破坏的模式为弯曲破坏；SHPB 冲击载荷作用下，材料试样的破坏模式以主要表现为基体开裂。Gommers 对经编针织物的结构进行了研究，根据拉伸与剪切试验测得了八种结构的玻璃纤维经编复合材料的弹性模量、剪切模量和泊松比。虽然关于复合材料力学性能的实验研究很多，但目前并没有发现针对风电叶片所用玻璃纤维增强复合材料研究的相关文献。

2.3.1 解析方法

首先需要弄清风机叶片的结构以及涉及的相关理论等。叶片是风轮最主要的部分，是风力机原动力输入的主要载体，决定了风轮性能的好坏，也决定了风力机整体性能的好坏和利用价值。

风力机叶片既要求力学性能好，能够承受各种极端载荷，又要求重量轻、制造和维护成本低，因此采用轻型材料和结构，叶片剖面结构为中空结构，由蒙皮和主梁组成，中间有硬质泡沫夹层作为增强材料。叶片主梁结构主要承载叶片的大部分弯曲载荷。叶片蒙皮主要由胶衣表面毡和双向复合材料铺层而成，其功能是提供叶片气动外形，同时承担部分弯曲载荷和剪切载荷。小型风力机叶片常用整块木材加工而成，表面涂层保护漆，根部通过金属接头用螺栓与根部相连。大、中型风力机采用很多纵向木条胶接在一起，其叶片都采用玻璃纤维或高强度复合材料进行制作。

当风力机叶片设计超过 40m 时，应用碳纤维材料反而更加经济，这种材料的用量比较少，而且重量比较轻，在运输的过程中，可以减少更多的劳动力，并且这种材料的叶片安装比较简单，安装成本也比较低。通过对比发现，应用碳纤维材料，其弹性模量与玻璃纤维相比，增加了 2～3 倍，所以复合材料具有高弹轻质的优势，碳纤维制造的风电叶片，其重量与玻璃纤维相比，也减少了 70%～80%。传统的风机叶片由木材、金属等构成，对叶片设计进行改进与优化后，叶片的性能大大提高了，采用碳纤维复合材质后，风电叶片主要是由基体纤维以及增强纤维构成的，这种材料可以大大增加叶片的强度以及刚度，可以增加叶片的黏弹性以及塑性，可以使叶片承受较大的载荷，还可以增加叶片的抗腐蚀性。在风力机叶片材料方面，过去的风机叶片材料主要包括木材、帆布、金属等，而现在为了提高叶片的性能，许多新型复合材料被运用到风机叶片的制造中来，比如碳纤维增强复合材料

（CFRP）和玻璃纤维增强复合材料（GFRP）等。纤维增强复合塑料（fiber reinforced plastics，FRP），依据使用的纤维材料不同可分为硼纤维增强复合塑料、碳纤维增强复合塑料、玻璃纤维增强复合塑料等。纤维增强复合材料主要由基体和增强纤维两大部分构成。基体通常使用热塑性材料或热固性塑料，虽然这种材料的强度和模量都比较低，但由于其拥有良好的黏弹性和弹塑性，可经受住较大的应变。而使用填充的纤维材料（或晶须）的直径较小，一般可在 $10\mu m$ 以下，缺陷相对较小且较少，具有较高的刚性但是呈脆性，易受到腐蚀、损伤及断裂。

大型风力机组的风轮直径很大，叶片长度很长，在旋转过程中，不同部位的圆周速度相差很大，导致来风的攻角相差很大，因此叶片具有以下特征：平面几何形状一般为梯形，沿展向方向上，各剖面的弦长不断变化；叶片翼型沿展向上不断变化，各剖面的前缘和后缘形状也不相同；叶片的扭角在展向上不断变化，叶尖部位的扭角比根部小。这里的扭角指在叶片尖部桨距角为零的情况下，各剖面的翼弦与风轮旋转平面之间的夹角。

叶片剖面的翼型应根据相应的外部条件并结合载荷分析进行选择和设计。风能的转换效率与空气流过叶片翼型产生的升力有关，因此叶片翼型性能直接影响风能转换效率。传统的风力机叶片翼型多沿用航空翼型，随着风电技术的发展和广泛应用，国外一些科研机构开发了多种风电专用翼型。应用较多有 NACA 翼型、SERI 翼型、NREL 翼型、FFA-W 翼型等。

根据叶片的数量，常见的有单叶片、双叶片、三叶片以及多叶片。叶片少的风力机可实现高转速，所以又称为高速风力机，主要用于发电；多叶片的风力机具有高转矩、低转速的特点，又称为低速风力机，适用于提水、磨面等。三叶片风力机动力学特性较好，惯性力和气动力在叶片上分布较均匀，应用最多。根据叶片翼型形状，叶片可分为变截面叶片和等截面叶片。变截面叶片在叶片全长上各处的截面形状及面积都是不同的，而等截面叶片都是相同的。根据风力机做功的原理，叶片可分为阻力叶片和升力叶片。由阻力叶片构成的风力机是阻力型风力机，纯阻力型垂直轴风力机最大风能利用系数 $C_{pmax}=0.02$，与 Betz 理想风轮的 $C_{pmax}=0.593$ 相差甚远。由升力叶片构成的风力机是升力型风力机，此类翼型的叶片因风对其产生升力而旋转做功。升力型叶片应用较多，因为升力型风力机比阻力型风力机的风能利用系数更高。

风力机在运行过程中承受着多种应力和载荷。风力机载荷源于空气动力、重力和惯性力，也与风力机运行环境和运行状态有关。载荷是设备结构设计的依据，其分析计算在设计过程中非常关键，载荷分析不准确可能导致结构强度设计问题，过于保守则造成风电机组的总体设计成本增加。为此在载荷分析与计算时考虑以下条件：首先保证部件能够承受极限载荷，必须能够承受可能遇到的最大风速；其次保证风力机 20～30 年使用寿命，但是极限载荷产生的应力相对容易估计，疲劳寿命问题相对困难；最后注意部件刚度，这与其振动和临界变形有很大关系。刚度也是决定部件尺寸的主要参数之一。

在风电叶片研究领域，有四个著名的基本理论：贝兹极限理论、涡流理论、叶素理论以及动量理论。叶片的载荷分析和结构设计都是基于这几个基本理论进行的。

（1）贝兹极限理论

1926 年，德国科学家贝茨提出世界上第一个关于风电叶片所能接受风能极限的理论——贝兹极限理论。贝兹极限理论建立在风轮"理想"状态下：风电叶片能完全接受风能；叶片对空气气流没有阻力；空气流是连续的、不可压缩的；叶片扫掠面上的气流是均匀的。根据制动盘理论可以求出气流对叶片的力为：

$$F = 2\rho A_d U_\infty^3 a(1-a) \tag{2-51}$$

输出功率为：

$$P = 2\rho A_d U_\infty^3 a(1-a)^2 \tag{2-52}$$

风能利用系数可以定义为：

$$C_p = \frac{P}{\frac{1}{2}\rho A_d U_\infty^3} \tag{2-53}$$

式中，ρ 为空气密度；A_d 为风轮扫风面积；U_∞ 为上游风速；a 为下游风速与上游风速的比值；$\frac{1}{2}\rho A_d U_\infty^3$ 表示经过叶片旋转平面的空气所贡献的风能。所以

$$C_p = 4a(1-a)^2 \tag{2-54}$$

在这种情况下，最大的风能利用系数取

$$\frac{\mathrm{d}C_p}{\mathrm{d}a} = 4(1-a)(1-3a) = 0 \tag{2-55}$$

式中，$a = \frac{1}{3}$。可以求得风能的最大利用系数

$$C_{p\max} = \frac{16}{27} = 0.593$$

这个值就是贝兹极限值，风力机对风能的利用系数一般不会超过这个极限。

（2）涡流理论

风力机工作过程中，气流在经过每个叶片时，因为上下表面压力不同，从而形成涡流。这些涡流的存在使得叶片周围流场中的轴向与周向速度发生改变，会降低风能的利用效率。

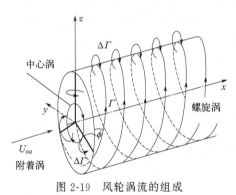

图 2-19　风轮涡流的组成

为了方便研究气流经过风轮后形成的涡流模型，作出如下假设：位于叶尖处的螺旋涡在叶轮的下游生成管状的螺旋形涡流面，忽略沿涡流的半径的风速方向的改变；忽略叶片之间的流体在周向和轴向的速度产生的变化，如图 2-19 所示。在这里，引入轴向的干扰常数 a 和周向的干扰常数 b。根据涡流理论，气流在叶片旋转平面位置的轴向速度 v 互相影响，叶片根部存在一个中心涡绕转轴旋转。根据涡流模型以及对模型的假设可知，风轮下游的气流场中任意位置

$$v = (1-a)v_1 \tag{2-56}$$

式中，v_1 为入流速度。

因为叶轮下游存在涡流系统，气流会出现角速度为 Ω 的旋转运动。因为气流在叶轮上游处没有周向旋转运动，即周向的转速为 0，根据贝兹极限理论可知，气流通过风轮旋转平面后一的角转速为 $\frac{\Omega}{2}$。若风轮的转速为 ω，相对角速度为：

$$\omega + \frac{\Omega}{2} = (1+b)\Omega \tag{2-57}$$

根据上式可知在叶轮展向方向 r 处气流的相对速度 U 为：

$$U = (1+b)\Omega r \tag{2-58}$$

（3）叶素理论

1889 年，Richard Froude 提出叶素理论。沿叶展方向把叶片分成的若干个微段，每个微段称为叶素，如图 2-20 所示。假设叶片各个微段互不干扰，每个叶素上所受的力只是根据翼型的升阻力来确定的。首先以叶素作为分析对象，研究叶素上所受的力和力矩，并将作用于叶素上的力与力矩沿着叶展方向（可用参数 r 表示）积分，可以求出整个叶片上的力和力矩。

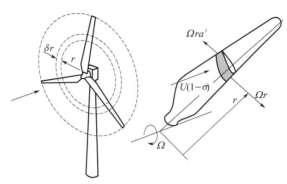

图 2-20　叶片叶素示意图

风电叶片在空气动力载荷作用下开始转动，空气动力作用翼型上的升力和阻力分别为：

$$dF_L = \frac{1}{2}\rho L W^2 C_L \, dr \tag{2-59}$$

$$dF_D = \frac{1}{2}\rho L W^2 C_D \, dr \tag{2-60}$$

式中　dF_L——气流作用在翼型升力，方向垂直于气流相对风轮的速度方向；

　　　dF_D——气流作用在翼型升力，方向平行于气流相对风轮的速度方向；

　　　W——空气气流相对叶素的速度；

　　　ρ——空气密度；

　　　L——翼型在叶片展向 r 处的弦长；

　　　C_L——升力系数；

　　　C_D——阻力系数。

将升力 dF_L 和阻力 dF_D 分别投影到轴向与周向速度上

$$dF_x = dF_L \cos I + dF_D \sin I = \frac{1}{2}\rho L W^2 \, dr (C_L \cos I + C_D \sin I) \tag{2-61}$$

$$dF_y = dF_L \sin I - dF_D \cos I = \frac{1}{2}\rho L W^2 \, dr (C_L \sin I - C_D \cos I) \tag{2-62}$$

式中　dF_x——翼型所受作用力 dF_n 在风轮回转轴方向的投影；

　　　dF_y——翼型所受作用力 dF_n 沿风轮旋转面方向的投影；

　　　I——气流角。

假设 B 为叶片数（一般取为 3），在叶展方向 r 处叶素上的轴向推力为：

$$dT = B \, dF_x \tag{2-63}$$

在叶展方向 r 处叶素上的转轴的力矩为：

$$dM = B \, dF_y r \tag{2-64}$$

（4）动量理论

动量理论最开始是由 William Rankime 于 1865 年提出来的。动量理论描述叶轮上的力与风速之间关系，根据风力机在发电过程中风能与旋转机械能的能量转换关系来求解作用于叶轮的推力和力矩。在沿叶片叶展方向 r 处取一段长度为 dr 的圆环形微元体，由动量理论可以得出气动载荷作用在风轮 $(r, r+dr)$ 这一小段区域上的推力 dF 和转矩 dM 分别为：

$$dF = m(v_1 - v_2) = 4\pi\rho r v_1^2 (1-a) a\, dr \tag{2-65}$$

$$dM = m\omega r^2 = 4\pi\rho r^3 v_1 (1-a) b\, dr \tag{2-66}$$

2.3.2 数值模拟方法

（1）叶片气动性能有限元分析

风机的有量纲性能指标包括风机输出功率 P、风轮气动扭矩 T、风轮轴向推力 F_a，对应于以上三个有量纲参数，用风能利用系数 C_P、转矩系数 C_T 及推力系数 C_F 三个无量纲系数来表示风力发电机的性能。

推力系数 C_F 很大程度影响塔架的设计；转矩系数 C_T 决定齿轮箱的尺寸和发电机的选型；风能利用系数 C_P 决定风力机风轮所能获取的能量的总量，即反映风力发电机从自然风中捕获风能程度的系数。其中风能利用系数是设计者最为关心的指标。选取风轮扫略面积的气体流动压力当量值为 $\left(\dfrac{\rho v^2}{2}\pi R^2\right)$，可得作用在风轮上的气体压力为

$$F = \frac{\rho v^2}{2}\pi R^2 \tag{2-67}$$

因此有量纲和无量纲系数之间可用下列关系式表达

$$T = \frac{\rho v^2}{2}\pi R^3 C_T = F C_T R$$

$$F_a = \frac{\rho v^2}{2}\pi R^2 C_F = F C_F \tag{2-68}$$

$$P = C_P F v$$

由于在气动性能计算的模型中，简化模型忽略因素较多，与工况误差较大，一般用于计算参数最大值及描述其变化趋势。Glauert 模型及 Wilson 设计模型考虑了轴向干扰系数 a 和周向干扰系数 b，其计算精度较高。根据动量定理及动量矩定理，叶片半径 r/R 处叶素上的轴向推力、转矩、功率的微元分别为

$$dF_a = b\, dF_a = \frac{1}{2}\rho b l \omega^2 C_l \frac{\cos(1-\varepsilon)}{\cos\varepsilon} dr$$

$$dT = rb\, dF_u = \frac{1}{2}\rho b l \omega^2 C_l \frac{\sin(1-\varepsilon)}{\cos\varepsilon} dr \tag{2-69}$$

$$dP_u = \omega\, dT = \rho\pi r^3\, dr\, \omega^2 C v_l (1+k)(h-1)$$

对式（2-38）进行积分可得轴向推力、转矩及功率系数：

$$F_a = \int_0^R dF_a$$

$$T = \int_0^R dT \tag{2-70}$$

$$P = \int_0^R dP_u$$

其中，无量纲系数为

$$C_T = \frac{T}{FR}$$

$$C_F = \frac{F_a}{F}$$

$$C_P = \frac{T}{Fv}$$

$$(2\text{-}71)$$

分别用 Glauert 模型、Wilson 模型、简化模型计算所得结果，如表 2-3 所示。

表 2-3　气动性能参数计算结果对比表

气动参数	Glauert 模型	Wilson 模型	简化模型
$T/\text{kN} \cdot \text{m}$	427.42	442.76	411.02
F_a/N	1.051×10^4	1.004×10^4	8.037×10^3
P/kW	983.1	1018.34	904.2
C_T	0.092	0.070	0.061
C_F	0.843	0.728	0.645
C_P	0.553	0.420	0.365

上述各计算过程忽略了叶根部分的气动特性，只是进行了 $0 \sim 0.2R$ 部分的气动性能积分计算。由于 $0 \sim 0.2R$ 设计时未考虑气动性能，未采用叶素结构，只考虑了安装和结构的过渡性，而且其作用力臂较小，故叶根气动作用效果较小，对整个性能计算影响不大，可近似忽略。采用此积分区间计算，即可省略轮毂损失修正，简化了性能计算过程。

由表 2-3 可知，Wilson 模型中三个无量纲系数均较 Glauert 模型值小，其原因是 Wilson 模型考虑了阻力的影响和叶尖损失，即考虑了一部分风能损失，能量减少作用效果降低，因此各气动性能参数相应减小。Wilson 模型跟实际工况较为接近，故在实际设计中可采用该模型进行性能计算。

（2）叶片翼型流场数值模拟

随着计算机技术的发展，用于风力机的流场数值模拟及气动计算的研究越来越受到重视。研究流动现象和机理的方法主要有理论分析法、风洞实验法和数值模拟法。数值模拟法主要是在研究流体运动规律的基础上模拟翼型的二维动态流场，并分析翼型失速及分离流动特性，为风力机研究者提供较精确的气动特性计算依据。

对 NACA4412 翼型进行数值模拟，所采用的模拟条件为：弦长 $l=100$，绝对温度 $T=290\text{K}$，雷诺数 $Re=5 \times 10^5$，气体来流攻角 α 为 $0° \sim 8°$，攻角间隔取为 $2°$，假设将叶片剖开，把展向二维轮廓作为研究对象，周围气流流过叶片。输入相关参数，用 Profili 软件进行模拟计算，可得翼型表面压力分布如图 2-21 所示。

图 2-21 给出了在不同攻角下翼型截面压力分布情况，在攻角为 $0°$ 时，翼型表面的前半部分基本是顺压分布，后半部分是逆压分布，这样的压力分布不利于边界层分离，使动压能够克服后半部分的逆向静压，因此不会产生分离。

同时，从翼型表面上压力分布还可以看出，随着攻角的增大，翼型吸力面和压力面上的压力系数之间的差距逐渐增大，即两者所包围的面积逐渐增大。由流体力学的知识可知，升力主要靠的是翼型吸力面和压力面上的压差形成，摩擦力的作用很小，所以这时的升力和升力系数也是逐渐增大的。阻力由压差阻力和摩擦阻力两部分组成，这时翼型前后的压差还很小，总的阻力中主要是摩擦阻力，所以阻力和阻力系数变化不大。这是在临界攻角前升力系数和阻力系数变化的情况。

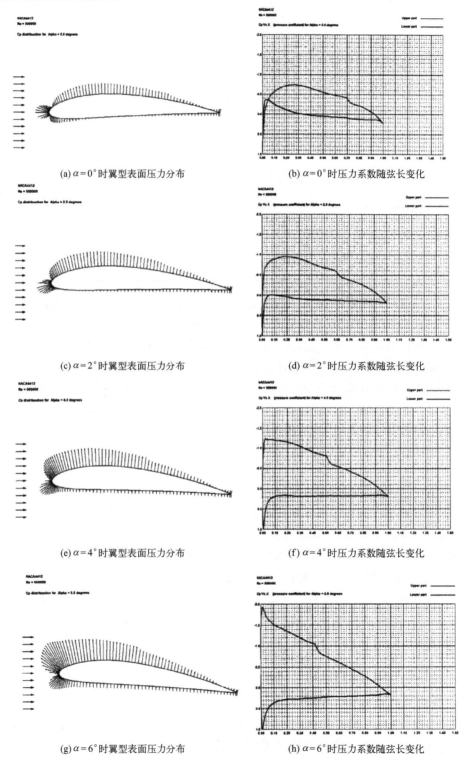

(a) $\alpha = 0°$ 时翼型表面压力分布 (b) $\alpha = 0°$ 时压力系数随弦长变化

(c) $\alpha = 2°$ 时翼型表面压力分布 (d) $\alpha = 2°$ 时压力系数随弦长变化

(e) $\alpha = 4°$ 时翼型表面压力分布 (f) $\alpha = 4°$ 时压力系数随弦长变化

(g) $\alpha = 6°$ 时翼型表面压力分布 (h) $\alpha = 6°$ 时压力系数随弦长变化

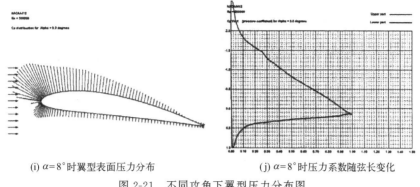

(i) $\alpha=8°$ 时翼型表面压力分布　　　　(j) $\alpha=8°$ 时压力系数随弦长变化

图 2-21　不同攻角下翼型压力分布图

当攻角继续增大时，从图 2-22 可以看出，这时翼型升力面上的逆压梯度较大，并且在大部分吸力面上都是逆压梯度，在离开前缘不远处吸力面上逆压力基本保持不变。同时从翼型虚拟外形图可以看出，随着攻角继续增大，翼型尾部尖点处的边界层开始分离，会出现回流，继而形成涡。同时边界层分离点继续向翼型前缘扩展，回流影响的区域也逐渐扩大，致使翼型上、下表面的压差减小，因此升力和升力系数都会下降。

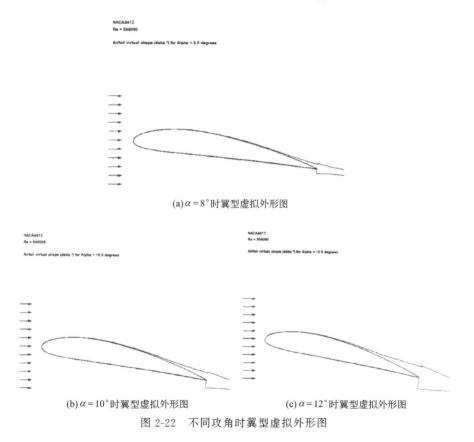

(a) $\alpha=8°$ 时翼型虚拟外形图

(b) $\alpha=10°$ 时翼型虚拟外形图　　　　(c) $\alpha=12°$ 时翼型虚拟外形图

图 2-22　不同攻角时翼型虚拟外形图

通过翼型的气动性能和绕流流场的分析，可以看出翼型边界层的分离流动特性和绕流特性是影响翼型工况的重要因素，说明了要准确地计算出翼型的气动性能，必须准确地模拟翼型边界层分离的流动状态。

经过分析可以得出，对于同一弯度的 NACA 系列翼型，在小攻角时，翼型的厚度越厚，对应于同一攻角的升力系数、升阻比相对较低，阻力系数相对较大；在大攻角时，翼型的厚度越厚，对应于同一攻角的升力系数、升阻比相对较高，阻力系数相对较低。因此，在一定范围内，增加翼型厚度，在大攻角时，可以提高翼型的升阻比、升力系数，降低阻力系数。

（3）叶片有限元动力学分析

叶片在不停地旋转，各种激振力几乎都是通过叶片传递出去的。无论是地球附面层形成的风的不均匀流，还是重力的影响以及阵风等因素，都是作用在叶片上的。它展向长、弦向短，柔性较好，是一个容易发生振动的细长弹性体，风机各种机械振动首先发生在叶片上。同时叶片还是一个典型的气动力元件，在旋转过程中不但承受机械振动而且还承受气动力。风机叶片作为一弹性元件，作用其上的载荷具有交变性和随机性，因而其振动是必然的。为了防止叶片发生共振疲劳破坏，有必要对叶片进行动力学和振动特性分析。

叶片结构动力学主要研究方法是模态分析法，要避免叶片发生共振，就要通过对叶片进行模态分析，计算叶片的固有频率，尤其是低阶频率。首先建立叶片的有限元模型，再对模型进行网格划分，最后对模型施加边界条件和载荷并求解。模型建立的正确性直接关系到模态求解的精度。

由于叶片外形扭曲复杂，在 ANSYS 工程应用软件里很难精确绘出其实际形状，为提高求解效率，本章在建立模型时对叶片外形边缘做线性化处理，虽然会影响计算结果的精确性，但叶片整体尺寸较大，所进行的分析和计算还是能反映整体的振动情况，可为叶片气动分析提供依据。利用 ANSYS 作图工具，再结合叶片截面翼型坐标，对边缘做线性处理，可建立叶片实体模型如图 2-23 所示。

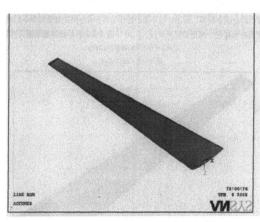

图 2-23　叶片实体模型

为方便得到叶片的网格模型，必须利用 ANSYS 中的网格生成工具，生成计算用的叶片网格模型。模型网格的划分是数值模拟过程中最为耗时的部分，同时网格的质量很大程度上决定着数值模拟结果精确程度，甚至数值模拟是否收敛。ANSYS 中使用非结构化网格，单元可以任意变形，而且局部网格优化技术可以提高求解的精度。但是，在网格划分时仍要高度重视，避免求解区域中出现极度变形的网格、小角度及硬点，以保证计算的收敛及计算精度。单元是构成网格的基本元素，在进行有限元模型分析时，网格划分是非常重要的一步，网格划分的尺寸和形式不仅影响着计算量，更重要的是影响着计算精度。为了提高计算精度并减少计算量，必须在网格划分时仔细考虑网格数量、网格分界点密度以及网格布局等诸多因素。选取不同的求解模块或不同的求解方法，以得到想要的结论。

（4）叶片静力有限元分析

ANSYS 程序中的结构静力分析用来计算在固定不变的载荷作用下结构的响应，即由于稳态载荷引起的系统或部件的位移、应力、应变合力。同时，结构静力分析还包括计算那些固定不变的惯性载荷以及那些近似等价为静力作用的随时间变化的载荷对结构的影响。为了方便研究，把外界的作用力简化为三种：气动力、重力和离心力。在 ANSYS 求解环境中，以叶片旋转轴线方向为 y 轴方向，叶片展向为 z 轴方向，x 轴在叶片旋转平面内，且垂直于 y 轴和 z 轴。使用已建立的叶片网格模型，再定义单元材料属性，施加外部载荷及边界条件，运用 SOLUTION 处理器定义分析类型和分析选项，采用静力分析选项 Static，最后进行求解并通过通用后处理器 POSTI 查看结果，可得到额定工况下，叶片的位移、应力云图及应变云图。

（5）风力机叶片结构特性分析

叶片铺层结构受到来自环境的风速气动载荷和自身的叶片旋转离心力载荷作用，这些载荷与叶片铺层结构接触互相作用，迫使风力机叶片结构发生变形，同时这些叶片变形和叶片的旋转运动反过来又会改变风的运动和压力。空气与风力机结构的相互耦合作用称为流固耦合。

计算流体力学（computational fluid dynamic，CFD）是指运用数值方法对流体进行仿真的技术。其基本思想和有限元法相同，首先对流体域进行离散，然后以离散点的数值解来近似流体域的真实解。与有限元不同的是，由于流体一直处于运动状态中，其速度会随位置的改变而变化，为了准确描述运动流体，一般在流体力学理论中，采用欧拉坐标系。在欧拉坐标系中，只需要关注通过控制体的流体。如果控制体是运动状态，则流体的边界条件和计算网格也是一直变化的。

从叶片几何外形、质量分布、刚度三个方面，用流固耦合有限元计算方法来分析风力机叶片在水平来流载荷和离心力载荷作用下的气动性能及变形情况，对于研究风力机输出功率和运转安全稳定性具有重要的参考意义和工程应用价值。

流体力学中，需要遵循质量守恒、动量守恒以及能量守恒三大定律。对于不可压流体，可以分别用连续性方程和动量方程（Navier-Stokes 方程）来描述流体的质量和动量守恒定律。

连续性方程为：

$$\frac{\partial \rho}{\partial t} + \frac{\partial(\rho \mu_i)}{\partial x_i} = 0 \tag{2-72}$$

动量方程可表示成：

$$\frac{\partial(\rho \mu_i)}{\partial t} + \frac{\partial(\mu_i \mu_j)}{\partial x_j} = -\frac{\partial p}{\partial x_i} + \frac{\partial \tau_{ij}}{\partial x_j} + F_i \tag{2-73}$$

式中　ρ——空气密度；

　t——时间；

　μ_i——速度在某一方向上的分量；

　x_i——坐标分量；

　F_i——动量值。

复合材料叶片流固耦合计算的流程与普通流场计算的流程不同，它首先利用 Workbench 平台下的 ACP 对风力机叶片进行复合材料增强体铺层，再把流场中风压载荷叠加到风力机叶片上。需要分别创建风压流场模块与复合材料叶片铺层模块。在两个 Geometry 模块中分别创建风场模型与风力机叶片，叶片 Geometry 模块后连接铺设的两种复合材料的铺层模块。然后利用耦合界面把两个模块的共享界面分别设置，流体模型或固体模块中再进行模型禁用处理。对风力机叶片结构特性各个设定条件进行设置，最后进行结果运算与图像分析。复合材料与常规材料的区别是：后者是被看成各向同性和均质的，前者是各向异性和非均质的。主要体现在外力作用下的变形，是因为复合材料具有各向异性与非均质性。复合材料在外力作用下往往会引起多种变形，其强度、刚度等参数都是方向的函数，增加了理论计算的难度。

（6）流固耦合前处理

建立控制方程，一般在求解力学问题时都是先建立控制方程。若流体的流动属于一般流动，控制方程可以直接写出。确定边界条件和初始条件，只有具备了初始条件和边界条件，控制方程才可能有确定的解，边界条件、控制方程以及相对应的初始条件一起构成了对一个物理过程在数学上最全面的描述。初始条件是求解的变量或其导数随地点和时间的变化规律。对初始条件和边界条件处理的好坏直接影响计算结果。划分网格时，流体计算域中的内流域曲面比较复杂，无法形成高质量的六面体网格，所以本章内流场网络的划分是在 Mesh 模块中实现的。设定流体域各表层的尺寸参数可以更好地模拟叶片的复杂曲面。在划分好网格以后，必须对划分的网格进行质量检验，如果符合质量规范，则能够进行后续的处理工作，不然则需对网格质量进行修改。采用数值方法求解控制方程时，一般先将控制方程在空间区域上进行离散，求解后形成一个离散方程组。为了运用网格在空间域上对控制方程进行离散，已经研究出在各种区域上进行离散生成网格的办法，这些方法被称作网格生成技术。

建立离散方程时，对于建立在求解域内的偏微分方程，从理论上说，都是有真解的，但是因为所处理的问题非常繁琐，一般情况下，求出方程的真解很困难，所以需要依靠数值方法来把计算域内的因变量看作未知量，这样便建立了代数方程组，求解后就可以得到这些节点值，而计算域内其他位置上的值可以通过节点位置上的值来确定。选择求解参数，在确定了初始条件和边界条件并完成离散化后，建立离散化的代数方程组，设置气流的基本物理参数以及湍流模型的经验系数等。还需要确定迭代计算的时间步长、输出频率以及控制精度等参数。离散方程求解，在上述设置完成后，可以得到具有定解条件的代数方程组。如果是线性方程组，可运用 Gauss 消去法和 Gauss-seidel 迭代法进行计算求解，如果是非线性方程组，可运用 Newton-Raphson 方法进行计算求解。目前的商用 CFD 软件提供了很多种方法来求解各类问题。判断解的收敛性，求解在特定时间步上稳态或瞬态问题，经常要通过多次迭代才能得到。时常会因为网格的大小、形式以及对流项的插值格式等导致解发散。对于瞬态问题，当运用显示格式在时间域上进行积分时，若时间步长过长，求解也很可能会振荡或发散。所以，当迭代求解时，需要经常监视解的收敛性，当系统符合精度要求时结束迭代计算过程。输出和显示结果，求解结束后，得到了各个计算节点上的解，这时可以用一些方法将整个计算域上的结果都求解出来。为了直观显示结果，我们可运用流线图、云图、线值图、等直线、矢量图等形式对计算结果进行表示。

（7）叶片铺层分析

用 ANSYS Workbench 模块下的 ACP（Pre）对风力机叶片进行铺层设计。叶片的铺层设计是一项非常繁琐的工作，根据叶片所受力进行分析，选择合适的复合材料，以达到叶片在实际使用环境中的力学性能要求。铺层的角度、顺序以及厚度等各个参数的设置直接影响叶片的空气动力学性能。根据铺层材料的参数对叶片成型的影响和叶片铺层设计的基本原则，选定新型三维机织和四轴向的材料，对叶片的性能起决定性的作用。作为本次复合材料风力发电机叶片的铺层材料，新型三维机织纤维增强环氧树脂机织预浸料以其优异的力学性能作为风力发电机叶片制造常用的复合材料，叶片在实际工况下主要受较大的弯曲和扭转、旋转时的离心力，所以在铺层设计时主要铺层角度为 ±45° 对称铺设，依据不同部位的受力情况设置适量铺层角为 90° 和 0°，以达到叶片的使用要求。在 ANSYS 软件的材料数据库中建立自定义 User Material，输入三维正交机织复合材料的密度、弹性模量和泊松比等材料参数。在 ACP 软件中建 Fabric，规定厚度为 1.1mm 和 0.94mm。利用 Rules 功能对叶片进行分段铺层，由于材料本身较厚，将铺层完成后的有限元模型导入到结构场中，在叶根处施加固定（fix）约束，并依次施加重力载荷、离心载荷和风压载荷，最后将施加好载荷和约束的有限元模型导入模态分析模块。为了使铺层模拟更加接近真实情况，对叶片进行区域划分，按叶片前缘和后缘的连接弦线把完整叶片分为上半叶片和下半叶片，接着按叶素理论把叶片的截面弦线比例将片划分为五个铺层区：翼型弦向方向的 0～10% 为前缘加强区、10%～40% 为前缘区、40%～60% 为梁帽、60%～90% 为后缘区、90%～100% 为后缘加强区。叶片的截面区域划分如图 2-24 所示。

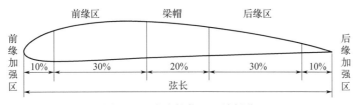

图 2-24　叶片的截面区域划分

在山地环境中运转的风力机叶片，需要承受野外恶劣环境下复杂风速的风载，以及其他不确定性因素的冲击，例如气流突变、风沙冲击、候鸟撞击、紫外线照射侵蚀等，故叶片受到的载荷非常复杂。设计叶片承受载荷能力十分重要，对复合材料叶片进行强度和疲劳强度分析就显得非常必要了。叶片性能、良好的设计、可靠的质量和优越的耐疲劳性能是保证机组稳定运行的关键因素，决定了风机的性能和寿命。

风力机叶片的承载能力是根据风力机的运行环境载荷与自身载荷所设计的，故必须对风力机运行时所处的环境和各种运行条件下所产生的各种载荷进行精确的理论计算，其目的是对风力机上的叶片进行强度分析（包括结构强度分析和结构疲劳分析）、动力学计算分析以及寿命计算，确保风力机在其设计的寿命期所承受的载荷无法造成风力机叶片破坏，符合国家对风力机叶片的承载设计要求。载荷计算工作是风力机承载能力中最为关键的基础性工作。为了清楚地分析载荷的力和力矩，仅考虑气动力、重力和离心力的大小、方向、变化等，其中气动力最为复杂。对复合材料风力机叶片的坐标系重新建立，再进行风力机运行载荷计算。建立不同部件的坐标系可以提高风力机风轮载荷的计算水平，分析叶片的实际疲劳特点。下面对载荷计算时风力机中的坐标系进行建立，原点位于轮毂的中心位置，z 方向为复合材料风力机叶片所在截面中沿叶片轴线方向；x 方向为垂直于复合材料风力机叶片所在截面，与来流风速一致；y 方向依据右手法则根据 x、z 方向确定。

① 气动力载荷计算。疲劳寿命分析首先要了解结构件的运行环境及载荷情况。风力机叶片在风况环境恶劣的野外运行，对风力机叶片的寿命、刚度、强度等有着严格的要求，因此需计算风力机叶片的稳态运行载荷、风速突变载荷、瞬态载荷。稳态运行载荷是风力机正常运行下产生的载荷变化，因为稳态中风力机叶片变化最小，对风力机叶片的疲劳损伤几乎没有。风速突变载荷主要是由于风速的随机偶然变化等引起的载荷变化，长期影响下会对叶

片结构产生疲劳损伤。瞬态载荷主要是由于非稳态状态下叶片旋转过程中的加速与减速产生的，典型的瞬态载荷是风力机在运行过程中的起动、加速、减速、紧急刹车等，这些载荷出现的次数对叶片使用寿命不可忽略。

例如，1.5MW 风力机叶片翼型截面的气动力：

$$q_{xa} = \frac{F_x}{\mathrm{d}r} = \frac{1}{2}\rho W^2 (C_L \cos\alpha + C_D \sin\alpha)$$

$$q_{ya} = \frac{F_y}{\mathrm{d}r} = \frac{1}{2}\rho W^2 (C_L \sin\alpha - C_D \cos\alpha)$$

$$(2\text{-}74)$$

式中　ρ——空气密度；

　　W——相对速度；

　　α——入流角；

　C_L, C_D——翼型的升力系数和阻力系数。

1.5MW 风力机叶片翼型截面的气动力剪力：

$$Q_{xa} = \int_r^R q_{xa} \,\mathrm{d}r$$

$$Q_{ya} = \int_r^R q_{ya} \,\mathrm{d}r$$

$$(2\text{-}75)$$

式中　R——风轮半径；

　　r——叶根半径。

1.5MW 风力机叶片翼型截面的气动力弯矩：

$$M_{xa} = \int_r^R (r_1 - r) q_{ya} \,\mathrm{d}r_1$$

$$M_{ya} = \int_r^R (r_1 - r) q_{xa} \,\mathrm{d}r_1$$

$$(2\text{-}76)$$

式中　r_1——积分变量。

1.5MW 风力机叶片翼型截面的气动力扭矩：

$$M_{ka} = -\left[\int_r^R q_{ya}(X_P - X_C)\,\mathrm{d}r + \int_r^R (Y_P - Y_C)\,\mathrm{d}r\right]$$

$$(2\text{-}77)$$

式中　M_{ka}——该向量指叶片 OZ 轴负方向为正；

　　P——NACA 翼型断面压力中心；

　　C——叶片的扭转中心。

② 重力载荷计算。1.5MW 风力机叶片重力作用在风力机叶片上产生的载荷变化，同时对叶片产生一定的弯矩，是叶片的主要疲劳载荷的来源。

1.5MW 风力机叶片翼型截面重力：

设 $\rho_0 F_0 = \sum\limits_i \rho_i F_i$，其中，$\rho_i$ 和 F_i 分别为剖面各部分的密度和面积。

则有：

$$q_{yw} = -\rho_0 F_0 g \cos\varphi$$

$$q_{Rw} = \rho_0 F_0 g \sin\varphi$$

$$(2\text{-}78)$$

式中　φ——翼型截面方位角；

　ρ_0, F_0——翼型截面相对密度、面积；

　　g——当地重力加速度。

1.5MW 风力机叶片重力拉（压）力：

$$P_{Rw} = \left[\int_r^R \rho_0 g F_0 \, dr_1 \right] \sin\varphi \tag{2-79}$$

1.5MW 风力机叶片重力剪力：

$$Q_{yw} = - \left[\int_r^R \rho_0 g F_0 \, dr_1 \right] \cos\psi \tag{2-80}$$

式中　ψ——翼型截面轴倾角，一般取 $4°$。

1.5MW 风力机叶片重力弯矩：

$$M_{xw} = - \left[\int_r^R (r_1 - r) \rho_0 g F_0 \, dr_1 \right] \cos\psi \tag{2-81}$$

1.5MW 风力机叶片重力扭矩：

$$M_{kw} = \int_r^R \rho_0 g F_0 (x_G - x_C) \, dr_1 \tag{2-82}$$

式中　G——叶片翼型截面的重心。

③ 离心力载荷计算。1.5MW 风力机叶片的运行过程中叶片旋转会产生离心力，作用在翼剖面的重心上，故给风力机叶片带来离心载荷作用力的影响。

1.5MW 风力机叶片离心力：

$$\begin{aligned} q_{Rp} &= \rho_0 \Omega^2 F_0 r \\ q_{yp} &= \rho_0 \Omega^2 F_0 Y_G \end{aligned} \tag{2-83}$$

式中　Ω——风轮的旋转速度。

1.5MW 风力机叶片离心拉力：

$$P_{Rp} = \int_r^R \rho_0 \Omega^2 F_0 r_1 \, dr_1 \tag{2-84}$$

1.5MW 风力机叶片离心剪力：

$$Q_{yp} = \int_r^R \rho_0 \Omega^2 F_0 Y_G \, dr_1 \tag{2-85}$$

1.5MW 风力机叶片离心力弯矩：

$$\begin{aligned} M_{xp} &= \int_r^R (r_1 - r) \rho_0 \Omega^2 F_0 Y_G (r_1) \, dr_1 \\ M_{yp} &= \int_r^R \left[Y_G (r_1) - Y_G (r) \right] \rho_0 \Omega^2 F_0 r_1 \, dr_1 \end{aligned} \tag{2-86}$$

1.5MW 风力机叶片离心力扭矩：

$$M_{kp} = -\Omega^2 \left\{ \int_r^R \rho_0 F_0 X_G (r_1) \left[Y_G (r) - Y_G (r_1) \right] dr_1 + \int_r^R \left[X_G (r_1) - X_G (r) \right] \rho_0 Y_G (r_1) F_0 \, dr_1 \right\} \tag{2-87}$$

极限载荷包括挥舞正向和负向载荷、摆动正向和负向载荷，共 4 种工况，每种工况分别加载分析。通过 bladed 计算气动载荷分布，得到叶片在不同极限工况下的弯矩和剪力，根据不同部位的实际铺层材料和铺层厚度及铺层角度，使用 ANSYS 有限元仿真软件对风机叶片进行仿真，建立复合材料风机叶片的有限元模型，设定所需要的材料参数，并添加极限载荷与边界条件，从而实现叶片在极限载荷条件下的仿真过程与局部屈曲仿真过程。在极限载荷条件下，其最大应力分布在叶片的中间部位和叶根处，故这两个部位是叶片易损之处，极易发生失效，所以要控制它所受到的应力大小在许可范围内。

流体与固体耦合分析的关键点在于考虑流体与固体两者之间的互相作用，在计算分析时不仅要考虑流体流动对固体结构的影响，同时还要分析固体的形变对流体流动的影响，而流体的变化又会影响固体自身的形变。进行流固耦合仿真分析时，一般是对流体域和固体域先分别计算，利用两者之间的耦合面进行流体域和固体域数据的交换，一次计算结束之后，再开始下一步的计算以及流体域和固体域之间的数据交换，将这样的迭代计算过程反复进行，最终能获得收敛解。迭代计算时，根据计算流体力学方法，可以求得流场对固体结构的压力载荷分布情况，通过耦合面，流场域将压力载荷施加到固体域；依据耦合面的压力求解固体域结构的形变，通过耦合面令流场发生改变，进而令流场产生新的压力载荷，再次进行传递，直至最终求解结果收敛。

2.3.3 实验测试方法

叶片测试的目的是验证叶片设计的正确性、可靠性、制造工艺的合理性，并为设计、制造工艺的完善和改进提供可靠的依据。风机叶片的实验主要包括叶片静力试验、叶片疲劳试验、叶片挠曲变形测量、叶片刚度分布测量、叶片应变分布测量、叶片固有频率测量、叶片阻尼测量、叶片振型测量、叶片质量分布测量、叶片解剖、叶片的其他非破坏性试验等。叶片认证测试主要指的是全尺寸的叶片结构测试，测试时需要考虑测试现场的温度、湿度等因素。国际上叶片的认证机构主要有德国劳氏船级社（GL）和挪威船级社（DNV）等，国内认可的叶片认证机构主要有中国船级社（CCS）和鉴衡认证（CGC）。

（1）叶片静力试验

静力试验用来测定叶片的结构特性，包括硬度数据和应力分布。叶片可用面载荷或集中载荷（单点/多点载荷）来进行加载。每种方法都有其优缺点，加载方法通常按经验方法来确定，如分布式面载荷加载方法、单点加载方法、多点加载方法。静力试验加载通常涉及一个递增加载顺序的应用。对于一个给定的加载顺序，静力试验载荷通常按均匀的步幅施加，或以稳定的控制速率平稳地增加。必要时，可明确规定加载速率与最大载荷等级的数值。通常加载速率应足够慢，以避免载荷波动引起的动态影响，从而改变试验的结果。液压加载装置通过液压驱动组件对待测叶片施加不同的牵引力完成对待测叶片的静力分析，液压驱动组件通过牵引绳、夹具对待测叶片实施牵引，调整牵引支架的位置可改变对风力机叶片施加牵引力的位置。牵引绳靠近待测叶片的一侧设有悬梁，夹具等距固定于待测叶片上并通过挂绳悬挂于悬梁上，使风力机叶片上施加的牵引力更加均匀，油泵电磁阀控制液压系统作用于叶片上的静拉力大小，可通过行程开关调节静拉力加载时间，如图 2-25 所示。

风力机叶片静态测试及对叶片在定常载荷作用下的响应分析时常采用应变片。在风力机叶片上从叶根到叶顶依次选取 6 个测试截面，考虑到叶根部位承载比叶顶部位大，在靠近叶根部位选取的测试截面多一些，每个截面上选取 3 个测试点，每个测试点布置 2 个应变片，呈 T 形。导线连接应变片和静态信号采集箱，用 1/4 桥路接线，每个测试截面还应有一个应变片做补偿用，一共 42 个应变片，采用东华 DH3816 静态信号分析软件进行静态测试分析。

（2）叶片疲劳试验

叶片的疲劳试验用来测定叶片的疲劳特性。实际大小的叶片的疲劳试验通常是认证程序的基本部分。疲劳试验时间要长达几个月，检验过程中，要定期监督、检查以及检验设备的校准。在疲劳试验中有很多种叶片加载方法，载荷可以施加在单点上或多点上，弯曲载荷可

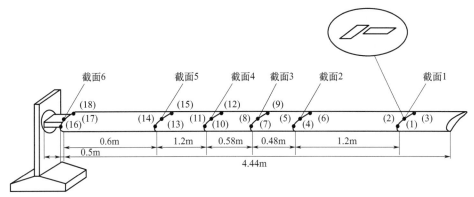

图 2-25　静力试验示意图

施加在单轴、两轴或多轴上,载荷可以是等幅恒频的,也可以是变幅变频的,如图 2-26 所示。

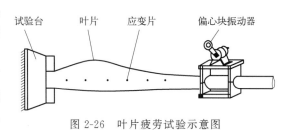

图 2-26　叶片疲劳试验示意图

每种加载方法都有其优缺点,加载方法的选用通常取决于所用的试验设备。主要包括等幅加载、分块加载、变幅加载、单轴加载、多轴加载、多载荷点加载、共振加载等,各试验方法的优缺点见表 2-4。

表 2-4　推荐的试验方法的优缺点

试验方法	优点	缺点
分布式表面加载(使用沙袋等静重)	精确的载荷分布; 剪切载荷分布很精确	只能单轴; 只能静态载荷; 失效能量释放可导致更严重的失效; 非常低的固有频率
单点加载	硬件简单	一次只能精确试验一个或两个剖面; 由试验载荷引起的剪切载荷较高
多点加载	一次试验可试验叶片的大部分长度; 剪切力更真实	更复杂的硬件和载荷控制
单轴加载	硬件简单	不易获得准确的应变,损伤分布在整个剖面上
多轴加载	挥舞和摆振方向载荷合成更真实	更复杂的硬件和载荷控制
共振加载	简单硬件; 能耗低	不易获得准确的应变,损伤分布在整个剖面上
等幅加载	简单,快速,较低的峰值载荷	对疲劳公式的精确性敏感
等幅渐进分块加载	失效循环次数有限	对疲劳公式精确性和加载顺序影响敏感
等幅可变分块加载	简单方法模拟变幅加载	对疲劳公式精确性和加载顺序影响敏感(尽管敏感程度低于等幅渐进分块加载)
变幅加载	更真实的加载; 对疲劳公式精确性不敏感	较高的峰值载荷; 复杂的硬件和软件; 比较慢

① 叶片挠曲变形测量：由于风轮相对于塔架的间隙有限，因此叶片挥舞方向的挠度是非常重要的。在试验过程中，应记录叶片和试验台的挠度。该试验通常与静力试验一起进行。

② 叶片刚度分布测量：叶片在给定载荷方向下的弯曲刚度可由载荷/应变测量值或由挠度测量值来导出。叶片的扭转刚度可以表示为旋转角随扭矩增大的函数。

在复杂的疲劳载荷工况下，叶片会逐渐产生基体开裂、界面脱胶、分层、纤维断裂等疲劳损伤，且损伤逐渐演化最终导致叶片整体疲劳断裂。叶片的疲劳性能直接影响着风电机组的正常运行能力。

随着叶片疲劳损伤的加剧，叶片的刚度表现出逐渐退化的趋势，但叶片的实际工况是复杂的随机风载作用，叶片刚度退化规律隐藏在载荷随机性中，难以获得，因此需要研究恒幅载荷下叶片的刚度退化规律，然后拓展至疲劳工况。叶片疲劳试验为恒幅载荷下叶片刚度退化规律的研究提供了途径。虽然将刚度下降 10% 且不可恢复作为判定叶片失效的标准，但试验目的仍以能够通过一定次数的疲劳载荷作用的形式认证为主，忽略了恒幅载荷作用下叶片刚度退化信息。剩余强度虽然有着天然的破坏准则和失效判断条件，但对于同一个试件只能获取一个数据点，测试条件也较为繁琐，并且通过剩余强度对比两个试件的损伤比较困难。而剩余刚度与材料内部损伤演化密切相关，随叶片损伤单调递减，且在试件试验过程中可以实现连续测量而不影响材料性能。

③ 叶片应变分布测量：如果需要，可用由置于叶片测试区域上的应变计测量叶片应变水平分布，应变计的位置和方向必须记录。测量的次数取决于试验的叶片（例如叶片的大小、复杂程度、需要测量的区域等）。如果要求从零应力水平获取非线性，则必须使用一片未加载的叶片对应位置上的应变计来补偿其自重力影响。

应在叶片表面临界区域测量叶片应变，叶片上的比较典型的位置为几何形状突变、临界的细部设计或应变水平预计较高的位置。

④ 叶片固有频率测量：风机叶片在高速旋转下产生的离心力和不均匀流场会造成叶片升力变化，从而激发叶片振动，当激振力的频率与叶片的固有频率相等或成整数倍时，叶片就会发生共振，造成叶片提前疲劳损坏，所以对风机叶片的频率进行设计是其结构设计的重要任务之一。叶片的固有频率应与风轮的激振频率错开，避免产生共振。固有频率既可以通过计算获得也可以通过实测确定。通常重要的频率只限于挥舞方向的一、二阶频率和摆振方向的一阶频率（有些情况下，还包括扭转一阶频率）。对于大多数叶片来说，这些频率间隔很好，且很少会耦合。因此，可把叶片置于所要求的振动模态下，监测来自诸如应变计、位移传感器或加速度计等的振动模态响应信号，逐个地直接测量出这些频率。二阶挥舞方向的激振模态可能导致一些问题，尤其是对刚性非常大的叶片测量的过程中。风力机固有特性和静力测试是在一套以东华动态信号测试分析系统、东华模态分析软件和东华静态液压加载装置、控制台等为机械部分的风力机叶片结构动力特性分析装置进行的。机械部分：实验台底座、支架、夹具、叶片、激励系统（力锤、偏心电机）、液压静拉力加载装置和控制台。测试系统包括加速度传感器、应变片、信号线、电荷放大器、DH-5922 动态信号分析仪、DH-3816 静态信号采集箱和工控机。叶片固有特性测试如图 2-27 所示。

⑤ 叶片阻尼测量：可以通过测量叶片挥舞和摆振方向无扰动振荡的对数衰减量确定叶片的结构阻尼。振幅必须足够小，以排除气动阻尼（几厘米）的影响。应注意阻尼通常与温度关系密切。

⑥ 叶片振型测量：与清晰间隔固有频率的低阻尼线性结构相应的标准振型值，可以由

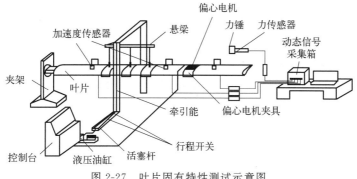

图 2-27　叶片固有特性测试示意图

（在共振时）传递函数的虚部来逼近，此传递函数是确定振型值点处的输入力与加速度响应关系的函数。

进行挥舞和摆振方向的振型测量时，可将叶片安装在刚性试验台上，在叶片的某个适当点处（多数在叶尖）施加一个激振力（以相关的频率），沿叶片适当间隔位置监测所引起的加速度响应，激振力可由力传感器来测量，加速度由加速度计来测量，然后把测量值输入分析仪中，通过分析仪获得可能的模态数以及在共振频率下复杂传递函数的相位。除采用移动单个加速度计的方法外，还可以沿叶片展向均匀地布置若干加速度计，用一系列强迫频率来激振叶片，也可以确定叶片的振型。

⑦ 叶片质量分布测量：粗略的质量分布可以通过测量叶片总质量和重心的方法计算出来，必要时可把叶片截成小段并称出每段的重量来测量其质量分布。叶片解剖可用来检查叶片是否按设计要求制造，并且可以用来发现制造缺陷。通过叶片解剖可以检查下列特性：叶片的质量分布、几何形状（如翼型等）、铺层、梁、胶接等的制造，如确定玻璃纤维叶片的纤维含量、纤维方向和疏松度等。

⑧ 叶片的其他非破坏性试验：在有些情况下，非破坏性试验（NDT）技术可用来检查叶片是否按设计要求制造，并用来发现制造缺陷。非破坏性试验可与其他试验同时进行，常用的方法有：叶片几何形状（如尺寸、外形等）的测量、硬币轻敲、声音传导、超声波探伤、声发射、热成像等。

声发射检测：叶片在裂纹产生、扩展以及其他机械故障发生过程中，都会产生非平稳时变的声发射信号，由于声发射信号背景噪声复杂，难以直接提取反映实际物理状态的信号参数，因此必须采用具有时频分析能力的信号处理方法来分析叶片声发射源以及点发射信号的传播规律。声发射信号处理分析技术可以对声发生源进行识别判断，包括小波分析、频谱分析、AE 信号参数分析、声发射信号波形分析与神经网络识别等。因声发射检测可以检测各种微型损伤，允许在设备运行状态中进行，检查覆盖面积大，并可远距离进行，功能非常强大，然而声发射检测需要对设备施加外加应力，不能反映静态状况，如果缺少合适的处理算法，便无法进行描述与评估。

红外检测：红外热像仪通过测量物体辐射计算物体温度，将物体的热分布转换成可视图像，从而得到被测物体温度分布信息，利用热像仪观测、记录、分析以及处理待测物体红外辐射及其变化的差异性，来确定物体表面结构缺陷。

根据是否利用自身辐射信息进行检测，检测方法可分为主动式红外检测与被动式红外检测。被动式红外检测无需对被测目标加热，由探测器直接探测来自被测物体立体防范空间内的红外辐射变化，由于该方式不需要施加热源，因此在运行设备、元器件、科学实验等现场都采用这种方式。主动式红外检测是对被测物体进行主动加热，加热源可来自被测目标的外部或者内部，加热源在被测叶片形成热源，在热传导过程中被测叶片表面温度下降，叶片内部结构缺陷会影响表面区域的冷却过程，利用红外热像仪探测表面区域冷却过程，再经由声发射信号处理分析就可获得物体内部信息。红外检测能够以图像形式进行全景测量，能够检测出热量的细微变化，具有高灵敏度、高效率、操作安全等优点。但是红外无损检测难以确定被测物体某点确切温度值，不能直接反映物体内部热状态，与其他检测设备相比，设备价格也略显昂贵。实验研究与经验积累表明，红外无损检测对于表面红外辐射反应敏感，分析表面红外热像图便可推知叶片内部缺陷状况，但对于风机叶片深层结构或是缺陷还有待研究。

超声波检测：超声波检测是利用叶片材料声学性能差异对超声波的反射情况和穿透时间的能量变化来检验内部缺陷的无损检测方法，主要利用测量信号往返于缺陷的渡越时间来确定缺陷和表面间的距离，利用测量回波信号的幅度和发射换能器的位置来确定缺陷的大小和方位。当叶片某处存在缺陷时，接收到的超声波信号会出现波速降低、振幅减少、波形畸变、接收信号主频发生变化等特征。

超声波检测具有检测厚度大、灵敏度高、速度快、成本低、灵活方便、效率高、对人体无害、能对缺陷进行定位和定量等优点，特别是对于平面缺陷可得到很高的缺陷回波，并确定分层夹层等缺陷。缺点是：对缺陷的显示不直观，探伤技术难度大，容易受到主客观因素影响以及探伤结果不便于保存等。超声波检测对工作表面要求平滑，要求检验人员富有经验，适合厚度较大的零件检验，使超声波探伤具有一定的局限性。超声波技术可有效检测风电叶片厚度变化，检测内部分层、缺胶、黏结等缺陷，大大降低叶片失效风险。目前超声波检测在国内风机叶片检测方面尚未得到广泛应用。

电阻应变检测：电阻应变检测是将电阻应变片作为传感元件，将应变片贴在被测物体上，电阻值随被测物体的受力变形而拉长或收缩发生改变，反映受力构件表面或者内部应变的大小，根据应力-应变的数学关系确定构件表面或者内部应力状态。电阻应变检测将应变片铺设在叶片上，利用应变电阻变化来反映叶片内部结构变化与破损情况，有效检测叶片应力变化与表面破损情况。电阻应变测量的优点是：灵敏度和精度高、测量范围广、安装方便以及可在各种复杂环境下测量；缺点是：只能测量构件表面应变而不能测量内部应变，单个应变片只能测量构件表面一点沿某个方向的应变，而不能进行全域性测量，并且应变片的测量精度会在多次使用后降低。

激光超声检测：激光超声检测是利用高能激光脉冲与物质表面的瞬时热作用，通过热弹效应或者烧蚀作用在固体表面产生应变和应力场，使粒子产生波动，进而在物体内部产生超声波。激光超声分为直接式与间接式两种，直接式是将激光与被测物体直接作用，利用热弹或烧蚀作用产生超声波；间接式是利用被测材料周围的其他物质作为中介来产生超声波。激光超声检测能对被测物体进行非接触检测，并且超声的脉冲宽度很窄，大大提高了检测的精度，能够检测那些表面粗糙、曲率大以及几何形状复杂的不规则物体。对于风机叶片而言，激光超声检测在恶劣环境下的非接触式的检测评估中具有重要的意义。

激光超声检测具有非接触、高分辨率等优点，在高温、高压、有毒等恶劣检测环境下完全满足要求，在叶片缺陷和性能的无损检测中具有了显著优势。但是激光超声检测同样也存在着激光能量到超声能量转换频率以及激光超声信号检测灵敏度等技术难题。因此，激光超声应向着实际问题比如高信噪比、超时间稳定性、低成本的解决等方向发展。

利用基于运行数据的状态检测与诊断方法，对风力发电机组叶片的运行状态进行检测，可避免突发事件与重大随机故障的发生，为机组叶片检修提供依据。运行状态检测能在机组运行的过程中，及时处理叶片检测信息与控制数据信息，对叶片的运行状态进行检测，并对故障性质做出诊断使故障及时得到处理，是风电机组叶片运行维护不可缺少的一部分。

随着人工智能技术与信号处理技术的发展，人工神经网络专家系统、模糊逻辑、支持向量机和小波分析技术等被应用到风机叶片运行状态检测与故障诊断中。目前比较典型的基于人工智能故障模式识别方法主要有专家系统法、模糊诊断法以及基于机器学习方法，如通过对风机三轴向摆振频率振幅与叶轮瞬时圆周速率等参数进行监测，对异常情况进行报警，以避免叶片故障的发生。在实际的运行状态检测过程中，应该充分利用各种检测与诊断方法的优点，选择某种方法或者复合方法对叶片进行检测与诊断。

叶片运行缺陷及故障是风电机组安全运行的重大隐患之一。风场叶片事故不断增多，对其进行状态监测与故障诊断具有重要意义。目前各种监测方法都有着其适用的缺陷类型与优缺点，均存在一些关键问题和技术难点需要攻克。鉴于叶片结构的复杂性，具体应用监测方法时还要考虑运行环境、天气状况以及其他因素的影响。风力发电叶片技术在国外已经经历了将近十年的市场考验，所开发出的系列叶片也经历了多次设计修改，综合性能趋于完善。在风力发电叶片开发技术方面，我国与国外之间存在一定的差距，因此我国兆瓦级的叶片技术主要是通过委托设计、生产许可证、联合设计等方式来引进的。叶片的制造工艺主要有干法预浸料成型工艺、湿法预浸料成型工艺、手糊成型工艺和真空灌注成型工艺等。目前来看，大型风力发电叶片制造工艺以真空灌注成型工艺居多，此工艺性能稳定，产品质量好，投资成本适中，所以被广泛应用。但该工艺对制作要求严格，如果质量控制不严，工艺条件控制不足，叶片将很易报废。叶片质量的高低是通过控制过程来实现的。保证叶片生产质量是以运行良好的质量保证体系来实现的。在制造风力发电叶片的过程中，需要纤维铺设、树脂固化、胶接、表面涂装等关键过程。生产现场管理要实施规范化，保证和维持生产现场的干净、整齐、美观和规范。在制造过程中，特殊工序和关键工序一定按照要求严格遵守，执行"三定一确认"的原则，保证每个要素都处于受控状态。在成型过程中每一步骤都要做好记录，建立完整的成型过程档案，保证每片叶片的质量有有效的技术档案和质量可追溯。避免主要成型过程中出现大的缺陷，这些要求是过程质量控制的关键。产品寿命内的全过程取决于风力发电叶片的质量，所以要建立完善的风力发电叶片制造技术档案，建立面向现场的生产管理，保证产品质量的可追溯性。风力发电叶片的运行寿命为20年左右，运行过程中，不可避免地会发生裂纹、碰伤等情况，甚至需要更换叶片。这就需要完整有效的风力发电叶片档案。叶片的档案是正确维修叶片的基础。档案记录要从原材料的编号、批号，到叶片成型过程中每个工序的质量状况，再到出厂检验情况都要客观、准确地记录在案，叶片档案与叶片同保存，以方便叶片的运行中的维修，准确分析发生破坏的原因等。

第 **3** 章

复合材料和传统材料的应用

3.1 钢的应用

钢是一种常见的金属材料，具有许多独特的特性且应用领域广泛。

（1）钢的特性

首先，钢具有优异的力学性能。钢具有高强度、高韧性和良好的延展性，使其成为许多结构工程中的首选材料。钢的高强度使其能够承受大量的外部载荷，同时保持结构的稳定性。钢的高韧性使其在受到冲击或振动时能够吸收能量，从而降低结构的破坏风险。钢良好的延展性使其能够在受到外力作用时发生塑性变形，而不会立即断裂，从而增强了结构的耐久性。

其次，钢具有良好的耐腐蚀性。钢的主要成分是铁，但其中添加了一定比例的碳和其他合金元素，如铬、镍、钼等。这些合金元素能够形成致密的氧化膜，阻止氧气和水分进一步腐蚀钢。此外，钢还可以通过镀锌、涂层等方式进行表面处理，进一步提高其耐腐蚀性。因此，钢广泛应用于海洋工程、化工设备、汽车制造等领域，能够在恶劣的环境下长时间使用。

再次，钢具有良好的可加工性。钢可以通过热处理、冷加工、焊接等方式进行加工，以满足不同的工程需求。热处理可以改变钢的晶体结构，使其具有不同的力学性能。冷加工可以通过压力使钢发生塑性变形，从而获得所需的形状和尺寸。焊接可以将不同的钢材或其他金属材料连接在一起，形成复杂的结构。因此，钢在制造业（如航空航天、机械制造、建筑工程等领域）中得到广泛应用。

最后，钢具有良好的可再生性。钢可以通过回收和再利用的方式循环利用，减少资源的消耗和环境的污染。废弃的钢材可以通过熔炼和再加工的方式重新制造成新的钢材产品。此外，钢的生命周期较长，能够在多个循环中使用，从而进一步延长其使用寿命。因此，钢在可持续发展的理念下得到广泛应用，为环境保护和资源节约做出了贡献。

（2）钢的应用

钢具有广泛的应用领域。钢被广泛应用于建筑工程、交通运输、机械制造、能源开发等领域。在建筑工程中，钢用于制造桥梁、建筑结构、钢结构房屋等。在交通运输领域，钢用于制造汽车、火车、飞机等交通工具。在机械制造领域，钢用于制造机床、工具、轴承等装备及零部件。在能源开发领域，钢用于制造石油钻机、风力发电设备等。钢的广泛应用使其成为现代工业和社会发展的重要支撑。

钢作为一种常见的金属材料，也存在一些缺点：重量大，由于钢的密度较大，相同体积的钢材重量较大，这使得在一些对重量要求较高的场合，如航空航天、汽车制造等领域，其应用受到一定的限制；耐热性差，钢材在高温环境下容易发生软化、变形和失效，这使得在一些高温工艺和高温环境中，如航空发动机、炼油设备等领域，其应用受到一定的限制；能耗高，钢的生产过程需要大量的能源，包括矿石开采、炼铁、炼钢等环节，这使得钢材的生产过程能耗较高，给环境造成一定的压力。

（3）钢的应用展望

尽管钢存在一些缺点，但其优点使其在许多领域得到广泛应用。

高强度钢的应用：随着工程技术的发展，对材料强度和刚性要求越来越高，高强度钢具有更高的强度和刚性，能够承受更大的载荷和应力。因此，高强度钢将在建筑工程、桥梁、汽车制造等领域得到更广泛的应用。

高温合金钢的应用：在一些高温工艺和高温环境中，如航空发动机、炼油设备等领域，对材料的耐热性要求很高，高温合金钢具有优异的耐热性和抗氧化性能，能够在高温环境下长时间稳定使用。因此，高温合金钢将在这些领域得到更广泛的应用。

绿色钢的应用：为了降低对环境的影响，绿色钢的研发和应用将成为未来的发展方向。绿色钢包括可降解钢、低能耗钢等，能够减少资源消耗和环境污染。绿色钢的应用将在可持续发展的理念下得到推广。

智能钢的应用：随着物联网和人工智能技术的发展，智能钢将成为未来的发展趋势。智能钢可以通过传感器、控制器等装置，实现对材料的监测、控制和优化。智能钢的应用将在建筑工程、桥梁、汽车制造等领域实现智能化和自动化。

总之，钢作为一种常见的金属材料，具有优异的力学性能、良好的耐腐蚀性、良好的可加工性和可再生性。尽管存在一些缺点，但随着科技的不断进步和工艺的不断创新，钢的性能和应用领域将继续扩展。高强度钢、高温合金钢、绿色钢和智能钢将成为未来的发展方向，为人类社会的发展做出更大的贡献。

钢是一种常见的金属材料，应用广泛。随着科技的不断发展，钢的相关技术研究也在不断深入。

（1）钢的制备技术

炼铁技术：炼铁是将铁矿石经过高温还原反应，得到纯铁的过程。常见的炼铁技术方法包括高炉法、直接还原法、电炉法等。其中，高炉法是最常用的炼铁技术，高温下通过铁矿石与焦炭反应，得到铁水。炼铁技术的发展主要集中在提高炼铁效率、降低能耗和减少环境污染等方面。

炼钢技术：炼钢是将铁水中的杂质去除，得到纯净的钢的过程。常见的炼钢技术包括转炉法、电炉法、氧气顶吹法等。其中，转炉法是最常用的炼钢技术，通过将铁水倒入转炉中，加入石灰、废钢等物料进行冶炼，得到合格的钢水。炼钢技术的发展主要集中在提高炼钢效率、降低能耗和提高钢材质量等方面。

连铸技术：连铸是将炼钢过程中得到的钢水连续注入铸型中，形成连续铸坯的过程。常见的连铸技术包括直接连铸法、间接连铸法、薄板连铸法等。连铸技术的发展重点主要集中在提高连铸效率、提高铸坯质量和减少铸造缺陷等方面。

（2）钢的改性技术

热处理是通过加热和冷却等工艺，改变钢材的组织和性能的过程。常见的热处理技术包括退火、正火、淬火、回火等。热处理技术的发展主要集中在提高钢材的硬度、强度和耐磨性等方面。

合金化是通过添加合金元素，改变钢材的组织和性能的过程。常见的合金化技术包括添加合金元素、调整合金元素的含量和比例等。合金化技术的发展主要集中在提高钢材的强度、韧性和耐腐蚀性等方面。

表面改性是通过在钢材表面形成一层新的材料，改变钢材的表面性能的过程。常见的表面改性技术包括镀锌、镀铬、热喷涂等。表面改性技术的发展主要集中在提高钢材的耐腐蚀性、耐磨性和装饰性等方面。

（3）钢的应用技术

焊接是将两个或多个钢材通过热源加热，使其熔化并连接在一起的过程。常见的焊接技术包括电弧焊、气焊、激光焊等。焊接技术的发展主要集中在提高焊接质量、降低焊接变形和提高焊接效率等方面。

切割是将钢材切割成所需形状和尺寸的过程。常见的切割技术包括火焰切割、等离子切割、激光切割等。切割技术的发展主要集中在提高切割质量、降低切割能耗和提高切割速度等方面。

成型是将钢材通过压力或热加工等方式，使其成为所需形状和尺寸的过程。常见的成型技术包括冷冲压、热冲压、轧制等。成型技术的发展主要集中在提高成型质量、降低成型能耗和提高成型效率等方面。

综上所述，钢的相关技术研究涉及钢的制备技术、改性技术、表面处理技术等。随着科技的不断进步和工艺的不断创新，钢的相关技术研究将继续深入发展，为钢的性能和应用领域的提升做出更大的贡献。

随着全球对可再生能源需求的增加，风力发电作为一种清洁、可持续的能源形式，得到了广泛的关注和应用。风力发电机是将风能转化为电能的装置，其中钢作为重要的结构材料，在风力发电机的设计、制造和运行过程中起着重要的作用。下面将详细介绍钢在风力发电机中的应用研究，包括风力发电机的结构设计、材料选择、制造工艺和性能要求等方面。

风力发电机主要由塔架、机舱、叶片和轮毂等组成。钢材在风力发电机的结构设计中起到了支撑、传力和保护等关键作用。塔架作为风力发电机的支撑结构，需要具备足够的强度和刚度来承受风压和重力载荷。钢材的高强度和良好的可塑性使其成为塔架的理想材料选择。机舱作为风力发电机的核心部件，需要提供良好的防护和隔音效果。钢材的高强度和耐腐蚀性使其成为机舱外壳的理想材料。叶片和轮毂作为风力发电机的转动部件，需要具备良好的动力学性能和耐久性。钢材的高强度、轻量化和耐疲劳性使其成为叶片和轮毂的理想材料选择。

钢材在风力发电机中需要具备以下性能要求：高强度、良好的可塑性、良好的耐腐蚀性和良好的耐久性。高强度是钢材在承受风压和重力载荷时的重要性能要求。高强度钢材可以减小风力发电机的自重，提高结构的稳定性和可靠性。良好的可塑性是钢材在制造和维修过程中的重要性能要求。良好的可塑性使钢材可以通过冷加工和热加工等工艺，制造出复杂形状和尺寸的零件。良好的耐腐蚀性是钢材在恶劣环境条件下的重要性能要求。钢材在风力发电机中需要承受海洋环境的腐蚀，因此具备良好的耐腐蚀性能尤为重要。良好的耐久性是钢材在长期使用过程中的重要性能要求。钢材需要具备良好的抗疲劳性和抗震性能，以保证风力发电机的长期稳定运行。钢材在风力发电机制造工艺中的应用主要包括切割、焊接、热处理和表面处理等。

随着风力发电技术的不断进步和风力发电机的不断发展，钢材在风力发电机中的应用研究将面临一些新的挑战和机遇。一方面，钢材需要具备更高的强度和更好的可塑性，以满足风力发电机结构的轻量化和高效化要求。另一方面，钢材需要具备更好的耐腐蚀性和更好的耐久性，以应对海洋环境和恶劣气候条件对风力发电机的影响。此外，钢材在风力发电机制造工艺中的应用也需要进一步创新和改进，以提高制造效率和降低制造成本。因此，未来钢材在风力发电机中的应用研究将继续深入发展，为风力发电技术的进一步推广和应用做出更大的贡献。

3.1.1　结构钢

材料是人类文明的基础，而金属材料是其重要的组成部分，它涉及所有现代工业部门，如航空航天、海洋、原子能、能源、交通和建筑等。这些部门的日新月异的技术进步，要求相应的金属材料同步发展，甚至先行发展。

随着科学技术的发展，钢的内涵也在变化。铁及其合金可以形成各不相同的平衡相图。以铁元素为主要组分，碳含量在 2.06% 以下，并含有少量诸如锰、硅、硫、磷等杂质元素，砷、锑、铅、铋、锡等有害元素，以及氮、氧、氢等的铁-碳合金为钢。以铁元素为主要组分，碳含量在 2.06% 以上的合金称为铁。钢是一种合金，其性能主要取决于铁与碳相互作用后生成物的结构、数量和分布状态。铁碳系平衡相图就是研究和描述钢的组成、加工工艺、组织结构、性能之间关系的依据。现代对钢的称谓还包含可加工性、焊接性及某些物理、化学和力学特性。因此，钢可以广泛地用作仪器仪表、机械、工程建筑、社会公共设施的原材料。

结构钢是用来制造各种工程结构和各种机器零件的钢种。其中，用于制造工程结构（如桥梁、船体、油井或矿井架、钢轨、高压容器、管道和建筑钢结构等）的钢又称为工程用钢或构件用钢。这类钢包括碳素工程结构钢和高强度低合金钢，主要是承受各种载荷，要求有较高的屈服强度、良好的塑性和韧性，以保证工程结构的可靠性。由于工作时是暴露在大气中，温度可低到 −50℃，故要求低温韧性，并要求耐大气腐蚀。此外，还需要有良好的工艺性能，包括经受剧烈的冷变形（如冷弯、冲压、剪切），以及具有良好的焊接性等。机器零件用钢是指用于制造各种机器零件（轴、齿轮、各种连接件等）所用的钢种，也称为机器制造用钢。机器零件制造用结构钢通常包括碳素结构钢、合金结构钢、低合金高强度钢、弹簧钢和滚动轴承钢等。机器零件在工作时承受拉伸、压缩、剪切、扭转、冲击、振动、摩擦等力的作用，或几种力的同时作用，可能工作在高温、低温环境，有的在受腐蚀介质作用的环境中，其破坏方式也是各式各样的。因此，要求机器零件用钢具有较高的疲劳强度、高的屈服强度、抗拉强度以及较高的断裂抗力，具有良好的耐磨性、接触疲劳强度、较高的韧性及低的缺口敏感性等，以防机器零件在使用过程中产生大量塑性变形或断裂，造成事故。

结构钢作为量大面广和品种繁多的一类金属材料，与现代工业的发展关系密切。合金钢的工业应用就是从结构钢开始的（例如 1870 年用铬结构钢制作密西西比河上跨度为 158.5m 的拱形桁架大桥等）；而现代高速飞机的发展，宇航火箭、原子能技术的开发利用，海洋的开发，高效机械装备的应用等，都与结构钢的应用相关。合金的品种，在一百多年来，以惊人速度增长。1850 年为 50 个，1900 年为 1000 个，1950 年为 25000 个，2000 年到 250000

个。如此庞大的品种增殖，显然是用发明电灯丝式的传统经验研究方法所不可能实现的。由于金属学科学的发展和相应材料科学与工程的形成，使人们从经验性研究阶段进入了科学性研究阶段，这才使品种的迅速发展成为现实。一种使构件行为（使用性能）、要求性能、组织结构、工艺和装备五个环节统一起来的系统工程科学研究方法出现了，从而避免了盲目性和片面性，大大缩短了新材料的研究与应用周期，促进了新材料的蓬勃发展，特别是近50年来，几乎是日新月异了。

结构钢按用途可分为通用钢和专用钢；按使用状态下的显微组织，可分为铁素体-珠光体钢、低碳贝氏体钢、低碳马氏体钢和双相钢。

国家标准规定，碳素工程结构钢按屈服强度分为五级，即Q195、Q215、Q235、Q255和Q275，其中Q表示屈服强度，其后的数字表示屈服强度值，单位为MPa。Q235根据质量要求分为A、B、C、D四个等级，主要按钢中硫和磷的含量来区分，其中D级还要求加入细化晶粒元素。Q215和Q255只有A、B两个级别，Q195和Q275没有分级别。钢的屈服强度主要取决于钢中的含碳量，即珠光体含量。含碳量在0.06%～0.38%范围内，随含碳量的增加，屈服强度从195MPa上升到275MPa，伸长率从33%下降到20%，碳素工程结构钢中有五种常存元素，即碳、硅、锰、硫、磷，它们是冶炼工艺中为了脱氧和稳定硫的需要而加进来的。碳素工程结构钢根据冶炼中脱氧程度的不同，分为沸腾钢、半镇静钢和镇静钢。碳素工程结构钢大部分以热轧成品供货，少部分以冷轧成品供货，如冷轧薄板、冷拔钢管、冷拉钢丝等。

为提高碳素工程结构钢的强度，加入少量合金元素，利用合金元素产生固溶强化、细晶强化和沉淀强化，以得到高强度低合金钢。利用细晶强化降低钢的韧—脆转化温度，以抵消由于碳氮化物沉淀强化使钢的韧—脆转化温度的升高。

铁素体-珠光体钢工作时的显微组织是铁素体加珠光体，包括碳素工程结构钢、高强度低合金钢和微合金钢。

低碳贝氏体钢在轧制或正火后控制冷却，直接得到低碳贝氏体组织，与相同含碳量的铁素体-珠光体组织相比，有更高的强度和良好的韧性。利用贝氏体相变强化，钢的屈服强度可达490～780MPa。

针状铁素体钢的显微组织是低碳或超低碳的针状铁素体，属于贝氏体，其α片呈板条状，具有高位错密度，在含钒钢中，Nb（C，N）可细化晶粒和起沉淀强化作用。这类钢通过传统的控制轧制和控制冷却的方法，可以达到高强韧性，以保证得到极细的晶粒和针状铁素体片、高位错密度的细小亚结构和弥散的Nb（C，N）沉淀。超低碳的针状铁素体钢不仅有良好的低温韧性，而且有良好的焊接性，成功地用于制造寒冷地区输送石油和天然气的管线。

低碳马氏体钢的生产工艺为锻轧后空冷或直接淬火并自回火，锻轧后空冷得到贝氏体＋马氏体＋铁素体的组织，性能为：屈服强度828MPa，抗拉强度1049MPa，室温冲击功96J，疲劳断裂周期261.85±46.9千周，可用来制造汽车的轮臂托架。若直接淬火成低碳马氏体，性能为：屈服强度935MPa，抗拉强度1197MPa，室温冲击功50J，－40℃冲击功32J，缺口疲劳断裂大于500kHz，可制造汽车操纵杆。由此看来，这种钢具有极高的强度、较好的低温韧性和抗疲劳性能。低碳马氏体钢具有高强度、高韧性和高疲劳强度，达到了合金调质钢经调质热处理后的性能水平，若采用锻轧后直接淬火并自回火的工艺，能充分发挥其潜力。

双相钢的显微组织是通过在 $\gamma+\alpha$ 两相区加热淬火或热轧后空冷，得到 20%～30% 马氏体和 70%～80% 铁素体。马氏体呈小岛状或纤维状分布在铁素体基体上。双相钢的性能特点是：低屈服强度，一般不超过 350MPa；钢的应力-应变曲线是光滑连续的，没有屈服平台，更无锯齿形屈服现象；高的均匀伸长率和总伸长率，其总伸长率在 24% 以上；高的加工硬化指数；高的塑性应变比。

双相钢首先是为了适应汽车用薄板冲压成型时保持表面光洁，无吕德斯带，并在少量变形后就提高了强度的需要；也应用于冷拉钢丝、冷轧钢带或钢管上。根据生产工艺，双相钢可分为退火双相钢和热轧双相钢两大类。退火双相钢又称为热处理双相钢。将板带材在两相区加热退火，然后得到铁素体＋马氏体组织。热轧双相钢是指在热乳状态下，通过控制冷却得到铁素体＋马氏体的双相组织。

为了适应某些特殊要求，国家标准中规定了一些专门用钢，如造船钢、桥梁钢、压力容器钢、锅炉用钢等。对它们除规定的化学成分和力学性能以外，还规定某些特殊的性能和质量检验项目，例如低温冲击韧性、时效敏感性、气体、夹杂或断口等。专门用钢一律为镇静钢。

机器零件用钢又称优质结构钢，供货时，既保证化学成分，又保证力学性能。而且比普通结构钢规定更严格，其硫、磷百分比均控制在 0.035% 以下，非金属夹杂物也较少，质量等级较高，一般在热处理后使用。

机器零件用钢对力学性能的要求是多方面的，机器零件用钢中加入的合金元素主要有 Cr、Mn、Si、Ni、Mo、W、V、Al 等，或者是单独加入，或者是几种同时加入，它们在钢中的作用是：提高淬透性，降低热敏感性，提高回火稳定性，抑制第二类回火脆性，改善钢中非金属夹杂物的形态和提高钢的工艺性能等。

这类钢可分为：冷成型钢、易切削钢（含有较高杂质元素如硫、铅、磷等的钢，由于钢中弥散分布的脆性相、低强度化合物，破坏基体的连续性，使钢具有较好的切削性能）、正火及调质结构钢、渗碳钢、渗氮钢、弹簧钢、滚动轴承钢、超高强度钢、马氏体时效硬化钢。一般按含碳量把合金结构钢分为调质合金结构钢、非调质合金结构钢和表面硬化合金结构钢三大类，而后者又可分为渗碳合金结构钢和渗氮合金结构钢等。

结构钢是一种广泛应用于建筑、航空航天、道路、桥梁、船舶等领域的材料，具有优秀的力学性能。其力学性能包括强度、韧性、塑性等。

强度是结构钢的最基本的力学性能之一。结构钢的强度是其受力能力的量化指标。强度主要分为屈服强度、抗拉强度、压缩强度和弹性模量等。其中，屈服强度是指在拉伸或压缩过程中，钢材开始产生塑性变形的最小应力值。抗拉强度是指材料在拉伸过程中最大承载力的极限值。压缩强度是指材料在受压过程中能承受的最大压应力。弹性模量是指材料恢复初始形状的能力。强度的高低直接影响钢材的负荷承受能力和使用寿命。结构钢的强度可以通过合理的热处理、控制化学成分和结构设计来提高。

韧性是结构钢的重要力学性能之一。韧性是指结构钢在受力过程中能够吸收大量的塑性变形能量而不发生断裂的能力。韧性与钢材的断口类型有关，主要有断裂韧性和韧性转变温度。断裂韧性是指材料在断裂之前能吸收的最大塑性变形能量。韧性转变温度是指脆性断裂的温度。钢材的韧性与其组织结构、化学成分、加工工艺和热处理等因素密切相关。在实际工程中，结构钢通常需要承受多种复杂的力学作用，因此具有良好的韧性对于保证结构的安全性至关重要。提高结构钢的韧性可以通过精细化的微观组织设计和合理的热处理工艺。

结构钢的强度与韧性的影响因素有很多。首先，钢材的化学成分是决定其强度和韧性的重要因素之一。通常来说，含碳量较高的钢材具有较高的强度，但韧性相对较差；而低碳钢则韧性较好，但强度较低。其次，组织结构对钢材的性能有重要影响。细小、均匀的晶粒有利于提高钢材的强度和韧性。热处理和冷加工等工艺能够改善钢材的强度和韧性。此外，外界环境条件也会对钢材的性能产生影响，例如低温环境会引起钢材的脆性断裂。

为了确保结构钢的强度和韧性，需要严格控制生产过程和质量监控。钢材的生产应遵循相关国家标准和技术规范，进行严格的化学成分控制、热处理、组织调整和力学性能测试等工艺流程。此外，建筑物、桥梁和机械的设计和施工也应遵循相应的规范和标准，确保结构钢的强度和韧性能够满足使用要求和安全性要求。

综上所述，结构钢的强度和韧性是保证建筑物和设备安全性、使用性能的重要指标。化学成分、组织结构、加工工艺、热处理和环境等因素影响着结构钢的强度和韧性。通过严格控制生产过程和质量监控，可以保证结构钢的强度和韧性，从而确保建筑物和设备的安全和可靠使用。

塑性是结构钢的另一个重要力学性能。塑性是指结构钢在受力过程中能够发生较大的塑性变形而不发生断裂的能力。结构钢的塑性能力决定了其可加工性和成型性能。结构钢的塑性可以通过处理工艺来提高。

除了以上介绍的力学性能外，结构钢还具有其他的一些力学性能，如硬度、疲劳性能、韧度等。硬度是指结构钢抵抗局部划伤和压痕的能力。疲劳性能是指结构钢在循环应力作用下发生断裂的抗力。韧度是指结构钢在受冲击载荷作用下发生塑性断裂的能力。

总体而言，结构钢的力学性能是多种因素共同作用的结果，通过优化成分、合理的热处理和设计，可以提高结构钢的力学性能，确保其在各种工程应用中的安全性和可靠性。

结构钢是一种常用的结构材料，其密度通常在 $7.85 \sim 7.87 \mathrm{g/cm^3}$ 之间。由于密度高，因此结构钢通常具有较高的重量，能够提供较强的支撑和负载能力。这也是结构钢在建筑和桥梁等领域广泛使用的原因之一。

结构钢的热传导性较好，为 $46 \sim 52 \mathrm{W/(m \cdot K)}$。这意味着结构钢能够迅速将热量传递到周围环境中，具有良好的散热能力。在某些情况下，结构钢可用作传热设备的散热片，从而提高传热效率。

结构钢通常具有一定的磁性。磁性主要由结构钢中的铁元素所决定。正常情况下，结构钢不会表现出很强的磁性，但当受到外部磁场的影响时，结构钢可能会产生一定的磁性。这种性质使得结构钢在电机、发电机等领域有着广泛的应用。

结构钢具有良好的导电性能，可以用作电路的导体或接地系统的构件。其导电性主要源于结构钢中的金属元素，如铁和碳等。结构钢的导电性能可根据需要进行调整，如通过合金化处理来提高结构钢的导电性能。

由于结构钢是一种具有高强度、优良可塑性和良好可焊性的金属材料，它具有很广泛的应用领域，包括建筑工程、桥梁工程、船舶制造、汽车工业、机械制造等。

首先，结构钢在建筑领域中有着广泛的应用。它可以用于建造各种类型的建筑物，如高层建筑、工业厂房、体育场馆等。结构钢具有高强度和较轻的自重，可以大大减轻建筑物的自重负荷，提高建筑物的抗震性能和整体安全性。此外，结构钢还可以制成各种形状和尺寸的构件，方便施工和安装，提高施工效率。

其次，桥梁工程也是结构钢的重要应用领域之一。结构钢在桥梁中的应用可以大大提高桥梁的承载力和抗振性能。结构钢可以用于制造桥梁的桁架、横梁、链条等部位，这些部位对结构钢的强度和韧性要求较高。结构钢还可以用于制造桥梁的支座和锚固设施，确保桥梁的稳定和安全。

再次，结构钢在船舶制造领域也有广泛应用。船舶是一个需要承受海洋环境和外部冲击的复杂工程，强度和耐腐蚀性是非常重要的。结构钢可以用于制造船舶的船体结构、船舱、甲板等部位，保证船舶的结构稳定和承载能力。

此外，在汽车工业中，结构钢也是重要的材料之一。汽车需要具有高强度和良好的抗冲击性能，以保障乘客的安全。结构钢可以用于制造汽车的车身结构、底盘框架和安全设施，提高汽车的整体刚性和安全性。

最后，结构钢还广泛应用于机械制造领域。机械设备需要具有高强度和耐磨性，以应对复杂的工作环境和高负荷的工作条件。结构钢可以用于制造机械设备的构件、轴承、齿轮等部位，确保机械设备的可靠运行。

综上所述，结构钢是一种多功能材料，广泛应用于建筑工程、桥梁工程、船舶制造、汽车工业、机械制造等领域。它的高强度、良好可塑性和可焊性使其成为一种重要的结构材料，能够提高工程的安全性、稳定性和持久性，为社会的发展做出了重要贡献。

结构钢的发展趋势主要包括以下几个方面。

① 结构钢的材料性能不断提升。随着科学技术的进步和工艺的创新，结构钢的强度、韧性、耐疲劳性等各项性能得到了大幅提升。现代结构钢已经能够满足更为苛刻的工程要求，具备更高的安全性和可靠性。

② 节能环保成为结构钢发展的重要方向。随着全球环境问题的加剧和可持续发展的呼吁，结构钢生产和使用过程中的能耗和环境污染问题日益突出。因此，在未来，结构钢的生产工艺和使用方式将更加注重节能减排、资源循环利用和环境友好。

③ 结构钢的智能化发展势在必行。随着信息技术、互联网、大数据等先进技术的广泛应用，智能化已经成为未来工业发展的重要趋势。在结构钢领域，智能化生产设备和工艺的引入将大大提高生产效率和质量控制水平，同时也将为结构钢的设计、施工、维护等各个环节提供更多的智能化解决方案。

④ 多元化的应用需求推动结构钢的创新发展。随着国民经济的发展和新兴产业的兴起，对结构钢的应用需求也在不断增加。一方面，新型建筑和基础设施对结构钢的要求越来越高，需要更轻便、更高强度、更环保的材料；另一方面，汽车、装备制造、能源等领域对结构钢的需求也在不断增长，为结构钢的创新提供了更大的空间。

⑤ 国际合作和开放将助推结构钢的发展。在全球化背景下，结构钢市场已经越来越具有国际竞争力。各国之间的合作与交流将促进结构钢技术和经验的互相借鉴，加速结构钢产业的发展。同时，开放市场也将为结构钢企业提供更广阔的发展机遇和挑战。

综上所述，结构钢的发展趋势包括材料性能提升、节能环保、智能化、多元化应用需求和国际合作开放。这些趋势将推动结构钢行业迈向更加高效、环保、智能和国际化的发展阶段。

3.1.2　不锈钢

不锈钢是指在空气、水和酸、碱、盐等溶液中耐腐蚀合金钢的总称。不锈钢的含铬量大于 10.5%，同时还含有 Ni、Ti、Mn、N、C、Nb、Mo、Cu、Si 等元素。不锈钢具有各种优良性质，广泛应用于各个领域，是一种重要的合金材料。不锈钢因具有耐腐蚀及耐热性，不仅可以在特殊环境下服役工作，同时兼具美观性和环保性，可被回收再利用，而且生命周期成本较低，非常符合现代社会低碳环保的理念。此外经过特殊处理的不锈钢具有抗菌性，可以用来制造餐具、手术器械等。不锈钢可按其金相组织的不同分为奥氏体不锈钢、马氏体不锈钢、铁素体不锈钢和奥氏体-铁素体双相不锈钢。

奥氏体不锈钢的铬元素含量在 $18\%\sim20\%$ 之间，镍元素含量在 $8\%\sim10\%$ 之间，还含有少量钼、钛、氮等元素。奥氏体不锈钢具有良好的塑韧性、耐腐蚀性、无磁或弱磁性，是应用最为广泛的一种不锈钢，主要用于制造耐腐蚀设备、运输管道以及钟表外壳等。马氏体不锈钢的含碳量较高，因而强度较高，硬度较大，耐磨性较好，具有良好的力学性能，但耐腐蚀性较差。马氏体不锈钢主要应用于对力学性能要求较高的部件上，如弹簧、汽车轴承、汽轮机叶片等。在不同的回火温度下，马氏体不锈钢会具有不同的强度和韧性。铁素体不锈钢含铬量为 $15\%\sim20\%$，而且一般不含镍，其耐腐蚀性、韧性、可焊性优良，并随含铬量的增加而显著提升。此外还具有较好的抗氧化性及耐氯化物应力腐蚀性能，可用于制造耐腐蚀零部件及在高温下工作的设备，是奥氏体不锈钢在许多领域的良好替代品，从而大幅度降低了生产成本。但铁素体不锈钢 σ 相的析出会降低不锈钢的塑性和韧性，制约了其使用条件。

奥氏体-铁素体双相不锈钢中既有铁素体，又有奥氏体，且其相对含量均大于 15%。双相不锈钢兼具奥氏体不锈钢和铁素体不锈钢的优点，并且具有良好的耐孔蚀性，广泛应用于各个工业领域。

目前关于不锈钢的耐腐蚀有两种不同的机理，即钝化膜机理和稳定化元素固溶机理，这两种机理分别可以解释不同的情况。钝化膜理论被认为是不锈钢耐腐蚀性的基本机理，此机理表明在不锈钢表面存在一层以 Cr_2O_3 为主要成分的薄钝化膜，正是这个薄钝化膜的产生阻止了腐蚀。不锈钢的钝化膜厚度极薄，一般只有几微米，而且密度比基体大，钝化膜中铬的含量比基体高 3 倍以上，因此具有抵抗腐蚀的能力。第二个耐腐蚀机理为稳定化元素固溶机理，由于不锈钢的应用环境非常复杂，只含有单一成分的 Cr_2O_3 薄膜无法满足对高耐腐蚀性的要求。所以要根据使用条件的不同加入铜、氮、钼等稳定化元素，经过固溶处理使其弥散进入不锈钢，进而改变钝化膜的元素组成，提高其耐腐蚀性。

按腐蚀过程中的影响因素分类，不锈钢的腐蚀可分为应力腐蚀、点蚀、间隙腐蚀和晶间腐蚀。不锈钢的应力腐蚀是不锈钢在拉应力与腐蚀介质共同作用下产生的腐蚀。应力腐蚀中的应力主要来自加工过程中的参与应力，由于应力的作用，金属原子处于不稳定状态，在特定腐蚀介质的作用下，易失去电子而被腐蚀。

不锈钢已经成为人类生产生活中不可缺少的材料，广泛应用于食品、医疗卫生、家装建材、工业设备生产制造等各个领域。其力学性能与普通钢铁材料相比更加优异，可以在特殊环境下服役工作。然而不锈钢的腐蚀，特别是奥氏体不锈钢的晶间腐蚀是不锈钢生产制造过程中最大的障碍，因此对不锈钢腐蚀机理和防治措施的研究势在必行。足够拉力和特定的腐蚀环境外，金属材料还要具有特定的成分和内部结构。点腐蚀是金属在表面某些点部位发生的轻微腐蚀，易发生于含有卤离子或金属夹杂物的条件下。卤离子中氯离子既能破坏钝态，又能阻止钝态的产生，是对点状腐蚀影响最大的元素。点腐蚀的外观隐蔽，因而其潜在破坏性极大，是一种危险的腐蚀形式。当小蚀孔扩大为直径大于等于 $30\mu m$ 的孔蚀源后，由于蚀孔内外电势不同，会形成大阴极小阳极的电池结构，由于阳极面积小，电流密度较大，腐蚀的速度会不断提高。间隙腐蚀是在金属缝隙中发生的腐蚀，其原理与点腐蚀基本相同。主要区别是发生的位置不同，间隙腐蚀主要发生在构件的接触间隙处，间隙处由于溶解氧不足，无法维持不锈钢的钝态而发生腐蚀，此外间隙腐蚀在较温和条件下也能发生。晶间腐蚀是一种局部腐蚀，它破坏晶粒间的结合，从而使金属的强度大大降低。发生晶间腐蚀的金属，表面依旧光亮，而内部已遭破坏。晶间腐蚀不易检查，危害性极大。奥氏体不锈钢的含碳量较高，易发生晶间腐蚀。

现代不锈钢是指拥有高性能及抗腐蚀性的合金材料。其材料内主要含有铁、碳、稀有金属等，应用于条件较为恶劣的环境中，展现了较强的抗腐蚀性、成型性、环境相容性、高强度、高韧性等特点，在我国的军事工业、轻工业和航空航天等领域广泛应用，取得了良好的应用效果。当前不锈钢起着重要的作用，具有很大的发展潜力。不锈钢具有显著的抗腐蚀性能，当暴露在空气中也不会锈蚀，其材料中的铬元素和空气中的氧气发生反应生成了一层致密的氧化铬层，这就是所谓的钝化作用。这种致密的氧化薄膜能够有效阻止金属组织的进一步氧化，降低了活性金属的化学活性，从而起到材料抗腐蚀的作用。不锈钢含有铬元素是不锈钢抗氧化性能的关键元素。不锈钢工作环境温度越高，其不锈钢内添加的铬元素含量越高，相应生成的氧化物薄膜的稳定性和致密性就会越强。为了进一步增强现代不锈钢的使用性能，会在材料中添加一定量的镍和氮元素，并采用稀土处理方式来优化材料性能，提高铬元素的扩散能力，进一步提升现代不锈钢的耐热性和抗氧化性能。

不锈钢的主要制备工艺可以简单概括为：废钢和铁合金在电弧炉里经过熔化，再进入氩氧脱碳、真空吹氧脱碳脱气炉进行二次精炼。精炼后的钢水通过连铸机铸造成钢坯之后，钢坯还要经过锻打工艺，再轧成钢带、钢棒等形状。最后，成型之后的材料还要进行特殊热处理和电解酸洗，并磨光表面，棒材还要进行矫直，板材需经过平整。氩氧脱碳和真空吹氧脱碳脱气是当前精炼低碳钢种，特别是不锈钢的主要方法。氩氧脱碳（argon oxygen decarburization，AOD）可以在不太高的冶炼温度下，在大气中将高铬不锈钢中的碳（C）含量降到极低水平，同时还可以抑制钢中铬的氧化，且 Cr 没有明显烧损。这种方法对于原材料的要求较低，精炼铬回收率高，适合生产低碳和超低碳不锈钢。真空吹氧脱碳脱气（vacuum oxygen decarburization，VOD）是低碳不锈钢冶炼的核心工序，用这种方法在真空条件下可以很容易将钢液中的 C 和气体含量降到很低水平，碳可降到 0.02%～0.08% 范围内，而钢水中的铬不会被氧化（即不烧损 Cr），同时能获得良好的去除有害气体、去除夹杂物的效果，因此更适宜生产 C、N、O 含量极低的抗点腐蚀及应力腐蚀的超纯不锈钢和合金，能炼出 $w(C)+w(N)<0.02\%$ 的超纯不锈钢。不锈钢冶炼后的制备工艺有锻造和铸造之分。铸造就是将熔炼好的熔融金属液体浇注在模腔里，冷却凝固成铸锭后进行清整处理，得到一定形状、尺寸和性能的铸件（零件或毛坯）的工艺过程，毛坯可以进行后续处理。锻造是利用锻压机械对获得的金属坯料（铸锭）施加压力，反复锻打，使其产生变形以获得具有一定力学性能、一定形状和尺寸锻件的加工方法。与铸件相比，金属铸造组织经过锻造方法热加工变形后，可以把原来的粗大枝晶和柱状晶粒变为较细、大小均匀的等轴再结晶晶粒组织，并会把钢锭内原有的偏析、疏松、气孔、夹渣等压实和焊合，从而使组织变得更加紧密，其组织结构、力学性能和物理性能等都能得到显著改善。如果还不能完全确定"锻造"具体所指，简单地说，"锻造"仅仅意味着材料在制备过程中要经过拔、锻、挤、拉、辗轧等，也就是说金属材料的晶粒形貌是通过机械方式改变的，而不像铸件那样是等轴晶或均匀的晶粒结构。不锈钢显示出优良的性能和特点，在不同的环境中有很好的适用性，满足不同的使用需求。

不锈钢的优点主要表现为：a. 耐腐蚀性，这是不锈钢最为显著的性能。由于材料内部添加铬元素进行优化，其材料的抗腐蚀性能较强，能够阻隔环境氧气和材料的氧化反应，从而保护材料强度不受影响。b. 耐热性较强。不锈钢的制备工艺包含了合金熔炼和精炼过程，精炼后钢坯经过锻打工艺，成型之后要进行特殊的处理，因此不锈钢的耐热性能较强，具有良好的热稳定性。c. 力学性能良好，这也是衡量不锈钢质量的重要指标。不锈钢具有较强的硬度和抗疲劳性能，对于冲击和应力破裂的抵抗能力较强，其材料焊接性能和加工性能适用于不同的工作环境。不锈钢的生命周期成本较低，其使用寿命较长，对于大规模的钢架工程而言，其相对投资成本较少。d. 不锈钢的性价比较高，可以进行完全性回收利用，大大降低了材料成本。e. 环境适用性较强。不锈钢可以根据需求不同加工成不同的尺寸和形状，如片状、棒状、丝状等，满足了人们的需求。同时也可以制作出不同的纹理和图案，增强了材料的美观性。

在人类生活中，不锈钢处处可见，极大丰富了人们的物质生活水平，这类材料的抗腐蚀性、耐高温性、高强度及精美性等都符合人们对物质生活的需求，在人类生活中承担着重要作用。当前不锈钢广泛应用于建筑、交通、石化、能源、医疗和环保等领域中，并逐渐开始向家用电器、汽车配件等方面扩展，成为与人们生活息息相关的材料。不锈钢已经成为衡量社会进步和科学技术发展的标志之一，人们着重于研究不锈钢性能的提升和优化，扩展其应用环境，更好地为人们的生活服务。随着经济的发展，生活水平的提高，不锈钢因其优异的性能在装饰、家居、医疗等行业起到越来越重要的作用。同时由于不锈钢具有可回收利用的性质，符合我国可持续发展的要求，在未来的发展中将会有更多的应用。未来不锈钢的研究重点为不锈钢腐蚀的防护及性能的提升，相信随着科技的不断发展和进步，不锈钢会为我们国家未来的发展提供强有力的保障和源源不断的动力。

3.1.3 合金钢

本小节所要阐述的是为了合金化的目的而加入钢中的合金元素所起的作用，以及产生这种作用的理论解释。目的是从中指出一些规律性的东西，以帮助我们比较深刻地认识并掌握各种不同种类的合金钢及其热处理，并以此为基础继续向尚未认识的，或者尚未深入认识的各个方面进行研究。但是必须指出的是，人们对合金元素在钢中所起作用的认识是经过长期的生产斗争和科学实验，逐步地丰富、发展起来的。迄今为止，人们在这方面的认识还很不全面，不仅对多种元素在钢中的综合作用和制约关系认识不足，而且对单一元素在钢中的作用也未完全掌握。随着我国工业尤其是机械制造工业的发展，日益需要生产大量的合金钢，而且对合金也提出了越来越高的要求。譬如，有的工件要求具有高的强度，而有些工件既要有高的强度又要有良好的塑性，即优良的综合性能。另外，在某些条件下要求钢材具有特殊的物理性质，而在另一些条件之下，又需具有特殊的化学性能。因此，提高钢的强度、提高钢的综合性能、研究钢的各种特殊性能，乃是当前合金钢发展的主要方向。为了提高钢的力学性能，改善钢的工艺性能和得到某些特殊的物理化学性能，有意在冶炼过程中加入钢中的元素，叫作合金元素。除了基本元素铁、碳以外，这些"有意"加入合金元素的钢，叫作合金钢。不管加入的元素是具有非金属性质的硅、硼等，还是具有金属性质的铬、镍等；不管在常温常压下是固态的锰、钨，还是气态的氮；也不管加入量是多达 20%～30% 的铬、镍，还是只有 1%～2% 的锰、硅，乃至只有 0.005% 的硼，只要是"有意"加入的，能起到改变钢的组织和获得所需性能这种作用的元素，都属于合金元素。通常加入钢中的合金元素有：

铬、锰、硅、镍、钼、钨、钒、钛、银、钴、铝、铜、氮、硼等。随着科学技术的发展和现代工业的需要，稀土元素已在生产合金钢方面得到应用。对于硫和磷等元素的作用，要用一分为二的观点去看待。它们对钢的性能的影响，在大多数情况下是有害的，在合金钢中，一般把硫、磷当作有害的杂质看待，对它们的含量是严格控制的。但在某些材料中却是有利的，如为了提高切削加工性，在易切削钢中又特意把硫的含量提高，有的高达 0.33％，并适当地提高锰的含量，使硫以硫化锰存在于钢中；为了提高抗蚀性，在某些普通低合金钢中有意提高其含磷量。在这些特定条件下，硫和磷也可以认为是合金元素了。从成分上来说，合金钢和碳钢都是铁基合金，它们都含有碳，这是它们的共性。而合金钢还含有其他合金元素，这是合金钢的个性。因为有共性，我们可以运用碳钢的基本规律来对合金钢进行分析。因为合金钢还另外含有合金元素这一个性，所以又要认识合金钢本身的特殊规律性。既然合金钢是在铁碳合金（碳素钢）的基础上加入合金元素而发展起来的，那么要研究合金元素在钢中的作用，就应该主要着眼在合金元素与铁的作用以及合金元素与碳的作用上。

与普通钢相比，合金钢具有更高的硬度和强度。合金化处理使得合金钢的晶体结构更加均匀和紧密，从而提高了钢材的力学性能。合金钢在机械制造、航空航天、汽车制造和建筑等领域具有广泛的应用。例如，在航空航天工业中，合金钢用于制造发动零部件、机上设备和航空器的结构件。合金钢的高强度和优异的耐腐蚀性能使其成为高性能工程材料的首选。除了力学性能的提高，合金钢还具有良好的可加工性。在热处理和冷加工过程中，合金钢能够保持较高的韧性和塑性。这使得合金钢能够在需要复杂形状和精确尺寸的部件制造过程中得到广泛应用。合金钢可以通过热处理、冷弯、锻造和焊接等工艺来满足不同应用和制造要求。然而，合金钢也存在一些挑战和限制。首先，由于合金钢的成分和结构复杂性，其制造和加工成本较高。其次，合金化过程中的合金元素添加和比例控制需要严格的工艺控制和设备。此外，合金钢的使用和维护需要考虑其耐腐蚀性能和防护措施，以确保其长期使用的可靠性。综上所述，合金钢作为一种通过合金化处理来增强性能的钢材，在现代工程领域具有广泛应用。其优异的力学性能、耐磨性和耐腐蚀性能使其成为高性能和高质量产品的首选材料。然而，合金钢的制造和加工成本较高，需要精确的控制和操作。因此，在合金钢的研发和应用中需要持续的努力来克服挑战，并进一步探索和发展更先进的合金化处理技术。

合金钢的分类方法很多，我国合金钢的部颁标准一般都是按用途分类编制的。按钢的用途可划分为结构钢、工具钢、特殊用途钢三大类。结构钢又可分为建筑工程用钢和机器制造用钢。建筑工程用钢包含普通碳素钢、普通低合金钢、低合金高强度钢，这类钢很大一部分是做成钢板和型钢。机器制造用钢包含调质钢、渗碳钢、渗氮钢、弹簧钢、轴承钢等。工具钢可分为刃具钢、模具钢和量具钢。属于刃具钢的有碳素刃具钢、合金刃具钢和高速钢。模具钢有冷变形模具钢和热变形模具钢。特殊用途钢具有各种特殊物理、化学性能。特殊性能钢又可分为不锈耐酸钢、耐热钢、磁钢、耐磨钢、超高强度钢。

按化学成分分类：如按合金元素的种类可以分为铬钢、锰钢、硼钢、硅锰钢、铬镍钢等。按合金元素总含量分为三类：低合金钢，合金元素总含量≤5％；中合金钢，合金元素总含量＞5％～10％；高合金钢，合金元素总含量＞10％。按金相组织分类：按照平衡状态或退火组织分类，可以分为亚共析钢、共析钢、过共析钢和莱氏体钢；按照正火组织分类，可以分为珠光体钢、贝氏体钢、马氏体钢和奥氏体钢，但出于空冷的速度随钢材尺寸大小而不同，所以这种分类方法不是绝对的。按加热及冷却时有无相变和室温时的金相组织分为铁素体钢（加热和冷却时，始终保持铁素体组织），奥氏体钢（加热和冷却时，始终保持奥氏体组织），复相钢（如半铁素体钢或半奥氏体钢）。按质量分类：根据钢中所含杂质的多少，工业用钢通常分为普通钢、优质钢和高级优质钢。普通钢：含硫量≤0.05%，含磷量≤0.055%；优质钢：在结构钢中，含硫量≤0.045%，含磷量≤0.04%，在量具钢中，含硫量≤0.03%，含磷量≤0.035%；高级优质钢中含硫量≤0.02%，含磷量≤0.03%，合金钢一般都属于这类钢。上述几种分类方法，主要是为了方便和实际需要，因此同一种钢，可以根据其不同方面的特点，划归不同类型。例如轴承钢，按用途特点可以归于结构钢，按成分分类归于高碳铬钢，按质量分类属高级优质钢，按退火组织分类是过共析钢。合金钢是一种具有高强度、高硬度、耐腐蚀性和高温稳定性的金属材料。它具有优异的物理和化学特性，使得它在工业和建筑领域中得到广泛的应用。首先，合金钢的高强度是指它具有比普通钢更高的抗拉强度和屈服强度。它由铁和其他元素（例如碳、铬、镍、钢、铍等）组成。这种高强度使其能够承受更大的载荷和应力，在工业机械和建筑结构中可以发挥重要作用，尤其是在建筑、航空航天、汽车、能源和机械制造等领域。合金钢的高强度主要通过以下几个方面实现：

a. 合金元素的添加：合金元素的加入可以改善合金钢的强度。常见的合金元素包括碳、铬、镍、钼、钢等。例如，铬的添加可以提高钢的耐腐蚀性和抗氧化性，同时增加其硬度和强度；镍的添加可以提高钢的塑性和韧性，增加其抗拉强度等。

b. 热处理技术：热处理是制造合金钢的重要工艺之一。通过热处理，可以改变合金钢的微观组织和性能。常见的热处理方法包括淬火、回火、正火等。淬火可以显著提高合金钢的硬度和强度，但会降低其塑性和韧性；回火可以消除淬火带来的内应力，并提高合金钢的韧性。

c. 冷变形加工：冷变形是指在室温下对合金钢进行塑性变形。通过冷变形加工，可以使合金钢的晶粒细化、组织均匀化，并显著提高其强度。常见的冷变形加工方法包括冷轧、冷拔等。

d. 细化晶粒：晶粒的细化可以提高合金钢的强度和韧性。常见的细化晶粒方法包括热压、等通道转角挤压（ECAP）、高能球磨等。另外，合金钢的高强度也与其晶格结构有关。合金钢可以采用多种不同的晶格结构，如面心立方体结构（fcc）、体心立方体结构（bcc）和堆垛密排结构（hcp）等，不同的晶格结构对合金钢的力学性能有着不同的影响。

总之，合金钢的高强度是通过合金元素的添加、热处理技术、冷变形加工和晶粒细化等将其组织结构和性能进行调控而实现的，这使得合金钢在众多领域中都有广泛的应用，成为现代工程材料中不可或缺的一部分。

合金钢是一种具有高硬度的特殊钢材，它由钢和其他元素混合而成，以提高其硬度和强度。合金钢的高硬度使得它具有出色的耐磨性和耐冲击性，能够长期保持形状和功能，减少机械零件的磨损和损坏。因此在许多领域得到了广泛的应用。合金钢的高硬度主要源于添加了一定量的合金元素，常见的合金元素包括铬、钼、钢、镍等。这些合金元素与钢中的铁元素形成了固溶体或化合物，从而改变了钢的晶体结构和晶粒大小，增加了钢的强度和硬度。合金钢的高硬度使其具备了优异的抗磨损性和抗打击性能。它可以在高速摩擦和重载工况下保持较低的磨损量，延长使用寿命，并且在受到冲击或挤压力时仍能保持较好的硬度和强度，不易变形和破裂。合金钢的高硬度还使其在零件加工和切削加工过程中表现出良好的切削性能。由于其硬度高，可以在较高的切削速度和切削深度下进行加工，提高生产效率。与普通钢相比，合金钢的刀具磨损量更低，切削质量更好。此外，合金钢的高硬度还赋予了其较好的耐腐蚀性能。合金元素的加入使得合金钢的耐腐蚀性得到提高，特别是对于一些腐蚀性介质，如酸、碱、盐等，合金钢表现出更好的抗腐蚀性能，可以长时间使用而不易受到腐蚀和损坏。合金钢的高硬度是通过选择合适的合金元素和控制其含量实现的。不同的合金元素会产生不同的影响，从而获得不同硬度和强度的合金钢。总的来说，合金钢的高硬度使其成为许多领域的理想选择。它的优异性能，如高强度、抗磨损、抗冲击和较好的耐腐蚀性能，使其在机械制造、汽车工业、航空航天、建筑工程等行业得到广泛应用。

合金钢领域的研究进展主要包括合金元素的优化和微观组织的调控。通过添加不同的合金元素，如铬、镍、钼等，可以改变合金钢的力学性能和化学稳定性。同时，优化合金钢的微观组织结构，如晶粒尺寸、相分布和析出物形态等，可以提高材料的强度、硬度和耐腐蚀性。此外，近年来，合金钢领域还集中研究了新型合金钢的开发，如高强度低合金钢、高温合金钢和高耐磨合金钢等。这些新型合金钢具有更好的物理和化学性能，可以满足不同需求。国内对高硬度合金钢的研究主要集中在合金元素的优化和热处理工艺的改进上。通过添加合适的合金元素，可以提高合金钢的硬度和耐磨性能。同时，优化热处理工艺可以进一步提高合金钢的硬度在高硬度合金钢的研究上取得了一定的进展，并应用于冶金、矿山和机械制造等领域。高强度合金钢在汽车、航空航天等领域有着广泛的应用。国内对高强度合金钢的研究主要集中在晶界强化和纳米晶结构控制上。晶界强化是通过在晶界添加强化相，以增加合金钢的强度。纳米晶结构控制是通过控制晶粒的尺寸在纳米级别，以提高合金钢的强度和韧性。目前国内在高强度合金钢的研究上取得了一定的成果。不锈钢是具有抗腐蚀性能的合金钢，在食品工业、化工工业和医疗器械等领域有着广泛的应用。国内对不锈钢的研究主要集中在抗腐蚀性能和焊接性能的提高上。通过控制合金元素的添加和热处理工艺的改进，可以提高不锈钢的抗腐蚀性能和焊接性能。目前国内在不锈钢的研究上取得了一定的成果，并应用于相关行业。国外在合金钢的研究上具有较高水平，在合金元素设计、热处理工艺和材料表征等方面有着深入的研究。国外在高硬度合金钢、高强度合金钢和不锈钢的研究上取得了一系列的重要成果，并应用于多个领域。未来合金钢领域的发展趋势主要集中在以下几个方面：a. 合金钢的多功能化设计和制备。随着科学技术的不断进步，合金钢的设计和制备将更加多样化和精细化。材料工程师将会通过更加精确的计算模拟技术，实现合金钢的多功能化设计，同时更加注重环境友好和可持续发展。b. 新型合金钢的开发和应用。新型合金钢可能具有更高的强度、更好的耐腐蚀性和更低的成本，以满足不同领域的特殊需求。c. 合金钢的制备和表面处理方法也会得到改进和提升。智能化制造技术可以实现对材料制造过程的实时监测和控制，从而提高材料的质量和性能。在未来的发展趋势中，合金钢将面临以下几方面的挑战和机遇。首先，合金钢在材料强度和硬度方面的要求将会更高。随着各个行业的技术发展和需求的变化，对材料强度和硬度的要求也在不断提高。合金钢作为一种优质材料，将需要不断提升其强度和硬度，以满足更高层次的需求。其次，合金钢的抗腐蚀性和耐磨损性也将成为重要的发展方向。在一些特殊环境下的应用中，合金钢需要具备更强的抗腐蚀性和耐磨损性，以确保其长期稳定的性能。此外，合金钢的可塑性和可焊性也是未来发展的重点。虽然合金钢具有优异的力学性能，但其可塑性和可焊性仍然相对较低。在未来，提高合金钢的可塑性和可焊性，将有助于扩大合金钢的应用范围，并满更多的需求。另外，合金钢的环保性和可持续发展也是未来发展的重要考虑因素。随着全球环境问题的日益严重，对材料的环保性和可持续发展性能要求也在不断提高。合金钢作为一种常用材料，需要逐步减少对环境的影响，并在生产和应用过程中更加注重能源效益和资源利用。最后，合金钢的制备技术和加工工艺也将得到改进和创新。随着科学技术的不断进步，新的材料制备技术和加工工艺将不断涌现，为合金钢的发展带来新的机遇。例如，先进的合金设计和制备技术，有望提高合金钢的性能和稳定性。

3.2 铝合金材料的应用

风力发电机需要用叶片将流动的风能转化为发电机转动的动能，因此叶片是风力发电机中最基础、最关键的部件，也是风力发电机技术的重点和难点。其良好的设计、可靠的质量和优越的性能是保证机组正常稳定运行的决定因素。恶劣的环境和长期不停地运转对叶片的要求有：比重轻且具有最佳的疲劳强度和力学性能，能经受暴风等极端恶劣条件和随机负荷的考验。叶片的弹性、旋转时的惯性及其振动频率特性曲线都正常，传递给整个发电系统的负荷稳定性好、耐腐蚀、耐紫外线照射和耐雷击的性能好。由于叶片占整个风力发电机成本的 15%～20%，因此控制叶片的成本也是设计叶片时需要考虑的内容。叶片技术随着材料科学、空气动力学、结构力学和工艺学的发展而不断进步，在风力发电机中出现了铝合金叶片。

风机叶轮在使用过程中高速旋转，承受非常大的离心力，并经受粉尘等碰撞和摩擦，要求叶轮材料具有高抗拉强度、高屈服强度、高伸长率，并具有一定的硬度和耐腐蚀性，以满足风机产品规定的安全性和可靠性。同时，高速旋转的环境下，材料轻量化会带来很大的经济效益。铝合金产品由于具有密度低、耐腐蚀、加工方法简单等特性，在风机产品上的使用非常广泛，同时在技术发展的过程中也存在着不足之处。

3.2.1 铝合金系列

铝合金是一种用途广泛且广受欢迎的材料，它彻底改变了航空航天、建筑等行业。铝合金是一种金属，它将铝与其他元素结合在一起，创造出一种具有独特性能的材料，如图 3-1 所示。铝合金通常用于制造业，因为它重量轻、坚固且耐腐蚀。制造铝合金的过程包括熔化纯铝并向混合物中添加其他金属，如铜、锌或镁。由此产生的组合创造了一种与纯铝相比具有更高强度和耐用性的材料。铝合金因其多功能性和强度而在各个行业中广受欢迎。然而，与任何材料一样，它们既有优点也有缺点。铝合金最显著的优点之一是轻质特性，这使其成为航空航天或汽车零部件等运输应用的理想选择。此外，铝合金耐腐蚀并具有良好的导电性

图 3-1 铝合金材料

能。另一个优点是铝合金可以很容易地形成不同的形状而不会损失其强度。这种质量使制造商能够轻松创建复杂的设计。虽然铝合金具有许多优点，但它们也面临一些挑战。由于制造的复杂性，这些金属往往比其他材料更昂贵。此外，尽管与其他一些金属相比具有很高的耐腐蚀性，但如果维护不当，它们仍会随着时间的推移而腐蚀。铝的熔点也低于钢或铜合金，因此不太适合高温应用。

铝合金按加工方法可以分为变形铝合金和铸造铝合金，变形铝合金又分为不可热处理强化型铝合金和可热处理强化型铝合金。不可热处理强化型就是不能通过热处理来提高力学性能，只能通过冷加工变形来实现强化，主要包括高纯铝、工业高纯铝、工业纯铝以及防锈铝等。铝及铝合金的编号主要分为八个系列。

1×××系列的特点是含铝99.00％以上。在所有系列中，1×××系列属于含铝量最多的一个系列，纯度可以达到99.00％以上。1×××系列铝板根据最后两位阿拉伯数字来确定这个系列的最低含铝量，比如1050系列最后两位阿拉伯数字为50，根据国际牌号命名原则，含铝量必须达到99.5％以上方为合格产品。1050铝含量达到99.5％，1060系列铝板的铝含量达到99.6％以上。1×××系列的铝成型性、表面处理性良好，在铝合金中其耐腐蚀性最佳。其强度较低，纯度愈高其强度愈低。手机上常用的有1050、1070、1080、1085、1100，简单挤压成型（不做折弯），其中1050和1100可以做化学打沙、光面、雾面、法线效果，有较明显的材料纹路，着色效果好；1080和1085镜面铝常用来做亮字、雾面效果，无明显材料纹路。1×××系列的铝材都相对较软，主要用来做装饰件或内饰件。

2×××系列是以铜为主要合元素的含铝合金。特点是硬度较高，但耐腐蚀性不佳，其中以铜原素含量最高，2×××系列铝合金代表2024、2A16、2A02。2×××系列铝板的含铜量在3％～5％。2×××系列铝棒属于航空铝材，作为构造用材使用，目前在常规工业中不常应用。

3×××系列是以锰为主要合金元素的铝合金。3×××系列铝棒是以锰元素为主要成分。3×××系列铝合金以3003、3105、3A21为主。含锰量在1.0％～1.5％之间，是一款防锈功能较好的系列。常用作液体产品的槽、罐，建筑加工件，建筑工具，各种灯具零部件，以及薄板加工的各种压力容器与管道。成型性、溶接性、耐腐蚀性均良好。

4×××系列以硅为主。通常硅含量在4.5％～6.0％之间，含硅量较高，强度就相对较高。4×××系列铝棒代表为4A01，4×××系列的铝板属于含硅量较高的系列。汤流良好，凝固收缩少，属建筑用材料，机械零件，锻造用材，焊接材料；熔点低，耐腐蚀性好，具有耐热、耐磨的特性。

5×××系列以镁为主。5×××系列铝棒属于较常用的合金铝板系列，主要元素为镁，含镁量在3％～5％之间。5×××系列铝合金代表5052、5005、5083、5A05系列。又可以称为铝镁合金。主要特点为密度低，抗拉强度高，伸长率高。在相同面积下铝镁合金的重量低于其他系列，在常规工业中应用也较为广泛。在手机上最常用的是5052，为中等强度的代表性合金，耐腐蚀性、熔接性及成型性良好，特别是疲劳强度高，耐海水性佳，常用来做强度要求高的产品，但其着色效果较不理想，适合做喷砂工艺，不适合做化学打沙、雾面等，主要使用铸造成型，不适合挤压成型。

6×××系列以镁和硅为主。6×××系列铝合金代表6061，主要含有镁和硅两种元素，故集中了4×××系列和5×××系列的优点。6061是一种冷处理铝锻造产品，适用于对抗腐蚀性、氧化性要求高的应用。可使用性好，容易涂层，加工性好。在手机上用得较多的是

6061 和 6063，其中 6061 的强度高于 6063，使用铸造成型，能够铸造出较为繁杂的结构，可以做带卡扣的部件，如电池盖等。

7×××系列以锌为主。主要含有锌元素，7×××系列铝合金代表 7075，也属于航空系列，是铝镁锌铜合金，是可热处理合金，属于超硬铝合金，有良好的耐磨性。目前基本依靠进口，我国的生产工艺还有待提高。

8×××系列大部分应用为铝箔。8×××系列铝合金较为常用的为 8011，属于其他系列，大部分应用为铝箔，生产铝棒方面不太常用。

铝合金各系列牌号如下。

1×××系列工业纯铝：1035、1040、1045、1050、1060、1065、1070、1080、1085、1090、1098、1100、1110、1120、1230、1135、1145、1150、1170、1175、1180、1185、1188、1190、1193、1199、1200、1230、1235、1260、1275、1285、1345、1350、1370、1385、1435、1445。

2×××系列超硬铝材：2001、2002、2003、2004、2005、2006、2007、2008、2011、2014、2017、2018、2021、2024、2025、2030、2031、2034、2036、2037、2038、2048、2090、2091、2117、2124、2218、2219、2224、2319、2324、2419、2519、2618、2A12。

3×××系列易切铝材系列：3002、3003、3004、3005、3006、3007、3008、3009、3010、3011、3012、3013、3014、3015、3016、3102、3103、3104、3105、3107、3203、3207、3303、3307、3A12、3A21。

4×××系列易切铝材系列：4004、4006、4007、4008、4009、4010、4011、4013、4032、4043、4044、4045、4047、4104、4145、4343、4543、4643。

5×××系列镁铝合金系列：5005、5006、5010、5013、5014、5016、5017、5040、5042、5043、5049、5050、5051、5052、5056、5082、5083、5086、5150、5151、5154、5182、5183、5205、5250、5251、5252、5254、5280、5283、5351、5352、5356、5357、5451、5454、5456、5457、5552、5554、5556、5557、5652、5654、5657、5754、5854。

6×××系列阳极氧化系列、耐腐蚀铝材：6002、6003、6004、6005、6006、6007、6008、6009、6010、6011、6012、6013、6014、6015、6016、6017、6053、6060、6061、6063、6066、6070、6081、6082、6101、6103、6105、6106、6110、6111、6151、6162、6181、6201、6205、6206、6253、6261、6262、6301、6351、6463、6763、6863、6951。

7×××系列航空超硬铝材：7001、7003、7004、7005、7008、7009、7010、7011、7012、7013、7014、7015、7016、7017、7018、7019、7020、7021、7022、7023、7024、7025、7026、7027、7028、7029、7030、7039、7046、7049、7050、7051、7060、7064、7072、7075、7075-T651、7076、7079、7090、7091、7108、7109、7116、7129、7146、7149、7150、7175、7178、7179、7229、7277、7278、7472、7475。

8×××系列铝材系列：8001、8004、8005、8006、8007、8008、8010、8011、8014、8017、8020、8030、8040、8076、8077、8079、8081、8090、8091、8092、8111、8112、8130、8176、8177、8192、8276、8280。

下面介绍几种常用铝合金。

（1）1035 铝合金

标准：GB/T 3190—2020，化学成分为：Si 0.35，Fe 0.6，Cu 0.10，Mn 0.05，Mg 0.05，Zn 0.10，V 0.05，Al 99.35，其他 0.03；力学性能为：抗拉强度 $\sigma_b \geqslant 75MPa$，条件

屈服强度 $\sigma_{0.2} \geqslant 35\text{MPa}$。

主要特征及应用范围：工业纯铝都具有塑性高、耐腐蚀、导电性和导热性好的特点，但强度低，不通过热处理强化，切削性不好，可接受接触焊、气焊。多利用其优点制造一些具有特定性能的结构件，如铝箔制成垫片及电容器，电子管隔离网、电线、电缆的防护套、网、线芯及飞机通风系统零件。1035 铝合金为工业纯铝，具有高的可塑性、耐腐蚀性、导电性和导热性，但强度低，热处理不能强化，可切削性不好；可气焊、氢原子焊和接触焊，不易钎焊；易承受各种压力加工和弯曲。

热处理工艺如下。

① 快速退火：加热温度 350～410℃ 随材料有效厚度而不同，保温时间在 30～120min 之间；空气或水冷。

② 高温退火：加热温度 350～500℃、成品厚度 $\geqslant 6\text{mm}$ 时，保温时间为 10～30min，厚度 $< 6\text{mm}$ 时，热透为止；空气冷。

③ 低温退火：加热温度 150～250℃，保温时间为 2～3h；空气或水冷。

（2）2014 铝合金

标准：AISI；2014 的合金元素为铜，被称为硬铝，具有很高的强度和良好的切削加工性，但耐腐蚀性较差。化学成分为：Al 余量，Si 0.6～1.2，Cu 3.9～4.8，Mg 0.40～0.8，Zn $\leqslant$ 0.30，Mn 0.40～1.0，Ti $\leqslant$ 0.15，Ni $\leqslant$ 0.10，Fe 0.000～0.700；力学性能：抗拉强度 $\sigma_b \geqslant 440\text{MPa}$，伸长率 $\delta_5 \geqslant 10\%$。

特性及适用范围：2014 铝合金从成分看既属于硬铝合金又属于锻铝合金，与 2A50 相比，因含铜量较高，故强度较高，热强性较好，但在热态下的塑性不如 2A50 好，2014 铝合金具有良好的可切削性，接触焊、点焊和滚焊性能良好，电弧焊和气焊性能差；可进行热处理强化，有挤压效应；耐腐蚀性不高，人工时效时有检间腐蚀倾向。应用于要求高强度与硬度（包括高温）的场合，如重型锻件、厚板和挤压材料用于飞机结构件材料，多级火箭第一级燃料槽与航天器零件，车轮、卡车构架与悬挂系统零件。抗蚀性较差，但用纯铝包覆可以得到有效保护；焊接时易产生裂纹，但采用特殊工艺可以焊接，也可以铆接。广泛应用于飞机结构（蒙皮、骨架、肋梁、隔框等）铆钉，导弹构件，卡车轮毂，螺旋桨元件及其他种种结构件。

热处理规范如下。

① 均匀化退火：加热 475～490℃；保温 12～14h；炉冷。

② 完全退火：加热 350～400℃；随材料有效厚度不同，保温时间 30～120min；以 30～50℃/h 速度随炉冷至 300℃下，再空冷。

③ 快速退火：加热 350～460℃；保温时间 30～120min；空冷。

④ 淬火和时效：淬火 495～505℃，水冷；自然时效室温 96h。状态：铝及铝合金挤压棒材（$\leqslant$ 22mm，T6 态）。

（3）3003 铝合金

标准：GB/T 3190—2020；化学成分为：Si 0.60，Fe 0.70，Cu 0.05～0.20，Mn 1.0～1.5，Zn 0.10，Al 余量；力学性能：抗拉强度 σ_b 140～180MPa；条件屈服强度 $\sigma_{0.2} \geqslant$ 115MPa；试样尺寸：所有壁厚。

特性及适用范围：3003 为 Al-Mn 系合金，是应用最广的一种防锈铝，这种合金的强度不高（稍高于工业纯铝），不能热处理强化，故采用冷加工方法来提高它的力学性能。在退火状态有很高的塑性，在半冷作硬化时塑性尚好，冷作硬化时塑性低，耐腐蚀好，焊接性良好，可切削性能不良。主要用于要求高的可塑性和良好的焊接性，在液体或气体介质中工作的低载荷零件，如油箱、汽油或润滑油导管、各种液体容器和其他用深拉制作的小负荷零件。线材用来做铆钉，3003 铝板成型性、熔接性、耐腐蚀性均良好。用于加工需要有良好的成型性能、高的抗蚀性、可焊性好的零件部件，或既要求有这些性能，又需要有比 1 系合金强度高的工件，如厨具、食物和化工产品处理与贮存装置，运输液体产品的槽、罐，以薄板加工的各种压力容器与管道一般器物、散热片、化妆板、影印机滚筒、船舶用材。热加工及热处理温度：均匀化退火温度为 590～620℃，热轧温度为 480～520℃，挤压温度为 320～480℃，典型退火温度为 413℃，空冷。

（4）5052 铝合金

标准：GB/T 3190—2020；化学成分为：Si 0.25，Fe 0.40，Cu 0.10，Mn 1.0，Mg 2.2～2.8，Cr 0.15～0.35，Zn 0.10，Al 余量；力学性能：抗拉强度 σ_b 235MPa 左右、伸长率 $\delta_5 \geqslant$ 10%；试样尺寸：所有壁厚。

主要特征及应用范围：为 Al-Mn 系合金，是应用范围最广的一种防锈铝，这种合金的强度高，特别是具有抗疲劳强度，塑性与耐腐蚀性高，不能热处理强化，在半冷作硬化时塑性尚好，冷作硬化时塑性低冷，耐腐蚀好，焊接性良好，可切削性能不良，可抛光。主要用于要求高的可塑性和良好的焊接性，在液体或气体介质中工作的低载荷零件，如油箱、汽油或润滑油导管，各种液体容器和其他用深拉制作的小负荷零件。线材用来做铆钉。

热处理规范如下。

① 均匀化退火：加热 440℃；保温 12～14h；空冷。

② 快速退火：加热 350～410℃；保温时间 30～120min；空或水冷。

③ 高温退火：加热 350～420℃；成品厚度≥6mm 时，保温时间为 2～10min；成品厚度＜6mm 时，保温时间为 10～30min；空冷。

④ 低温退火：加热 250～300℃或 150～180℃；保温时间为 1～2h，空冷。

（5）6082 铝合金

标准：GB/T 3190—1998；化学成分：Al 余量，Si 0.7～1.3，Cu≤0.10，Mg 0.6～1.2，Zn≤0.20，Mn 0.40～1.0，Ti≤0.10，Cr≤0.25，Fe 0.000～0.500；力学性能：抗拉强度 $\sigma_b \geqslant$ 310MPa；条件屈服强度 $\sigma_{0.2} \geqslant$ 260MPa；伸长率 $\delta_{10} \geqslant$ 10%。

性能与典型用途：6082 铝合金属热处理可强化合金，具有良好的可成型性、可焊接性、可机械加工性，同时具有中等强度，在退火后仍能维持较好的操作性，主要用于机械结构方面，包括棒材、板材、管材和型材等。这种合金具有和 6061 合金相同的力学性能，但不完全一致，其 T6 状态具有较高的力学特性。合金 6082 在欧洲是很常用的合金产品，在美国也有很高的应用，适用于加工原料、无缝铝管、结构型材和定制型材等。6082 合金通常具有很好的加工特性和很好的阳极反应性能。最常用的阳极反应方法包括去除杂质和染色、涂层等。合金 6082 综合了优良的可焊性、铜焊性、抗腐蚀性、可成型性和机械加工性。合金 6082 的 0 和 T4 状态适用于弯曲和成型的场合，其 T5 和 T6 状态适用于良好机械加工性的要求，有些特定加工需要使用切屑分离器或者其他特殊的工艺帮助分离切屑；6082 合金通常具有很好的加工特性和很好的阳极反应性能；广泛用于机械零部件、锻件、商务车辆、铁路结构件、造船等。主要用途：航空固定装置、卡车、塔式建筑、船、管道及其他需要有强度、可焊性和抗腐蚀性能的建筑上的应用的领域。如：飞机零件、照相机镜头、耦合器、船舱配件和五金配件、电子配件和接头、装饰用或各种五金、铰链头、磁头、刹车活塞、水利活塞、电器配件、阀门和阀门零件。

热处理工艺如下。

① 熔炼：6082 合金特点是含 Mn，Mn 是难熔金属，熔炼温度应控制在 740～760℃。取样前均匀搅拌两次以上，保证金属完全熔化、温度准确、成分均匀。搅拌后在铝液深度的中部、炉膛左右两侧各取一个样进行分析，分析合格后即可转炉。

② 净化与铸造：熔体转入静置炉后，用氮气和精炼剂进行喷粉、喷气精炼，精炼温度735～745℃，时间 15min，精炼完后静置 30min。通过此过程除气、除渣、净化熔体。熔铸时在铸模至炉口间有两道过滤装置，炉口由泡沫陶瓷过滤板（30PPI）过滤，铸造前用 14目玻璃纤维丝布过滤，充分滤去熔体中的氧化物、夹渣。6082 合金铝板铸造温度偏高（较6063 铝板正常工艺），铸造速度偏低，水流量偏大，上述工艺需严格控制，不能超出范围，否则容易导致铸造失败。

（6）7005 铝合金

化学成分：Al 余量，Zr 0.058～0.20，Zn 4.0～5.0，Si≤0.35，Fe 0.000～0.400，Mn 0.20～0.7，Mg 1.0～1.8，Ti 0.01～0.06；力学性能：状态 T4，抗拉强度 324MPa，规定非比例伸长应力 215MPa，伸长率 11%，电导率 40～49S/m，状态 T5，抗拉强度345MPa，规定非比例伸长应力 305MPa，伸长率 9%，电导率 40～49S/m；状态 T6，抗拉强度350MPa；规定非比例伸长应力 290MPa；伸长率 8%；电导率 40～49S/m。

特性及适用范围：7005 强度高于 7003 合金，焊接性能好，用于抗压成型的结构件。材料状态：T1、T3、T4、T5、T6、T8。

3.2.2　铝合金在叶片中的应用

随着铝合金材料在飞机机翼上的成功应用，加之机翼结构具有与风电叶片相似的受力和外形特征，引发了科学家对铝合金在风电叶片应用的浓厚兴趣。用铝合金挤压成型的等弦长叶片易于制造，可连续生产，又可按设计要求的扭曲进行扭曲加工，叶根与轮毂连接的轴及法兰可通过焊接或螺栓连接来实现。除了海上风电，还有草原上的风电，或是山坡上的风电，其旋转桨叶、立柱和其他结构的许多零部件，以及台架与箱柜等都可以用铝材制造，但桨叶与立柱是其最大的结构件，笔者匡算，如果按用材量计算，铝材可占其用材的 65%。而在风力发电装备中，桨叶是最大也是最重要的工件，它的长度可达五六米或十几米，铝合金优点很多，是制造风力发电机特别是制造海上发电机的优异材料。

铝合金重量轻、强度高，制造方法分为铸造和挤压成型两种，其中挤压成型的叶片易于制造，可连续生产，又可按设计要求的扭曲进行扭曲加工，叶根与轮毂连接的轴及法兰可通过焊接或螺栓连接来实现，安装方便，因此在小型风力发电机上得到广泛应用，如法国的Aerowatt 风力发电机、Enag 风力发电机、Aeroturbine 风力发电机，德国的 Brummer 风力发电机，英国的 Smith 风力发电机等，但挤压成型的叶片均为等弦长，因为目前世界各国都尚未解决从叶根到叶尖渐缩小这种挤压工艺。铝合金铸造叶片的工艺来源于航空螺旋桨的制造。铝合金叶片的缺点是空气动力效率较低，价格比较昂贵，这些都阻碍了其在风力发电机上的应用与发展。

铝合金属于轻金属，具有密度小、比强度高、耐腐蚀性好，以及导电、导热性好、易加工等特点，已经在航空航天、交通运输、轻工建材、石油化工以及电子通信等领域获得广泛应用。随着科技的不断发展，铝合金所具有的特殊优异性能不断被开发和应用，前景十分广阔。

在风机制造领域，无论是变形铝合金还是铸造铝合金，也早已得到大量应用，如电站、地铁、隧道等轴流风机的叶轮、叶片，以及防爆离心风机的叶轮等，但强度相对有限仍然是制约其应用范围的主要原因。特别是叶轮、叶片作为风机的核心零部件，其材料强度始终是决定风机安全运转和使用寿命的首要指标。

用铝合金等弦长挤压成型叶片易于制造，可连续生产，将其截成所需要的长度，又可按设计要求的扭曲进行扭曲加工。叶根和轮毂连接的轴及法兰可通过焊接或螺栓连接来实现。铝合金叶片重量轻、易于加工，但不能做到从叶根至叶尖渐缩的叶片。在研制过程中，根据工艺特点，分别对材料在熔炼、铸造以及热处理各阶段进行了化学成分和力学性能的检测和监控。特别是在不同的化学成分配比中，采用不同的热处理温度和保温时间，进行了大量实验，目的是比较其不同化学成分在各种工艺条件下对铸件力学性能的影响，最终确定各化学成分的质量分数。表 3-1 给出了国内外部分铸造铝合金化学成分。

表 3-1   国内外部分铸造铝合金化学成分对比表   ％

材料	主要化学成分								标准
	Si	Cu	Mn	Mg	Zn	Fe	其他	Al	
ZL104	8.0～10.5	≤0.1	0.2～0.5	0.2～0.35	≤0.3	≤0.45	≤1.1	余量	GB 1173
ZL114A	6.5～7.5	≤0.1	≤0.1	0.5～0.65	—	≤0.2	≤0.75	余量	
360	9.0～10.0	≤0.6	≤0.35	0.4～0.6	≤0.5	≤2.0	≤0.25	余量	ASTMB 85
A360	9.0～10.0	≤0.6	≤0.35	0.4～0.6	≤0.5	≤1.3	≤0.25	余量	
ADC3	9.0～10.0	≤0.6	≤0.3	0.4～0.6	≤0.25	0.55	≤0.5	余量	JISH 5302
G-AlSi10Mg	9.0～11.0	≤0.1	≤0.4	0.2～0.5	≤0.5	≤1.3	Ni≤0.5	余量	DIN 1725
AlSi10Mg	9.0～11.0	≤0.1	≤0.6	0.15～0.4	≤0.1	≤0.6	Ti≤0.2	余量	ISO 3522
新型材料	8.0～11.0	0.4～0.65	0.25～0.45	0.3～0.5	0.3～0.5	≤0.5	≤0.25	余量	自研

按 JB 1173《铸造铝合金》、GB/T 15114《铝合金压铸件》和 GB/T 9438《铝合金铸件》等标准规定的方法和要求，除了对在相同工艺条件下制作的单铸试样进行检测，也根据风机叶片在实际使用时的受力情况，在叶片应力最大区域取样进行力学性能检测，见图 3-2，并

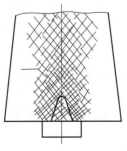
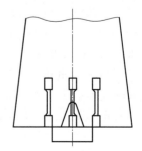

(a) 实际应用中叶片应力分布图   (b) 试样在叶片上的取样位置图

图 3-2   叶片受力分析和试样取样位置

分别在地方质量技术监督局、国内某金属材料研究所等权威检测机构通过了检测和验证。表 3-2 为部分国内外相近 Al-Si-Mg 系铸造铝合金的力学性能对比，以及对新型材料单铸试样和叶片上取样所进行的试验结果。

表 3-2　部分国内外相近 Al-Si-Mg 系铸造铝合金力学性能对比表

材料	抗拉强度 R_m/MPa	非比例延伸强 $R_{p0.2}$/MPa	伸长率 A/%	备注
ZL104	235	150	2	中国 GB/T 1173
ZL114A	310	195	3	
360	300	170	2.5	美 ASTM B85
ADC3	279	179	2.7	日 JIS H5302
G-AlSi10Mg	300	170	3.5	德 DIN 1725
AlSi10Mg	240	145	1.5	ISO 3522
新型材料	325	265	3	单铸试样
	278	235	2.5	叶片取样

　　采用铸造铝合金铸造零件，是一个系统工程。在保证优质原材料的前提下，还必须要有一系列先进的并能严格控制执行的铸造工艺和热处理工艺加以保证，才能制造出优质的铸件。压力铸造是一种先进的铸造工艺，因金属液是在压力作用下充满模腔，与传统的重力浇铸相比，铸件密度更为致密。有关资料介绍，压铸件与重力浇铸件相比，其力学性能可提高 20% 以上。对于风机叶片，因其单件体积较大、厚度变化大，故采用低压压铸比较合适。图 3-3 为低压铸造装置示意图。

　　压力铸造中，金属熔液是在一定的压力作用下进行充型成型的，所以低压铸造也必须配用金属铸模。金属模本身具有承压能力强、寿命长，铸出的零件精度高、粗糙度好的特点。在制造铸造铝合金风机叶片

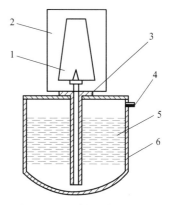

图 3-3　低压铸造装置示意图
1—叶片型腔；2—金属模；3—升液管；
4—压缩空气进出口；5—铝溶液；6—保温炉

时，压力铸造配用金属模，不但可以生产出精度高、表面粗糙度好、强度高的产品，而且材料的利用率、成品率、劳动效率等，都是传统重力浇铸和其他方法所无法比拟的。

　　工业纯铝的熔点是 660℃，由于加入了各种合金元素，故熔炼温度可略高，可在 690～750℃之间。待炉料完全熔化后，便可以停止加热，进行精炼处理。精炼处理包括除渣、除气与变质，在铝合金的再熔炼过程中，合金液中存在有气体、氧化物夹杂，必须在压铸前进行清除，否则将影响压铸件的质量。除渣、脱气推荐使用 $MnCl_2$ 和 C_2Cl_6 精炼剂。

　　使用时将其用铝箔包好，用钟罩性熔炼杆将其压入铝熔液底部，待其反应结束，液面平静后便可继续进行下一工步。为了保证铝熔液的纯净，在变质前增加了惰性气体脱气，用旋转喷吹装置向铝熔液中通入氮气或氩气 5～8min，可进一步去除铝熔液中的杂质和气体。变质细化处理是铝合金熔炼过程中必不可少的，这里采用金属锶长效变质剂，以铝-锶中间合金的形式加入铝熔液，对铝合金结晶的细化作用比较明显。加入铝-锶中间合金可以旋转喷吹惰性气体结束前 2～3min 时进行，可使铝-锶中间合金在铝熔液充分熔合。熔炼、变质结

束后，便可将铝熔液转移至保温炉内，进行压铸作业。期间，保温炉内的铝熔液温度应控制在 690～720℃之间。需要特别指出的是：无论是熔炼还是压铸过程中，所有和铝熔液接触的坩埚、模具以及熔炼工具等，都必须采取有效的隔离措施，防止铝熔液中渗入铁的成分。因此，可以看出来该研制开发的新型铝合金，在严格控制的工艺过程中，铸件质量得到有力保障。压铸叶片经随炉试样和射线检验，为生产风机提供了百分之百合格的叶片，材料的利用率也可达到 87% 以上。

风机叶轮的叶片采用铝合金材料制成，铝合金叶片属于长薄壁件，固溶处理后变形严重。传统浇铸方法，存在以下问题：a. 传统浇铸为了减少叶片的变形，在铸件上方或侧面加大补缩冒口，提高模具温度和浇铸温度，不仅成本较高，而且还引起晶粒粗大，疏松、夹渣缺陷增多，从而导致性能不足。b. 传统校型方法极易导致产品裂纹和受伤，合格率偏低，成本增高。c. 含硅量高的铝合金，α枝晶间容易产生大块的片状和针状硅，撕裂基体，引起应力集中，导致抗拉强度和伸长率不达标，而传统的钠盐变质处理，容易变质衰退，无法长久地起到改变硅形态、改善性能的作用。

通过对风机叶片模具分区加热，引导叶片铸件在凝固过程中顺序冷却，不会因为冷却顺序导致叶片收缩不良，从而保证叶片整体质量。与现有技术相比，不需要再单独加大补缩冒口，大大降低了生产成本，而且铸件表面质量明显提高。同时，由于风机叶片模具在冷却时可控，可以采用较低的铝合金液温度（相对现有技术中，铝液温度最高温度 670℃以上，而通过分区加热，可以使铝合金液在最高温度时仅为 640℃即可），可以实现铝液的快速冷却，节约成本，分区冷却减少了铸件出现偏析、夹渣、气孔、粗大晶粒等现象，提高产品的性能。通过设计叶片叶型一致的校型工装，解决了叶片固溶后变形严重的问题。最后进行荧光和 X 射线检查，防止不合格品流出。使用铝钛碳合金对铝液进行晶粒细化，并使用长效变质剂铝锶合金对铝液进行变质处理。通过细化和变质的联合处理，晶粒细化，硅形态变为细小圆形颗粒，合金性能达到最优。

为了解决技术问题，研发了一种铝合金风机叶片，包括叶片本体和固定端，叶片本体沿长度方向分为头部和尾部，固定端呈圆盘状，叶片本体的尾部垂直处于固定端的平面中部，将固定端分隔成第一半圆和第二半圆，第一半圆和第二半圆上分别设置有 3 个通孔，叶片本体的头部和尾部沿叶片本体轴线扭转形成扭转角α，叶片本体的厚度沿宽度方向向两端逐渐变薄，本体宽度方向两端的厚度为 4～6mm，本体的宽度为 250～350mm，固定端的厚度为 100～135mm，旋转角α为 25°～35°，本体和固定端所用材料为 2A12，叶片本体和所述固定端采用模铸一体成型。根据火力发电产生的热量确定散热量，并由散热量来确定需要的风机风量，从而对风机叶片的转速和面积进行预估，要达到现有火力发电散热要求，对风机叶片的要求是：叶片转速为 3500r/min，抗拉强度为 410MPa，屈服强度为 265MPa，又要考虑可加工性，因此选用了 2A12 铝合金，但是该铝合金的硬度比较大，对于其转速和风量要求，设计其形状为宽、薄型，这样的形状和性能要求使得 2A12 铝合金的锻造极其困难，进一步研究通过锻造得到了转速达到 3500r/min 的风机叶片，达到了风机叶片各强度的要求。这种铝合金风机叶片的低压铸造方法生产成本低，而且生产合格率大大提高，生产的风机叶片性能达标。

铝合金风机叶片在离心力和气动力的作用下，叶片根部承受拉力、弯曲和扭转作用力，疲劳裂纹会在这种复合应力的作用下扩展，最终导致叶片快速断裂。通过化学成分分析、宏微观分析及力学性能测试等方法对铝合金风机叶片发生疲劳断裂进行详细的检查，找出了叶片断裂的主要原因是叶片内部存在大量粗大的氧化皮夹渣以及疏松、针孔缺陷，而叶片根部是叶片应力集中区域，此处存在缺陷会导致疲劳裂纹萌生，最终导致叶片快速断裂。

通过断口痕迹和形状比对，将所有风机叶片碎片拼接成较完整的原始叶片，编号为 1~14。通过比对每个叶片根部的原始生产批号刻痕，还原叶片在风机中的位置次序，如图 3-4 所示。分别观察并统计每个叶片碎片的数量、完整度，碎片表面及侧面的冲击、擦伤、划伤痕迹以及叶片断口特点、缺陷。结果发现：9 号叶片的碎片数量最多，为 16 片，其次是 3、10、4、8 号叶片；同时发现 4~7 号叶片碎片的断口均存在夹渣缺陷，其中，5 号叶片碎片存在多处夹渣，总面积为 $525cm^2$。

图 3-4　风机叶片拼接后还原的位置图

采用 JSM-6510 型扫描电镜（SEM）观察叶片断口微观形貌，发现各个叶片的大部分断口均较平，呈冲击脆性断裂特征，部分叶片断口存在明显的夹渣。由图 3-5 可以看出，10 号叶片断口呈脆性解理断裂形貌，为冲击断裂特征。

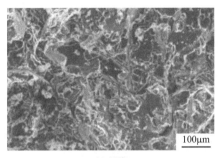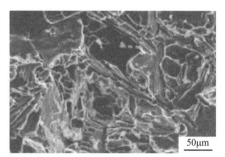

100μm | 50μm

(a) 低倍　　　　　　　　　　　　　(b) 高倍

图 3-5　10 号叶片断口 SEM 形貌

力学性能试样是从叶片上直接切取 $\phi 5mm$ 的圆棒试样。由表 3-3 可知，两个叶片的抗拉强度、断后伸长率均满足 GB/T 9438—2013《铝合金铸件》规定的抗拉强度不低于单铸试样的 75%、断后伸长率不低于单铸试样的 50% 的要求。而布氏硬度均满足标准不低于 95HB 的要求。因此，失效叶片的室温拉伸性能及硬度均符合要求。

表 3-3　5、14 号叶片的力学性能测试结果

项目	R_m/MPa	$R_{p0.2}/MPa$	$A/\%$	H_B/HB
5-1 号叶片实测值	287	281	1.5	112
5-2 号叶片实测值	285	277	1.5	110
5-3 号叶片实测值	280	280	1.5	110
14-1 号叶片实测值	242	232	1.5	105
14-2 号叶片实测值	265	246	1.5	106
14-3 号叶片实测值	254	239	2.0	112
标准值	≥232.5	—	≥1.5	95

由断口及金相检验结果可知，断裂叶片存在夹渣及疏松缺陷，为进一步确定叶片的内部质量，根据 GB/T 9438—2013 的技术要求，采用 MU2000-DXL 型 X 射线实时成像检查系统对风机叶片进行 X 射线无损探伤。依据标准的分类规定，该风机叶片的内部质量应符合标准中对Ⅱ类铸件的要求。用 X 射线照相法分别检验了 5、9、10 号叶片根部轴头和部件内部的针孔、气孔、疏松等情况，并进行了评级。结果如表 3-4 所示，可见 3 个叶片不同部位缺陷评级情况相同，叶片中主要缺陷为针孔缺陷，根部轴头区域长形针孔缺陷达到 6 级，叶片部件区域圆形或长形针孔缺陷为 3 级，且两个区域的针孔缺陷均匀分布。由于失效叶片受到多处冲击，因此无法判断 10 号叶片的裂纹是材料原始的裂纹，还是由于机械碰撞产生的。值得注意的是，在探伤结果中未发现大量的夹渣，而从叶片断口的宏观分析中发现了多处大小为 2cm 的夹渣，判断是由于 X 射线照相法检测夹渣时，只能区分与基体成分密度相差较大的高密度或低密度夹渣，而当夹渣为氧化皮夹渣时，密度与基体差别不大，因此不易检出，同时夹渣厚薄以及夹渣与检验面所成的角度都会影响 X 射线照相法对夹渣的检验结果。由 X 射线探伤结果可知，断裂叶片根部轴头区域长形针孔缺陷达 6 级，超出标准规定的 2 级，因此可以判断该叶片根部轴头区域内部质量不符合 GB/T 9438—2013 的要求。

表 3-4　断裂叶片根部断口周围的内部缺陷评级结果

缺陷种类及分布	针孔		分布情况
	圆形针孔	长形针孔	
标准值	4	2	
5 号叶片根部轴头区域	—	6	均匀地遍布其中
5 号叶片部件	3 级的圆形或长形针孔		均匀分布
9 号叶片根部轴头区域	—	6	均匀地遍布其中
9 号叶片部件	3 级的圆形或长形针孔		均匀分布
10 号叶片根部轴头区域	—	6	均匀地遍布其中
10 号叶片部件	3 级的圆形或长形针孔	均匀分布叶片存在裂纹	

通过上述说明，在风机发生失效前一段时间，叶片已经存在巨大的断裂隐患，即使没有异物的冲击，叶片最终也将在疲劳扩展到临界值时而发生快速断裂，至于哪一个叶片首先断裂，已经不是最为重要的问题。建议按照标准要求对叶片的化学成分、力学性能、显微组织及铸造缺陷等进行检验，提高叶片冶金质量，提高叶片使用的可靠性。针对已投入使用的风机叶片，通过宏观分析或采用探伤的方法检查叶片是否存在疲劳裂纹，排除潜在隐患，减少事故的发生，降低损失。载荷也是影响材料疲劳断裂的主要因素，应考虑风机整个管网设计是否合理，风机运行时载荷是否过大，再进行设计校核计算，防止过载运行。

3.3　复合材料与传统材料的应用

复合材料中以纤维增强材料应用最广、用量最大。其特点是密度小、比强度和比模量大。例如碳纤维与环氧树脂复合的材料，其比强度和比模量均比钢和铝合金大数倍，还具有优良的化学稳定性、减摩耐磨、自润滑、耐热、耐疲劳、耐蠕变、消声、电绝缘等性能。石墨纤维与树脂复合可得到热胀系数几乎等于零的材料。纤维增强材料的另一个特点是各向异性，因此可按制件不同部位的强度要求设计纤维的排列。以碳纤维和碳化硅纤维增强的铝基复合材料，在 500℃时仍能保持足够的强度和模量。碳化硅纤维与钛复合，不但钛的耐热性提高，且耐磨损，可用作发动机风扇叶片。碳化硅纤维与陶瓷复合，使用温度可达 1500℃，比超合金涡轮叶片的使用温度（1100℃）高得多。碳纤维增强碳、石墨纤维增强碳或石墨纤维增强石墨，构成耐烧蚀材料，已用于航天器、火箭导弹和核反应堆中。非金属基复合材料由于密度小，用于汽车和飞机可减轻重量、提高速度、节约能源。用碳纤维和玻璃纤维混合制成的复合材料片弹簧，其刚度和承载能力与重量大 5 倍多的钢片弹簧相当。

大型叶片可以改善风力发电的经济性。但是随着叶片长度的增加，叶片质量的增加速度要快于能量的提取速度，同时对增强材料的强度和刚度性能提出了更高的要求。现代大型风机叶片基本上都由各种纤维增强树脂基复合材料制成，气动设计和翼型结构会影响风力机性能与发电效率，增强材料和树脂基体等关键原材料的力学性能、抗疲劳和耐气候等特性，成型工艺的选择决定叶片的承载能力、运行稳定性、长期使用寿命和每千瓦时电量的成本。

随着现代风力发电叶片技术的快速发展和日趋成熟，风力发电机组的技术沿着增大单机容量、减轻单位千瓦质量、提高转换效率的方向发展。20 世纪 80 年代早期至中期，典型的风电机组单机容量仅为 0.02～0.06MW；从 20 世纪 80 年代末至 90 年代初，风电机组单机容量从 0.1MW 增至 0.5MW；到 20 世纪 90 年代中期，典型的风电机组单机容量为 0.75～1.0MW；到 20 世纪 90 年代末期，风电机组单机容量已经达到 2.5MW；目前世界上最大单机容量为 5MW，平均单机容量为 1MW。随着风电机组单机容量的增大，叶片的外形尺寸趋于大型化。由于风机叶片的尺寸增大，因此对翼型设计、材料的选择以及成型工艺提出了更高的要求。风力发电叶片涉及气动、复合材料结构、工艺等领域，目前国内外的研究主要从叶片结构、成型工艺、铺层设计和应用于叶片的新型复合材料的开发等方面展开，主要研究内容包括叶片气动外形与叶片结构的优化设计、不同材料的叶片成型工艺技术等。现代风力机大都采用水平轴转子，叶片多采用轻型玻璃纤维增强材料，三叶片呈翼面形状。性能优良的叶片除了要求有高效的翼型、合理的安装角外，还要有科学的升阻比和尖速比。由于叶片直接迎风获得风能，所以还要求叶片有合理的结构、优质的材料和先进的工艺，以使叶片能可靠地承担风力、叶片自重、离心力等给予叶片的各种弯矩、拉力。同时还要求叶片质量轻、结构强度高、制造成本和使用成本低。

随着不同复合材料体系和树脂体系的开发，叶片的制造工艺由开模成型工艺向闭模工艺发展，成型技术在不断改进。成型技术主要有手糊成型、模压成型、预浸料成型、拉挤成型、纤维缠绕、树脂传递模塑（resin transfer molding，RTM）以及真空灌注成型、真空导入成型（vacuum assisted resin infusion，VARI）等。目前文献报道了一些新型低成本成型加工工艺，如真空辅助树脂传递模塑成型工艺（VAR-TM）和轻型树脂传递模塑工艺（Light-RTM）。风力发电叶片成型工艺存在的核心问题是工艺参数的确定，包括预制件渗透率、树脂体系、铺层情况、注射压力、注射口形状、溢料口布置等主要工艺参数对充模过程中树脂流动方向和流动速度的影响、后固化阶段的固化时间、固化温度及脱气时间等因素的确定。从工艺设计角度考虑，RTM-WORX、PAM-WORX 等计算机软件可模拟复合材成型工艺尤其是 RTM 工艺中的树脂流动过程，模拟预测的结果将为优化工艺设计、提高叶片成品性能、减少缺陷等。其中传统材料是指那些已经成熟且在工业中已批量生产并大量应用的材料，如钢铁、水泥、熟料等。这类材料由于其量大、产值高、涉及面广泛，又是很多支柱产业的基础，所以又称为基础材料。

3.3.1 碳纤维复合材料

碳纤维复合材料是由有机纤维经过一系列热处理转化而成，含碳量高于90%的无机高性能纤维，是一种力学性能优异的新材料，具有碳材料的固有本性特征，又兼备纺织纤维的柔软可加工性，是新一代增强纤维。碳纤维主要是由碳元素组成的一种特种纤维，其含碳量随种类不同而异，一般在90%以上。碳纤维具有一般碳素材料的特性，如耐高温、耐摩擦、导电、导热及耐腐蚀等，但与一般碳素材料不同的是，其外形有显著的各向异性、柔软、可加工成各种织物，沿纤维轴向表现出很高的强度。碳纤维密度小，因此有很高的比强度。碳纤维是由含碳量较高，在热处理过程中不熔融的人造化学纤维，经热稳定氧化处理、碳化处理及石墨化等工艺制成的。碳纤维20世纪50年代初应火箭、宇航及航空等尖端科学技术的需要而产生的，还广泛应用于体育器械、纺织、化工机械及医学领域。随着尖端技术对新材料技术性能的要求日益苛刻，促使科技工作者不断努力提高。20世纪80年代初期，高性能及超高性能的碳纤维相继出现，这在技术上是又一次飞跃，同时也标志着碳纤维的研究和生产已进入一个高级阶段。

由碳纤维和环氧树脂结合而成的复合材料，由于其密度小、刚性好和强度高，而成为一种先进的航空航天材料。因为航天飞行器的重量每减少1kg，就可使运载火箭减轻500kg。所以在航空航天工业中争相采用先进复合材料。有一种垂直起落战斗机，它所用的碳纤维复合材料已占全机重量的1/4，占机翼重量的1/3。据报道，美国航天飞机上3只火箭推进器的关键部件以及先进的MX导弹发射管等，都是用先进的碳纤维复合材料制成的。

碳纤维复合材料叶片技术的开发与研究顺应叶片大型化和轻量化的方向发展。碳纤维增强材料的拉伸弹性模量是玻璃纤维增强材料的2~3倍，大型叶片采用碳纤维增强可充分发挥其高弹轻质的优点。碳纤维叶片的几何轮廓可以设计得更薄，叶片更细长。同时叶片质量的降低和刚度的增加可以有效提高叶片的空气动力学性能，减少对塔和轮轴的负载，使风机的输出功率更平滑、更均衡，提高了能量效率。充分利用碳纤维增强材料的特性，制造自适应叶片（"self-adaptive" blade），发电成本有望降低。利用碳纤维的导电性还能避免雷击，可以有效地避免雷击对叶片造成损伤。目前已开始根据需要将碳纤维复合材料（CFRP）应用在风机叶片的局部区域。随着叶片长度的增加，对材料的强度和刚度等性能提出了更加苛刻的要求，尤其是近几年发展迅速的海上风电开发，需要更轻质、抗拉力更强、更耐腐蚀的新材料。玻璃纤维复合材料（GFRP）是现代风电叶片普遍采用的复合材料，占据着大型风机叶片材料的统治地位。但是随着叶片长度的增加，玻璃纤维在大型复合材料叶片制造中逐渐显现出性能方面的不足。碳纤维具有重量轻、强度和刚度高的优异性能，能满足大型叶片开发对材料的要求。国外风电叶片生产商早已着手在大型叶片的制造中使用碳纤维，但由于碳纤维价格比较高，制约了其在风电领域的规模化应用。目前，全球各大叶片制造商正在从原材料、工艺技术、质量控制等各方面进行深入研究，以求降低成本，使碳纤维能在风力发电上得到更多的应用。随着风电技术的发展，碳纤维在风电行业中的应用将使风力发电的综合成本逐渐降低，使用碳纤维复合材料（CFRP）制造大型叶片将是未来必然的发展趋势。

复合材料在风力发电叶片制造中的应用有：我国以往的风力机叶片基本上都是采用帆布、木材或者是金属相关材料，随着时代的进步和发展，市场上出现了越来越多的新型复合材料，也逐渐被应用到风机叶片制造过程中，常见的有玻璃纤维增强复合材料和碳纤维增强复合材料。这里所说的纤维增强复合材料是由增强纤维和基体所组成，基体一般情况下都是采用热固性塑料或者热塑性材料，此类材料的模量和强度都不是很好，但是弹塑性和黏弹性却非常好，应变能力比较强，纤维充填材料的直径通常情况下都控制在 $10\mu m$ 以内，而且在实际使用过程中不太容易出现损伤、腐蚀和断裂现象。风电叶片设计人员为了提高叶片的发电效率，需要加强叶片的长度，但是其质量也会增加。因为叶片长度的平方与风机叶轮捕获的风能和产生的电能成正比。但是叶片的质量增加要大于能量的提取。在极端风力的作用下，也不能使叶尖触碰到塔架。所以，在进行叶片制作的过程中，需要采用刚度较强的材料，减轻叶片质量的同时，还要保证它的刚度和强度不会下降。既要减轻叶片的重量，又要满足其强度和刚度的要求，就是要采用碳纤维复合材料。碳纤维复合材料作为一种新兴的复合材料，将这一材料运用到风电叶片的制作过程中，不仅可以满足风力发电装置的要求，还可以打破玻璃纤维复合材料的局限，保证在增加风电叶片长度的基础上，减少风电叶片的重量，还可以具有较强的刚性。在制作风电叶片过程中，选用碳纤维材料进行制作能节约材料，重量较轻，也便于运输，安装的成本也较低，使企业的经济效益得到提高。据相关专家研究表示，现在没有任何一款材料非常适合满足大功率风力发电的需要，玻璃纤维复合材料的性能已经发挥到极致，把性能较好的碳纤维复合材料运用在更大功率风力发电的装置中，可以有效地提高工作效率。在风电叶片制作上，碳纤维复合材料的应用工艺主要有三种，分别是预浸料织物成型工艺、碳梁片材拉挤成型工艺、碳纤维织物 VARTM 成型工艺，因为拉挤成型工艺质量稳定，成型效率高，以及产品的抗拉性能高等特点，所以具有标准化生产的优势。从目前来看，拉挤碳梁片材已经逐步取代了预浸料和碳纤维织物。2019 年风电叶片行业用碳纤维量超过 2 万吨，其中 80% 就是用于生产拉挤碳梁片材。

需要关注的是，相关的专业人士提出，我国碳纤维复合材料在风力机叶片上的应用远远落后于世界领头羊的进度，所以业内的相关技术研发人员需要不断的努力，加强纤维复合材料在风力机中的应用。

目前国外已经把碳纤维应用于叶片制造的厂家有很多，主要叶型产品是 2MW、44m 以上的叶片。国内有报道的是中复连众，该公司制造的 2MW、39.2m 的叶片上采用碳纤维取代玻璃纤维，质量与 2MW、37.5m 的叶片一样。

碳纤维复合材料在风电叶片中应用如下。

① 主梁帽。目前，碳纤维复合材料在风电叶片中最主要的应用部位是主梁帽，相对于 GFRP 主梁帽，CFRP 主梁帽在提高叶片刚度的同时，大幅减轻了叶片的质量。国内外各叶片制造厂商开发的 CFRP 风电叶片，碳纤维复合材料在叶片中应用最多的部位是主梁帽。据国外专利和研究报道，已有企业在叶片主梁帽的局部使用碳纤维复合材料。2004 年，GEC（Global Energy Concepts）设计了一个用于 3MW 机组的长度约为 50m 风电叶片，叶片主梁帽总长度的 50% 由 CFRP 构成，另外 50% 长度由 GFRP 组成，相对于全 GFRP 风电叶片，叶片主梁帽的厚度约减小了一半，叶片质量从 9790kg 减为 8236kg，质量减轻了 16%，叶根处的重力诱导弯矩减小了 26%。在此结构中，全玻璃纤维到全碳纤维复合材料过渡区，材料在刚度和应变等方面的匹配是需要解决的一个难题。

② 蒙皮表面。蒙皮表面整体使用碳纤维，可以降低作用在内支撑梁上的受力和扭矩，通过设计可以实现"材料诱导式"的叶片受载弯扭耦合。据 NEG 麦康公司的专利报道，叶片在总长度的 60%～85% 部分用 CFRP 条带加固叶片蒙皮横截面外部圆周的一个薄层，该薄层可提高蒙皮抵抗拉力和压力的能力。另有专利报道，叶片迎风面蒙皮采用全 GFRP 制成，而只在主要承受压缩载荷的背风面蒙皮采用碳纤维/玻璃纤维复合材料制成。

③ 叶片根部。碳纤维复合材料应用于叶片根部时，不仅可以提高根部材料的断裂强度和承载强度，使施加在螺栓上的动态载荷减小，还可以增加叶根法兰处的螺栓数量，从而增加叶片和轮毂连接处的静态强度和疲劳强度。

④ 叶片前后缘防雷系统。据国外专利报道，碳纤维用于叶片的前后缘，除了能提高叶片刚度和降低叶片质量外，通过特殊的设计，还可以有效地避免雷击对叶片的损伤。

⑤ 靠近叶尖部分。据 LM 公司的专利报道，在靠近叶尖部分占整个叶片长度 25%～50%的位置采用 CFRP，而在靠近叶根的部分由 GFRP 制成，中间过渡区中 CFRP 逐渐由 GFRP 代替。由于靠近叶尖的部分采用 CFRP，其质量较小，靠近叶根部分可以使用较少的材料，减小了在风机轮毂上的负载。此外，刚度较大的叶尖部分可以减小由于叶片偏振太厉害以致叶片尖部击打杆塔的危险。相对较硬的叶尖部分和相对较低刚度的叶根部分形成了一个有利的偏斜形状，气动阻尼增加，可以减小气动载荷。同时，中间过渡区的存在避免了 CFRP 和 GFRP 之间刚度的突然变化导致的应力集中。与只由 GFRP 制成的叶片或只由 CFRP 制成的叶片相比，该叶片具有优异的刚度成本比。另外，有专利报道用 CFRP 加固分段叶片，便于大型叶片的运输。

碳纤维复合材料在风电叶片中应用的优势如下。

① 提高叶片刚度，减轻叶片质量。传统风电叶片发电的过程中，风电叶片质量过大的问题一直存在，把碳纤维复合材料应用到风电叶片的制造和设计过程中，就可以在一定程度上减小风电叶片对主机和塔筒结构造成的载荷。与此同时，碳纤维复合材料加入其中，还可以增加叶片的刚度，从而减小风电叶片碰到塔筒时发生故障的频率。CFRP 的比强度（强度/密度）约是 GFRP 的 2 倍，比模量（模量/密度）约是 GFRP 的 3 倍。对于用于相同功率机组的风电叶片，碳纤维的使用可使叶片的重量大幅下降。如中材科技风电叶片股份有限公司开发成功的 3MW 级 56m CFRP 风电叶片，相比市场上同型号的全玻璃纤维风电叶片，每套叶片可减轻 6t 的质量。

② 使风机的输出功率更平滑、更均衡，提高风能利用效率。有关研究表明，一般拥有较强刚度的材料都能够在一定程度上提高资源的利用率。使用传统的材料来制作和设计风电叶片时，就不能很好地发挥风电叶片的作用，风能转化率自然就低，从而降低了风能利用率。碳纤维复合材料就有很高的模量和很强的刚度，把碳纤维复合材料用于风力机叶片中，就可以有效地提高风力发电的效率。换言之，在风力发电设备工作的过程中，通过提高风电叶片的材料性能就能够提高设备的工作效率。使用碳纤维复合材料后，叶片质量的降低和刚度的增加提高了叶片的空气动力学性能，减少了对塔架和轮毂的负载，从而使风机的输出功率更平滑、更均衡，提高了风能利用效率。同时，碳纤维复合材料的轻质高强特性可使叶片能够设计成更薄更有效的结构形式，叶片更细长，提高了能量的输出效率。此外，在大型柔性风电叶片结构中，如主梁帽和蒙皮中采用 CFRP，可以实现叶片的弯扭耦合设计，在降低叶片的疲劳载荷的同时，优化功率输出。

③ 提高叶片对恶劣环境的适应性。风机长期在恶劣的自然条件下工作，湿度、疲劳、暴风雨和雷击等因素都可能使风电叶片受到损坏。CFRP 不仅具有高的抗压缩强度和优良的耐疲劳性，而且对酸碱盐具有良好的耐腐蚀性，碳纤维复合材料的使用使叶片对恶劣环境的适应性提高。

④ 降低风电叶片的制造和运输成本。当叶片超过一定尺寸时，CFRP 叶片反而比 GFRP 叶片便宜，因为材料用量、劳动力、运输和安装成本等都下降了。

⑤ 碳纤维导电，在叶片除冰方面具有优势。一般情况下，气温低于 0℃，在空气中有着潮湿的雨、霜、雾、雪等水汽团，形成冰晶落下，或在物体表面结冰。影响风电叶片结冰的主要因素有气温、液态水含量、风速以及持续的时间等。用碳纤维复合材料来制作风电叶片蒙皮层，并将加热电缆安装在主轴上的滑环上。工作人员不仅可以利用碳纤维导电性能好的特征消除叶片表面的冰，还可以提高设备的发电效率。

除碳纤维单向布外，用于风电叶片的碳纤维织物主要有碳纤维经编织物和碳纤维三维编织物，这两种织物在叶片的设计制造中均具有重要的应用。碳纤维经编织物，见图 3-6(a)，又称碳纤维多轴向织物（non-crimp fabrics，NCF），它是采用缝线将多层单向纤维层按指定的角度缝合起来而成的一种碳纤维增强体形式。作为一种高性能低成本的增强体，相对于机织物，碳纤维 NCF 织物铺覆性更好，纤维屈曲程度较小，更利于发挥纤维的性能，而且缝线的存在极大地增加了其复合材料的层间剪切强度、损伤容限和冲击韧性，尤其是冲击后压缩性能。适合制造厚制件，纤维铺放简单省时，可使复合材料制造总体成本更低廉。采用特殊的织物混编技术可以形成碳纤维/玻璃纤维的多轴向混编织物，根据叶片的结构要求，把碳纤维铺设在刚度和强度要求最高的方向，达到结构的优化设计。例如，TPI 公司采用碳纤维/玻璃纤维三轴混编织物作为叶片关键部位的增强材料，在这种混编织物中，一层 0°的 T-600 碳纤维夹在两层 ±45°的玻璃纤维织物内，通过特定的铺层方向实现叶片的弯扭耦合设计。碳纤维三维编织物是采用三维编织技术编织的，具有复杂结构形状的不分层整体碳纤维编织物，其纤维结构在空间上呈网状分布，如图 3-6(b) 所示。这种织物可以定制增强体的形状，从根本上消除铺层，不存在二次加工造成的损伤。碳纤维三维编织复合材料不仅具备传统复合材料的高比强度、高比模量等优点，还具有高损伤容限和断裂韧性、耐冲击、不分层、抗开裂、耐疲劳等特点。此外，碳纤维三维编织物为制造无余量预成型体提供了可能，因为其三维编织预制件理论上可以达到任意的厚度，并且厚度方向有增强纤维通过。碳纤维三维编织技术已经在飞机的部件制造中得到验证，目前在风电叶片中显示出很大的应用潜力。3TEX 公司开发了一种具备高强度、高刚度特性的碳纤维/玻璃纤维三维混杂结构织物，用于风电叶片主梁的设计，该结构能使树脂灌注速度加快，缩短工作时间，而且这种三维编织物较厚，可减少铺层层数、节约劳动力成本。采用此种碳纤维/玻璃纤维三维混杂结构制成的叶片比全玻璃纤维叶片质量减轻约 10%。与传统的玻璃纤维相比，碳纤维在提高叶片刚度、减轻叶片质量等方面具有较大优势，但是碳纤维应用在风力发电叶片上也有许多不足：韧性差，形变量不足，耐磨性及止滑性不佳，脆性较大；价格昂贵；容易受工艺影响（如铺层方向），浸润性较差，对工艺要求较高，多数局限于使用预浸料生产叶片的厂商才能制备；成品透明性差，且难于进行内部检查。碳纤维的这些缺陷限制了其在风机叶片中的应

(a) 碳纤维经编织物　　　　　　　　　　(b) 碳纤维三维织物

图 3-6　碳纤维经编织物和碳纤维三维织物照片

用，也是迫切需要解决的主要问题，应该从原材料、工艺技术、质量控制等方面深入研究，以求碳纤维增强材料的广泛应用。

总而言之，在风电叶片运行的过程中，传统材料的叶片会导致其发电效率不高，尤其是在环境较为恶劣的天气，它的发电质量非常差。碳纤维复合材料有着高强的耐热性和耐久性，以及较强的刚性，应用在风电叶片中，可以有效地提高风力发电设备的工作效率，与此同时，也提高了发电的质量。相关的工作人员要顺应社会的发展，将碳纤维复合材料应用在风力发电的过程中。

3.3.2 玻璃纤维复合材料

目前用于高性能复合材料的玻璃纤维主要有高强度玻璃纤维、石英玻璃纤维和高硅氧玻璃纤维等。由于高强度玻璃纤维性价比较高，因此增长率也比较快，年增长率达到10%以上。高强度玻璃纤维复合材料广泛应用在军品和民品中，如防弹头盔、防弹服、直升机机翼、预警机雷达罩、各种高压压力容器、民用飞机直板、体育用品、各类耐高温制品以及近期报道的性能优异的轮胎帘子线等。石英玻璃纤维及高硅氧玻璃纤维属于耐高温的玻璃纤维，是比较理想的耐热防火材料，用其增强酚醛树脂可制成各种结构的耐高温、耐烧蚀的复合材料部件，大量应用于火箭、导弹的防热材料。迄今为止，中国已经实用化的高性能树脂基复合材料用的碳纤维、芳纶纤维、高强度玻璃纤维三大增强纤维中，只有高强度玻璃纤维已达到国际先进水平，且拥有自主知识产权，形成了小规模的产业，现阶段年产可达500t。

我国玻璃纤维企业经过多年的发展，产品质量已处上游水平，深加工产品比例逐年提升。中国玻璃纤维行业的领先企业毛利率在25%~35%之间，明显高于国外巨头10%的毛利率。世界玻璃纤维行业长期以来一直是寡头垄断格局，中国作为新生力量，经过近几年来年均20%以上的产能增速，预计今年将占据全球60%以上的份额，成为国际玻璃纤维市场上的新寡头。中国玻璃纤维行业近几年快速发展的动力来自国内和国外两个市场。国际市场的扩大，既有总需求增长的因素，也有来自国际企业前期因利润率较低退出行业后，给国内企业在国际市场留下的发展空间；而国内市场的增长，则是来自下游消费行业的快速发展。中国玻璃纤维经过了50多年的发展，已经颇具规模。

国内优秀的玻璃纤维行业生产企业愈来愈重视对行业市场的研究，特别是对企业发展环境和客户需求趋势变化的深入研究，一大批国内优秀的玻璃纤维企业迅速崛起，逐渐成为玻璃纤维行业中的翘楚！长远来看，中东、亚太基础设施的加强和改造，对玻璃纤维需求增加了很大的数量，随着全球在玻璃纤维改性塑料、运动器材、航空航天等方面对玻璃纤维的需求不断增长，玻璃纤维行业前景仍然乐观。另外玻璃纤维的应用领域又扩展到风电市场，这可能是玻璃纤维未来发展的一个亮点。能源危机促使各国寻求新能源，风能成为如今关注的一个焦点，中国在风电领域也开始加大力度投资，其中，20%（即700亿元）左右的领域需要使用玻璃纤维（如风机叶片等方面），这对中国玻璃纤维企业来说是一个很大的市场。

从国际市场来看，玻璃纤维是非常好的金属材料替代材料，随着市场经济的迅速发展，玻璃纤维成为建筑、交通、电子、电气、化工、冶金、环境保护、国防等行业必不可少的原材料。由于在多个领域得到广泛应用，因此，玻璃纤维日益受到人们的重视。全球玻璃纤维生产消费大国主要是美国、欧洲各国、日本等，其人均玻璃纤维消费量较高。欧洲各国仍然是玻璃纤维消费的最大地区，用量占全球总用量的35%。

玻璃纤维增强热塑性塑料的效果与玻璃纤维的含量、玻璃纤维的长度和分布以及玻璃纤维与塑料的黏结强度等因素有关。在玻璃纤维增强热塑性塑料技术发展中，玻璃纤维形态从玻璃纤维粉—短切纤维—长纤维—连续纤维及织物。为提高结合力，从加偶联剂到专用浸润剂开发，再到专用黏结剂和预浸料再加上被增强塑料的改性。通过多年的综合开发，特别近年来连续玻璃纤维预浸技术和装备的突破，玻璃纤维增强热塑性复合材料、纤维含量能超过 60%，拉伸强度能达 500MPa 以上，成型工艺突破了注塑、挤塑，扩展到热压、缠绕及 RTM。出现了典型产品，如增强热塑性高压管、$50m^2$ 拖车底板以及汽车结构件等。

发展风电是国家的战略，经过一段时间已进入良性发展期，今年新增装机预计会在 20%。三大玻璃纤维在提高叶片用纱的质量和认证及产业链接延伸等方面的努力，扩大了风电用玻璃纤维的市场。我国风电叶片玻璃纤维市场还有一定比例为国外产品所占。从无捻粗纱进口升幅看出一些问题，同时可以从国际先进企业的技术优势发挥学习一些经验，例如 OC 公司为更适合叶片更长更轻提出解决方案，先后采用 advabtex 和 Hipertex 玻璃纤维并配合合适的浸润剂提供使用，比 E 玻璃纤维强度提高 30%，刚度提高 17%，密度提高 45%，耐疲劳性提高 10 倍，线膨胀下降 30%。PPG 公司用于风电叶片的 E 玻璃纤维 Hybon2026 粗纱，使用专用浸润剂也使拉伸强度提高了 20%，实现了浸润剂技术的先进优势。

当前条件下，工业企业对生产废物达标排放是一个基本要求，也是基本的条件。我国玻璃纤维企业，经过努力采取措施已经掌握了三废处理的技术，相当一部分企业能够做到达标排放。但还有一些小型企业三废没有治理，在京津冀强化大气治理中就有一些企业被叫停。达标排放效益不是企业节能减排的顶点，所以在达标基础上，所有玻璃纤维企业都要将节能减排当作永久的战略任务之一。玻璃纤维企业废物排放包括固、液、气。但从对环境的危害和难处理来讲，主要来自燃料燃烧和高分子物的发挥、沉积。这就要引起浸润剂、黏结剂、处理剂等环节科技人员更多的注意。

玻璃纤维作用有：a. 增强刚性和硬度，玻璃纤维的增加可以提高塑料的强度和刚性，但是塑料的韧性会下降；b. 提高耐热性和热变形温度，以尼龙为例，增加了玻璃纤维的尼龙，热变形性温度至少提高两倍，一般的玻璃纤维增强尼龙耐温都可以达到 220℃ 以上；c. 提高尺寸稳定性，降低收缩率；d. 减少翘曲变形；e. 减少蠕变；f. 对阻燃性能因为烛芯效应，会干扰阻燃体系，影响阻燃效果；g. 降低表面的光泽度；h. 增加吸湿性；i. 玻璃纤维的长短直接影响材料的脆性，玻璃纤维如果处理不好，短纤会降低冲击强度，长纤处理好会提高冲击强度，要使材料脆性不至于下降很大，就要选择一定长度的玻璃纤维。玻璃纤维缝编织物作为风电叶片成型结构增强材料，主要承担叶片各项力学性能。产品基础成型工艺流程如图 3-7 所示。

玻璃纤维缝编织物在叶片成型过程中，根据织物结构差异在生产模具不同部位进行铺设应用，在放置芯材等填充材料后，通过真空灌注成型工艺导入树脂并最终固化成型。叶片不同部位由于受力或承重要求不同，选用不同型号的玻璃纤维原纱，如叶片大梁由于力学性能要求高通常选用高模量规

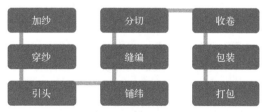

图 3-7　产品基础成型工艺流程图

格纱线，且织物结构有明确的指向性，纱线多按照承重受力方向排列。由于碳纤维价格比较高，考虑叶片的制造成本，碳纤维只应用在叶片的一些关键部位，在这些部件中，除了全碳

纤维外，碳纤维多以碳纤维-玻璃纤维混杂的结构存在。目前，许多科研机构和企业致力于研究生产碳纤维/玻璃纤维混杂纺织材料，并已取得一定成果。Devoid 公司采用 Devoid 多轴衬纬工艺、以 TenaxSTS 纤维制成的碳纤维/玻璃纤维混杂材料，综合了玻璃纤维易加工的优点和碳纤维的性能。Devoid 的织物缝编专利技术和功能性流动助剂极大地提高了灌注性能，与标准玻璃纤维方案相比，不损害力学性能，可以应用于叶片主梁和根部区域。3TEX 开发了一种三维混杂结构，这种结构具有高强度、高刚度的特性，同时该结构能使树脂灌注速度加快且结构较厚，减少了铺层层数，节约了劳动力，降低了生产成本。结果表明，使用这种混杂纤维形式比全玻璃钢叶片质量减轻了约 10%。Nodex 公司已经率先利用碳纤维/玻璃纤维混杂增强复合材料研制生产出长为 56m 的海上风力发电机叶片和长为 43m 的陆上风力发电机叶片。

3.3.3 复合材料叶片的制造工艺

目前，风电叶片中用到 CFRP 的部位主要采用预浸料成型，由于预浸料中树脂体系有一定的使用寿命，碳纤维预浸料的储存和运输均需要低温环境，因此需要特殊的冷冻设备，这使得原材料的储存和运输成本较高。碳纤维复合材料风电叶片成型工艺的发展趋势是低成本的液体成型技术，这种技术首先需要开发低黏度的树脂体系，这是因为碳纤维比玻璃纤维更细、表面积更大，很难有效浸渍，适用的树脂黏度需要很低。由于 CFRP 叶片一般采用环氧树脂制造，在降低环氧树脂黏度的同时保持其优异的力学性能比较困难。此外，碳纤维复合材料的性能受工艺因素影响敏感，对工艺要求较高，CFRP 风电叶片的液体成型工艺还有待突破。CFRP 风电叶片的质量检测和控制是需要特殊考虑的问题，这是因为 CFRP 透明性差，难以进行内部检查，因此，需要借助超声波检测、声发射检测、红外热成像检测等无损检测技术对 CFRP 风电叶片进行质量控制和结构组件的现场检验。

风力涡轮机由几大部件组成，但用纤维增强环氧或不饱和聚酯树脂制成的叶片是使用复合材料最多的部分，其他使用聚酯树脂的涡轮机部件还有机舱罩和轮毂。现今采用最多的成型方法是真空树脂灌注法，这种方法产生的挥发性有机化合物较少，可用定量的树脂均匀浸透大尺寸制件，有利于制造更轻、成本更低的叶片。有些叶片也使用预浸料成型。预浸料成本较高，但因为预浸料已含有基体树脂，所以具有比一次成型更好的稳定性。

风轮叶片包括 4 个关键部分：根部（或称根端）、主梁、壳体和表面。每一部分都有不同的技术要求、多种设计和材料选择。把这 4 部分组合成一个成品，叶片的工艺会因厂商不同而有很大差异。然而，所有叶片制造厂商都有共同的目标，即提高质量和生产率，同时降低成本。以下根据两家公司的资讯介绍复合材料叶片的制造工艺概况。

瑞士固瑞特公司是风能行业的知名材料供应商，其相关人员在刊物上介绍了复合材料叶片各部件的制造工艺和材料。壳体一般由三轴向玻璃纤维布和芯材构成，局部加用双轴向和单向增强材料。根据工程设计，壳体大致可分为两种形式：结构型和非结构型。结构型壳体是在每半壳体上从根部到叶尖附上两根用单向布制成的主梁帽，然后用腹板相连。非结构型壳体是用一个独立的主梁结构增强，该主梁结构是在并行的作业线上用主梁帽、腹板和根部组装形成的，然后在总装时，把此主梁结构胶接到轻质的壳体上。除此分类之外，壳体形式还可用两种常用的成型方法来说明。该工艺的第一步是在模具内涂上底涂料或胶衣。该涂层可用作最终的外表面，也可用作底漆供后道涂漆用。对灌注成型叶片，该涂层还有另一功能，即对模具实行密封，防止漏气，随后把涂层加热，使之固化到能在上面步行的程度，接着把织物、芯材和主梁帽定位，然后施加真空。在此过程中，要使用各种网材，以利树脂流动。芯材和增强材料的铺层也要优化，以便树脂灌注快而均匀。与灌注成型工艺一样，壳体制造的第一步是用模内涂层作为胶衣或者作为涂漆作业的底漆。待该涂层充分固化后，就把切割好的预浸料在模具内铺放，接着铺上已经预切的结构泡沫材料，再后续几层预浸料，然后施加真空，让制件在 90～130℃ 的温度下固化。2007 年，固瑞特公司推出一种名为 SPRI-NTTMIPT 的新技术，把标准的 SPRINTTM 三轴向增强环氧预浸料与某种热塑性表面胶膜结合起来，形成底涂一体化技术（IPT）。由于该技术取消了模内底涂过程，提高了表面品质，把涂漆前的准备工作减到最少，因而大大减少了壳体的制造时间。使用的表面胶膜形成了容易打磨和便于涂漆的无针孔表面，后接的 SPRINTTM 结构能防止搭接处出现孔隙、芯材形成凹痕之类缺陷。

主梁是风力涡轮机的承重结构。如上所述，该部件既可作为主梁帽与壳体一体成型，也可配上腹板形成独立的主梁结构，再与壳体组装。两种方法的共同点是都使用单向纤维（玻璃纤维或碳纤维）来提供弯曲强度和刚度。这需要使用大量的单向材料，以致主梁靠近根部处的截面很厚。这在考虑纤维排列、树脂含量、孔隙率、铺料速度、放热控制以及与使用多轴向材料的腹板的连接方面都造成一些技术上的挑战。此外，随着叶片尺寸增大，碳纤维使用更加广泛，对叶片的强度要求成为主要的设计要素，需要更加关注纤维的准直和低孔隙率。鉴于目前市场对叶片成本和品质的关注，一个关键问题是对主梁帽的改进。固瑞特公司利用其在透气材料方面的经验，研发了一种名为 SparPregTM 的新型单向预浸料，专为在采用标准的真空袋成型技术时，便于排除单向铺层之间的空气而配制，使用它就可取消压实排气的中间工序。叶片根部的主要功能是利用金属嵌件把载荷从复合材料结构传递到风力涡轮机的枢纽和主传动轴。一般是通过灌注成型或使用胶黏树脂或机械固定件把金属嵌件固定到复合材料结构上。为容纳金属嵌件，复合材料结构的截面厚度一般为 50～100mm（取决于根部设计）。与主梁帽一样，这部分复合材料应达到高品质、高纤维体积分数和低孔隙率。但由于根部的载荷要求与主梁不同，它一般兼用单向材料和多轴向材料制成。叶片根部可用多种方法与叶片结构结合：可与结构性壳体一体成型，或者与结构性主梁或主梁帽一体成型，也可以独立于主梁和壳体单独制造，然后在叶片组装时胶接到结构上。无论采用什么方法，关键是要制成具有精确尺寸公差、高纤维含量和最低孔隙率的厚截面复合材料根部。根部生产效率的一大制约因素是其厚度较厚，导致在复合材料固化时放热反应明显，这也是壳体和主梁制造中的一大制约因素。为解决这一基本问题，固瑞特公司研发了一系列显著减少放热特性的产品。

风轮叶片的表面一般是在模内做成胶衣或在模内涂好底漆后，再经后道涂漆形成。胶衣没有后处理作业，因而必须保证其环境稳定性和耐久性，胶衣广泛用在较小的叶片（＜30m）上。随着叶片变大，模塑时间变得更加重要，胶衣变得不实用，因为它会给壳体制造过程增加很多时间。涂漆的方法可以把表面和壳体分开制作，从而减小技术难度。涂漆作业也是成熟的技术，然而涂漆工艺需要在模内涂上某种形式的底漆作为油漆基底。底漆应提供可打磨的表面，以除去针孔、凹痕之类表面缺陷。为解决这些问题，固瑞特公司研发了一些产品，它们可与壳体增强材料形成整体并成为涂漆的基底，这就取消了涂底漆的工序。在使用预浸料和（或）SPRINTTM 多轴向材料制造叶片的场合，这种产品称为 SPRINTTMIPT。

LM 公司使用真空灌注法和所谓的"智能工程"来制造聚酯玻璃钢叶片，其成本比环氧玻璃钢低，但仍具有高性能。成型工艺经过优化，能制造强而均匀、固化更快的制品，生产时间缩短几小时。LM公司最值得称道的能力是使用E玻璃纤维来达到40m以上叶片的刚度和轻质要求，而在一般情况下，这种叶片要考虑使用碳纤维。LM公司使用机械手及其他自动化手段在模具内铺放玻璃纤维毡和把叶片两半壳体胶合。为使工艺过程更合理化，削减叶片生产时间，LM还投资一种未披露的新纤维技术，据报此技术能提高铺纤和成型效率，缩短一半生产时间。关于未来技术，LM公司称其目标是不用碳纤维或不增加成本来生产更长、更轻、刚度更高的叶片。关键技术是其研发的一款软件，该软件通过减轻全玻璃纤维叶片设计的复杂程度和减少套件切割、铺层费用来限制叶片制造成本。此外，原先制造61.5m叶片用的加热模具已被转换成不加热的模具，从而节省基本投资和能源费用。

除了上述丹麦LM公司致力于使用玻璃纤维来制造长叶片外，很多制造商都关注使用玻璃纤维来控制生产成本。例如，德国西门子公司用E玻璃纤维制造52m的叶片；美国MFG公司采用真空灌注法模塑34~49m长的玻璃纤维增强叶片；有着长期使用碳纤维经验的美国GE公司现在也使用玻璃纤维和树脂灌注法来制造叶片。

叶片的制造技术主要依据叶片的材料体系和三维几何结构发展。目前为止，针对复合材料叶片的成型工艺主要有手糊工艺、模压成型、预浸料铺放工艺、拉挤工艺、纤维缠绕、树脂传递模塑（RTM）、真空灌注成型工艺。这些工艺各有优缺点，可以根据叶片的材料体系、几何结构、几何尺寸以及铺层功能进行综合运用，以达到最佳效果。手糊工艺是生产复合材料风电叶片的一种传统工艺，它不必受加热及压力影响，成本较低，可用于低成本制造大型、形状复杂制品。其主要缺点是生产效率低、产品质量波动大、废品率较高，手糊工艺往往还会伴有大量有害物质和溶剂的释放，有一定的环境污染，目前主要用于叶片合模后的前尾缘湿法处理。模压成型工艺的优点在于纤维含量高、孔隙率低、生产周期短、尺寸公差精确及表面形状良好，适用于生产简单的复合材料制品。其缺点是模具投入成本高，不适合具有复杂几何形状的叶片，目前大型叶片基本不采用此工艺。预浸料铺放工艺的主要优势是在生产过程中纤维增强材料排列完好，可以制造低纤维缺陷以及性能优异的部件。它是生产复杂形状结构件的理想工艺，碳纤维预浸料广泛应用于航空业中。其主要缺陷是成本高，预浸料需要手工方式铺放，生产效率低。拉挤工艺具有纤维含量高，质量稳定，易于自动化，适合大批量生产的优点，适用于生产具有相同断面形状、连续成型制品的生产中。但由于大型叶片的三维几何弯扭结构，该工艺很少使用。纤维缠绕工艺能够控制纤维张力、生产速度及缠绕角度等变量，制造不同尺寸及厚度的部件，但应用于叶片生产中的一个缺陷是在叶片纵向不能进行缠绕，长度方向纤维的缺乏使叶片在高拉伸和弯曲载荷下容易产生问题。纤维缠绕产生的粗糙外表面可能会影响叶片的空气动力学性能，必须进行表面处理。另外，芯模及计算机控制成本很大。树脂传递模塑（RTM）属于半机械化的复合材料成型工艺，对工人的技术和环境的要求远远低于手糊工艺，并可有效地控制产品质量。RTM缺点是模具设备非常昂贵，很难预测模具内树脂流动状况，容易产生缺陷。RTM工艺采用闭模成型工艺，特别适宜一次成型整体的风力发电机叶片（纤维、夹芯和接头等可一次模腔中共成型），而无需二次黏接。真空灌注成型工艺是目前大型风机叶片制造的理想工艺，与RTM相比，节约时间，挥发物非常少，工艺操作简单，模具成本大大降低，相对于手糊工艺，成型产品拉伸强度提高20%以上。

鉴于真空灌注成型工艺在大型叶片应用上的优势，目前大型风电叶片制造主要以真空灌注工艺为主。近几年的研究也主要以此工艺为基础，针对叶片铺层厚度、新的高模材料、制造效率、叶片成型质量等方面进行工艺尝试与改进。目前，具有创新性同时实用性较强的代表性叶片制造工艺有：a. 西门子风电集团提出的IntegralBlades技术，使用两个模具型面和其中的芯模型构成一个封闭的型腔，在型腔里面随形铺放纤维材料和芯材，通过型腔内建立起的真空体系将基体材料注入模具内，一次成型大型风机叶片。与传统的真空灌注成型工艺相比，它具有的优点为：节省人力和空间、无需黏接、质量可靠性高、不会释放 VOCs，对环境污染小。该工艺已广泛应用于西门子的不同型号叶片制造中。b. 达诺巴特公司（DANOBAT）开发的叶片自动制造系统，主要功能包括自动喷胶衣、自动喷短切纤维、自动铺层、自动打磨、自动涂胶等。客户可以根据自身需求来选择整体自动化，也可以选择其中一个或几个功能，工作单元采用移动式悬臂梁结构，横梁上安装有十字滑轨，相应的工作功能头位于滑轨上，采用 5 轴控制，最终实现各工序的自动化操作。相对于真空灌注成型工艺，具有生产效率高、人工成本低、叶片质量稳定性好的优点。除了以上针对现有热固性复合材料体系的制造工艺，针对热塑性复合材料开发的生产工艺也在不断发展，如基于低黏度载液技术的湿法模塑工艺以及共混杂成型工艺（co-mingling），即热塑性树脂纤维与增强纤维共混杂而构成共混纱线（co-mingling yarn），共混纱线加热过程中树脂纤维熔化并浸渍增强纤维，直到彻底浸渍所有增强纤维。这些技术能一定程度上解决热塑性复合材料成型能耗高、纤维浸润差的问题，但要批量应用到大型叶片的实际制造过程中还有待进一步研究实验。综上所述，大型叶片成型工艺将向着高成型质量、高生产效率、低生产成本和低环境污染的方向发展。一体化和自动化制造工艺以其在成型质量和效率上的巨大优势，将会成为大型叶片的制造趋势。同时，用于热塑性复合材料的制造工艺技术具有巨大发展潜力，其中，低黏度热塑性树脂的开发非常关键。

目前对增强材料的研究成果皆为对单一 FRP 复合材料的研究，且研究范围主要集中在碳纤维、玻璃纤维，而对芳纶纤维、玄武岩纤维等材料的研究还比较少，针对混杂纤维复合材料（hybrid fiber rein-forced polymer，HFRP）的研究更鲜见报道。混杂纤维复合材料能充分发挥不同纤维的优势，优化其综合力学性能，因而有必要进行混杂纤维复合材料的深入研究。另外，使用的复合材料叶片属于热固性复合材料，很难自然降解。废弃物处理一般采用填埋或者燃烧等方法，基本上不再重新利用。面对日益突出的复合材料废弃物对环境造成的危害问题，一些制造商开始探讨复合材料的回收和再利用技术。复合材料的回收和再利用多集中在废弃物粉碎后作为填料使用，或者燃烧废弃物利用其热能。复合材料叶片的制造商正在探讨热固性复合材料（如预浸料）分离处理技术的可行性，试图将未固化的复合材料进行热固性树脂与增强纤维分离，然后分别再利用。废弃物的回收和再利用是退役复合材料叶片最理想的处理方法，这也是人们积极研究开发热塑性复合材料叶片——"绿色片"的重要原因。与热固性复合材料相比，热塑性复合材料具有质量轻、抗冲击性能好、生产周期短等一系列优异性能。在相同的尺寸条件下，热塑性复合材料由于密度低而使叶片的重量更轻，安装塔座和发电机重量减轻，运输和安装费用也相应降低。但是该类复合材料的制造工艺技术与传统的热固性复合材料成型工艺差异较大，制造成本较高，成为限制热塑性复合材料用于风力发电叶片的关键问题。随着热塑性复合材料制造工艺技术研究工作的不断深入和相应的新型热塑性树脂的开发制造，热塑性复合材料叶片已经不仅仅是一个新的概念，正在一步步地走向现实。

复合材料风机叶片的几种制造工艺如下。

① 空腹薄壁填充泡沫结构合模工艺。这种结构形式的叶片在国内使用极为普遍，它由玻璃钢壳和泡沫芯组成，成型方法比较简单，主要有两种：一种是预发泡沫芯后整体成型；另一种是先成型两个半壳，粘接后再填充泡沫。它的特点是抗失稳和局部变形能力较强，成

型时采用上下对模、螺栓或液压等机械加压成型，对模具的刚度和强度要求高。这种方法只在小型叶片生产中采用，大中型叶片宜采用两半壳胶合工艺，采取空腹薄壁结构，成型方式主要有两种：两半壳胶合及内气压袋整体成型。如安装在福建平潭的风电站，由比利时政府资助 HMZ 公司生产的 4 台 200kW 风力机就采用了空腹薄壁结构叶片。一般内气压袋成型仅限于较小的叶片。上述两种结构工艺通常只用于生产叶片长度比较短和批量比较小的情况。

② 闭模真空浸渗工艺。闭模真空浸渗工艺又称真空灌注成型工艺，采用闭模真空浸渗工艺制备风力发电转子叶片时，首先把增强材料铺覆在涂硅胶的模具上，增强材料的外形和铺层数根据叶片设计确定。在先进的现代化工厂，采用专用的铺层机进行铺层，然后用真空辅助浸渗技术输入基体树脂。真空可以保证树脂能很好地充满到增强材料和模具的每一个角落。真空辅助浸渗技术制备风力发电转子叶片的关键有：优选浸渗用的基体树脂；要保证树脂的最佳黏度及其流动性；模具设计必须合理，特别对模具上树脂注入孔的位置、流通分布更要注意，确保基体树脂能均衡地充满任何一处；工艺参数要最佳化，真空辅助浸渗技术的工艺参数要事先进行实验研究，保证达到最佳化。增强材料在铺放过程中保持平直，以获得良好的力学性能，同时注意尽可能减少复合材料中的孔隙率。闭模真空浸渗工艺适用于大型叶片的生产（叶片长度在 40m 以上时）和大批量的生产，闭模真空浸渗工艺被认为效率高、成本低、质量好，因此为很多生产单位所采用。

③ 拉挤工艺。在垂直轴风力发电机组中，叶片为鱼骨型不变截面，且不需考虑转子动平衡问题，可采用拉挤工艺方法生产。用拉挤成型工艺方法生产复合材料叶片可实现工业化续生产，产品无需后期修整，质量一致，无需检测动平衡，成品率 95%。用拉挤成型工艺方法生产复合材料叶片，与其他成型工艺方法生产的复合材料叶片相比，成本可降低 40%，销售价格降低。拉挤工艺对材料的配方和拉制工艺过程要求非常严格，国际上目前只能拉挤出 600～700mm 宽的叶片，用于千瓦级风力发电机上。我国目前已成功研制用于兆瓦级垂直轴风力发电机的叶片，截面尺寸为 1400mm×252mm，壁厚 6mm，长度 80～120m，属于薄壁中空超大型型材。此前最大的拉挤叶片为日本研制，其直径达 15m。美国 indPower-SystemInc 生产的 StormMaster-1260kW 风机也采用了拉挤叶片。

④ 缠绕工艺。美国生产的 WTS-4 型风力机叶片即采用了这种方法，单片叶片长度达 39m，重 13t，其生产过程是完全自动化的。由计算机控制的缠绕设备非常复杂，它有五种功能，即移动台架、转动芯轴、伸缩工作臂、升降杆臂以及变动缠绕角。国外大型风机叶片大多采用复合材料 D 形主梁或 O 形主梁与复合材料壳体组合的结构形式。该种结构的大型叶片一般采用分别缠绕成型 D 形或 O 形主梁、(RTM) 成型壳体，然后靠胶接组合成整体的工艺方法。

复合材料风机叶片设计技术中要进行风力空气动力学计算和结构力学计算。叶片的外形是通过空气动力学设计确定的，尺寸较复杂，而且对其尺寸、表面光洁度以及质量分布、疲劳强度等都有较高要求。叶片的结构形式是通过结构力学计算确定的，常见的形式为设有加强筋的空腹薄壁和薄壁泡沫塑料夹芯结构。确定合理的结构，以防止在受载（离心力、弯矩和扭矩）时失稳或局部变形。叶根设计是叶片结构设计的关键，因为在叶根处的载荷最大，而叶根连接大多靠复合材料的剪切强度、挤压强度或胶层剪切强度来传递载荷的，而复合材料的这些强度均低于其拉伸压缩及弯曲强度。选择根端形式时要注意防止根端出现较大的剪应力，尤其要避免出现层间剪切应力。目前用于大中型风力机复合材料叶片的根端连接形式主要有复合材料翻边法兰、金属法兰和预埋螺栓。其中复合材料翻边法兰和预埋螺栓是运用最广泛的两种方法。叶片的铺层是由叶片所受的外载荷决定的。弯矩、扭矩和离心力都是从叶尖向叶根逐渐递增的，所以叶片结构的壁厚也是从叶尖向叶根逐渐递增的。由于复合材料具有高强度和低弹性模量的特性，叶片除满足强度条件外，尚需满足变形条件，特别是较长的风力机叶片尤其要注意叶片和塔架的碰撞。叶身设计尽可能按等强度布置，且在叶根部分需有较大的安全系数。叶片的制造工艺向着工艺技术多样化的先进制造工艺方向发展，采用最新工艺、多种工艺综合技术来生产叶片，如缠绕、VARRIM、RTM、热融性环氧预浸料、硬质泡沫发泡和多轴铺层技术等。而目前我国能实现批产的只有采用手糊工艺制造的叶片，真空预浸合模、RTM 工艺正处于试验阶段，而国外已实现先进工艺的产业化应用，因此国内迫切需要解决或引进批产化生产制造叶片的先进工艺制造技术。目前，国内已有厂家与国外合作，引进了部分生产线。

3.3.4　传统材料的技术

传统材料即发展成熟并在工业领域得以大量应用的材料，如常见的水泥、塑料、钢铁等，都是传统材料。传统材料产值高、产量大、应用面广泛，属于国民经济发展中的基础材料，是很多产业发展的基础。与传统材料不同，新型材料是迅速发展，有着良好应用前景和优越功能的新材料。新型材料、传统材料之间并无明显界限。在传统材料中，应用新的技术，能够提升材料的性能和技术含量，那么传统材料就会发展成新型材料；新型材料在长时间的应用下，也可能成为传统材料。新型材料具有传统材料没有的特殊功能和优异性能，可以是采用新的技术和方法，也可以是应用新的装备和工艺，让传统材料的各项性能得到明显提升。在高新技术产业中，各类应用的关键材料也是新型材料，在科技水平的发展下，人们基于传统材料，研发出了很多新型材料。传统材料是新型材料发展的基础，新型材料也能促进传统材料的发展，两者相辅相成。在国防领域的发展上，新型材料具有重要的作用和价值，如在超纯硅和砷化镓研制成功后，人们研出了大规模集成电路，大幅提高了计算机的运算速度。推行新的航空发动机材料后，显著增加了航空器的推力。在应用了隐身材料后，能够有效减少红外辐射，让敌方系统无法发现。

随着科技的发展，出现了许多传统材料处理技术，下面以钢基体表面处理技术为代表进行介绍。

（1）镀膜技术

钢材上涂覆耐酸、碱等化学介质的涂层可延长化工设备的使用寿命，铁、镍基高温合金上涂覆耐热腐蚀涂层，可提高航空发动机涡轮叶片的使用温度等。

① 化学镀。也称无电解镀或者自催化镀，于 1946 年由 A. Brenner 提出，1959 年，Gutgeit 进行了实验验证。原理是：在无外加电流的情况下，借助合适的还原剂，使镀液中金属离子还原成金属，并沉积到零件表面。优势为：不需电源、操作简便、镀层厚度均匀、结晶细致、无孔、呈半光亮或镜面光泽，适用于形状复杂的零件，可以在金属、非金属、半导体等材料上镀覆。缺点为：镀液寿命短、废水排放量大、镀覆速度慢、成本高。目前，化学镀研究主要集中在二元镀、三元镀、复合镀等方面。不同基体的金属或其他材料对化学镀适应性不一样，因而镀前处理方法不尽相同。在镀前必须使钢具有洁净活化表面，再进行化学镀镍。为进一步提高镀层与基体的结合力，常进行镀后处理，如热处理、除氢处理、钝化处理、憎水处理、表面涂有机漆或者石蜡等。

② 多元合金镀。目前，合金镀层的最大市场还是做耐腐蚀镀层，郭鹤桐等发现，非晶态合金镀层（化学镀 Ni-P）化学稳定性高、硬度高、耐磨性好，经适当热处理后镀层硬度及耐磨性均有提高。方景礼等发现化学镀 Ni-B 的性能比 Ni-P 镀层好，且与电镀银层的非常接近，是一种很有前途的新型耐磨电接触镀层。Philippe 等在不锈钢表面的化学镀金工艺，认为金沉积效率为 50%，沉积效果取决于去除不锈钢上薄的、钝化的表面氧化层。随着技术的发展，二元镍系合金已不能满足科学生产的某些要求，要求提供更好的化学镀层，三元合金镀镍由此产生于 20 世纪 70 年代。在二元系的基础上引入某种新的金属元素，具有更加优良的力学、耐磨、耐腐蚀等特性。随着自动控制和更先进的工艺技术的应用，化学镀多元合金必将成为化学镀镍的未来发展方向。William 等提出 Ni-Cu-P、Ni-W-P 镀层，发现 Ni-Cu-P 镀膜具有比 Ni-P 镀膜好的导电率，且均匀致密、硬度高、耐磨、耐腐蚀性好等。耿冰霜等在 2Cr12 不锈钢上直接化学镀 Ni-W-P，得到的镀层光亮、均匀，表面呈胞状组织，且在 400℃热处理后，结合力、耐磨性也有明显增强。于金库等发现化学镀 Ni-Sn-P 合金具有优良的耐腐蚀性、延展性、结合力、可修复性。这主要是由于 Sn 参与了 Ni-Sn-P 合金的共沉积，合金镀层更容易构成非晶态合金结构，使得镀层的缺陷减少和致密性增加，加入稀土元素进一步提高其性能。王灼英在 Q460 钢表面化学镀制备了 Ni-Cr-Y 镀层，显著改善 Q460 钢的耐腐蚀性、耐磨性。闫洪等发现化学镀 Ni-Sn-Cu-P 合金是一种很好的钎焊材料，可以取代银铜钎焊合金，节约成本。张磊等在 304 不锈钢表面制备了 Ni-P-B 复合镀层，在 350℃热处理 1h 后的镀层具有最佳硬度。在 250℃热处理 1h 后具有最佳的耐腐蚀性。O. Kilanko 等以氮化硅和二硼化锆为添加剂，在低碳钢表面进行了化学缝隙沉积，研究发现添加剂的存在及量对化学镀的影响是显著的。

③ 复合镀。在镀液中加入化合物等，使其与 Ni 和 P 元素共沉积形成化学复合镀，如 $Ni-P/Al_2O_3$、Ni-P/SiC、Ni-P/TiN、Ni-P/PTFE（聚四氟乙烯）、Ni-P/金刚石等。与 Ni-P 二元化学镀层相比，其力学性能与耐腐蚀性能显著提高。复合镀的应用潜力巨大，在耐磨表面、润滑和其他特殊性能方面将有许多新的应用。Ma 等制备 Ni-P-Si-C 化学复合镀层，发现随着 SiC 含量的逐渐升高，耐腐蚀性降低，但摩擦系数减小，耐磨性增强。Wang 等在不锈钢表面 Ni-P 化学镀的基础上，外镀 $Ni-PZrO_2$，形成双镀层，其力学与耐腐蚀性能均得到提高。Premlata 等用化学沉积法制备 HEA（CuNiFeCrMo）-石墨氧化物（GO）纳米复合镀层，可改善低碳钢基体的力学性能和表面性能。唐春华等认为磷含量过高不仅镀层硬度下降且脆性增加，以磷含量 8% 为宜。含磷量越高转变为晶态时需释放的能量更多。胡茂圃等研究发现，磷含量增加，镀层延展性降低，认为影响镍磷合金层延展性至少是镀层中的磷含量、氢量以及它的组织结构综合作用的结果。按磷含量分为低磷、中磷和高磷镀层。不同磷含量的镀层有不同的性能，适合不同的用途。

④ 真空离子镀。在真空蒸发和真空溅射技术基础上发展起来的一种新镀膜技术，在材料表面沉积各种耐磨、耐热、耐腐蚀涂层，可大大提高基体材料的性能。原理是：在真空室中使气体或蒸发物质电离，在气体离子或被蒸发物质离子的轰击下同时将蒸发物或其反应产物蒸镀在基上。随着多元镀膜的发展，Ti(C,N)膜是一种使用相对较多的新型二元涂层，其硬度和耐磨性比单一的 TiN 强，膜基结合力比单一 YiC 的高，基本综合了两种单一镀膜的优点。作为一种无公害的技术，特别是在节约能源、降低成本、扩大附加功能等方面日益显示出它的优越性。沈星等采用空心阴极离子镀的方法在奥氏体不锈钢的表面沉积了 Ti(C, N)膜，发现抗氧化性明显提高。马志康等采用弧光离子镀设备，在 201 不锈钢表面沉积

TiN 和 CrN 薄膜，在 NaOH 和 H_2SO_4 溶液中的耐腐蚀性为：CrN＞TiN＞201。Zhang 等采用真空电弧离子镀法在耐热钢上制备了 TiAlN 涂层，发现 TiAlN 涂层致密，提高了钢的弹性模量和强度。

⑤ 离子束辅助镀。一种新兴的真空离子镀涂层技术。采用离子束轰击基底净化其表面，同时基板表面温度升高，提供活化表面使金属基体和表面涂层界面两侧的各种原子相互混合，并生成新的表面合金相的表面处理技术。它具有气相沉积和离子注入的双优势，优点为：提高薄膜的力学性能、抗腐蚀能力和稳定性，较好抗激光破坏能力，减少镀膜时间，提高工作效率，可以在塑料和其他对温度敏感的基底上镀制薄膜，可用软膜代替硬膜以及在较低温度下制备 C、N、B 化合物，立方氮化硼和金刚石超硬涂层。分冷阴极和热阴极两种离子源，热阴极离子源采用热灯丝，故其寿命短，阴极灯丝易烧毁；而冷阴极离子源因无灯丝，寿命较长，污染少，结构紧凑，操作简单，可调参数少，利于维修。冷阴极离子源较热阴极离子源更具优势。黄鹤等利用离子束辅助轰击技术与磁控溅射技术结合，在 GCr15 基体上沉积 TiN 薄膜，发现离子束辅助磁控溅射有效地提高了薄膜的硬度、耐磨性、耐蚀性，改善了膜基结合力。赵蕾等采用离子束辅助技术制备了高硬度、低电阻率的类石墨碳膜，发现非晶碳膜具有远低于 DLC 的电阻率和远高于石墨的硬度。张栋等采用离子束辅助磁控溅射工艺制备 CrN_x 薄膜，表明随氮气流量增加，薄膜沉积速率先降低后保持稳定，粗糙度先减小后增加，相组成由 Cr_2N 相转变为 CrN 相，硬度、弹性模量先增加后降低。郑义征等采用离子束辅助沉积法制备了 N 掺杂的氧化铈薄膜材料，实现了对氧化铈薄膜的高含量 N 掺杂，含量可高达 25％，远高于传统方法制备的氮掺杂氧化铈。

⑥ 热浸镀。我国钢材热浸镀铝技术开发较晚，工业化生产与应用始于 20 世纪 80 年代，是继热浸镀锌之后发展起来的一种高效防护镀层。将经过处理的钢铁材料或制品放入一定温度熔融铝液中，浸渍适当时间使固态铁和液态铝之间发生一系列物理化学变化，形成 Fe-Al 合金层，从而达到表面强化结合的一种表面处理技术，工艺分为熔剂法和森吉米尔法，除钢带镀铝采用森吉米尔法外，多数学者认为整个过程分为 4 个阶段：浸润、溶解、吸附和扩散。钢结构部件产品多采用熔剂法，相比钢材镀锌、热喷漆、以塑代钢和涂料等防饰技术更具特色和优势。优点为：成本低、镀面美观、效率高、质量稳定、设备简单、操作方便等，在热浸镀渗层中加入适量的稀土元素会有效地提高镀层耐腐蚀性、耐高温氧化性、成型性和装饰性。与一些工业发达国家相比，国内热浸镀铝技术生产与应用仍有很大差距，是未来国内外研究和发展的热门技术。Zhang 等发现，气体还原法在钢表面热浸镀 Zn＋5％Al＋0.01％～0.2％稀土合金工艺具有良好的防腐、成型性能和良好的技术周期。杨栋等研究 La 对热浸镀铝镀层腐蚀性的影响，发现添加适量的 La 可以提高涂层的耐腐蚀性。Tachibana-Koji 等在结构钢上进行了新型热浸镀锌-7Al 合金，发现双涂层合金对钢基体具有良好的黏结性能。Muhammad 对 T92 钢板进行了热浸镀铝，并对其进行了氧化处理，在氧化过程中，热浸镀铝通过铝在表面的优先氧化，提高了钢的高温抗氧化性能。Sehrish 对 316L 试样进行热浸镀铝，发现由于 Si 的加入，形成了平坦的涂层/基体界面，提高了涂层的硬度和耐腐蚀性。Prashant 等在低碳钢表面进行热浸镀铝并加入铬，发现铝涂层中形成了 Al7Cr 分散的金属间化合物相。铬的加入提高了涂层的抗划痕性。冯军等利用热浸镀，在 316L 不锈钢上获得铝层，提高了 316L 不锈钢基体的防腐蚀能力。

（2）钢表面着色技术

1972 年，国际镍公司（INCO）提出酸性水溶液浸渍法，对钢着色起到了巨大推动作用。近年来，国内着色技术发展迅速并逐步实现工业化。原理是：将不锈钢表面经抛光后置于一种溶液中，在一定温度下进行氧化着色处理，可形成无色透明的氧化膜，氧化膜的厚度和组成不同，在光的作用下会呈现不同的明亮色彩。着色法有化学着色法、电化学着色法、高温氧化法、气相裂解法及离子沉积法等。目前发展的着色法如超声波热浸，工艺简单、设备成熟、膜层致密、基体结合力强，该技术有良好的发展前景。未来绿色环保型着色法是钢表面着色的一种发展趋势。Luo 等在不锈钢表面进行激光处理后实现激光着色，表面的多色效应可归因于结构特征尺寸和化学成分。该着色技术在表面标记和代码识别方面有着广阔的应用前景。雷光勇提出了不锈钢着黑色，运用铬酸氧化法、电解着色法及硫化法等，再经电解硬化处理或化学涂膜后，黑色膜色泽均匀富有弹性，具有一定的硬度。谷春瑞等研究发现，着色速度和颜色均匀性与预前处理有关，电解抛光配合阳极处理可优势互补，效果显著，着色后进行硬化处理可提高耐腐蚀性、耐磨性。刘忠宝等在 CrO_3-H_2SO_4 着色体系中加入过渡金属无机盐添加剂，可明显降低着色温度，减少铬酸挥发带来的环境污染，同时彩色钝化膜保持良好的性能。

（3）钢基体表面抛光

钢基体表面抛光是最为常用的一种处理工艺，包括机械抛光、电化学抛光、化学抛光。机械抛光是抛光处理一般采用机械方法，通过研削、砂轮、挤压等熔融磨耗方式进行处理，达到研磨抛光表面的目的，但处理后的工件表面会出现应力变形、易氧化、毛刺等，而且劳动强度大，生产效率低。20 世纪 80 年代，出现了电化学抛光技术（电解抛光），一定程度上解决了机械抛光难以解决的问题。电化学抛光是指在一定的电解液中，以金属件作阳极，使金属表面氧化膜生成和溶解，使其表面粗糙度下降、光亮度提高，并产生金属光泽的技术。优点为：提高表面耐腐蚀性、微观表面比机械抛光易形成钝化层、较高耐磨性和光反射性、不受工件和尺寸限制。缺点为：高耗能、环境差、污染严重、工艺复杂等，一般来说，电化学抛光质量要高于化学抛光。化学抛光使用较广泛，影响因素有：抛光液浓度、温度及时间、预处理表面质量等。不同种类的钢具有不同的腐蚀规律，因而不能采用同一种抛光工艺。化学抛光的原理是：通过化学反应使金属或合金表面微观突起部分的溶解速度大于微观凹洼处的溶解速度，而使表面光洁。优点为：适用性强，不需要直流电源和特殊夹具，可对复杂工件进行抛光处理，工艺简单，成本低，操作方便，生产效率高，而且还能除去钢表面的机械损伤层和应力层，提高机械强度，延长使用寿命。但也存在着抛光温度高，酸雾大等缺点。目前多种方法相结合取得较大进展和较好的效果，如机械-电化学抛光相结合是一种先进的表面处理方法，它以更环保的方式结合了机械抛光和电化学抛光技术的优点。

（4）激光表面改性

20 世纪 60 年代，激光技术用于表面改性工程，为钢表面处理的发展带来巨大发展空间，其原理是：用高功率密度的激光束以非接触性的方式加热材料表面，借助于材料的自身传导冷却，实现材料表面改性。优点为：组织均匀性好、疲劳强度高、硬度高、耐磨性和抗腐蚀性能好、力学性能好、淬硬效果好、自动化程度高、工件变形小、成品率高、使用寿命长等。缺点为：一般只能处理薄板金属，不适宜处理较厚的板材，激光对人眼的伤害性会影响工作人员的安全。目前常用于激光热处理、熔覆及清洗等。Bartkowski 等在 C30 钢预涂层激光加工，认为新形成的涂层具有有趣的组织结构和良好的性能，与基体材料相比得到了改善，涂层可成功应用于金属成型或铸造工具。Chen 等利用脉冲激光处理技术可在 S7 工具钢表面用氧化铝等氧化物涂层产生固结图案。子君通过激光热处理，认为晶粒尺寸和相比例足够的条件下，可以实现控制不锈钢箔的微观结构，提高疲劳寿命。Liu 采用激光熔覆（LC）方法在 304 不锈钢上制备了非晶相（AP）和纳米晶颗粒（NP）增强复合涂层，由于其快速冷却和凝固特性，提高了 Ni 基涂层的耐磨性。

（5）离子注入

该技术是 20 世纪 60 年代由多种学科交叉发展起来的。将几万到几十万电子伏的高能束流离子注入固体材料的表面层，从而改变材料表面层物理、化学和力学性能的一种新的原子冶金方法。20 世纪 70 年代初，英国人 Hartley 和 Dearnaley 将离子注入技术用于机械材料改性，后广泛应用于钢表面注入氮离子。可获得过饱和固溶体、亚稳相、非晶态和平衡态合金等不同组织的结构，大大改善工件的使用性能。优点为：溶质原子能量高、金属晶格内不受热力学平衡条件的限制，原则上任何元素注入不限，不易受热变形，注入离子浓度和深度可控，注入层不会有剥落，清洁、无毒等。缺点为：离子熔点高、使用受到限制，高剂量注入易导致的溅射和温升、溅射腐蚀等。现阶段离子注入仍作为当前工业社会不可或缺的表面处理技术持续发展。Song 等将 N＋Cr 离子共注入渗碳 18Cr2Ni4WA 钢中，提高了钢的硬度、耐磨性和耐腐蚀性。表面形成了新的纳米氮化物相，有效地防止海水环境中腐蚀和摩擦协同效应，显著提高在模拟海水中的摩擦学性能。陈康等在 304 不锈钢进行一定时间的离子渗氮处理，发现仍具有很好的抗磁性能，且表层硬度约为基体硬度的 6 倍，耐磨性能大大提高，其性能优于 GCr15 钢。Voorwald 等分析等离子体浸没离子注入对 AISI 4340 钢的影响，结果表明：经过 1h、2h、3h 处理后，轴向疲劳强度、腐蚀及耐磨性均有所提高。Liu 等研究了钛离子注入对 304 奥氏体不锈钢应力腐蚀开裂行为的影响。断口表明：离子注入明显抑制了引起 SCC 的腐蚀坑，在注入过程中形成了致密钝化膜抑制 SCC，所产生的致密位错网抑制了 SCC 的萌生。

目前钢渣表面改性方式主要分为雾喷法、拌和法、浸泡法 3 种。雾喷法通常是将改性剂通过雾喷器以雾状形式喷到钢渣表面进行改性，具有节约改性剂的优点，改性面积相同的情况下改性剂用量最少。但由于钢渣表面结构复杂，孔洞较多，采用雾喷法不能将复杂构造区域覆盖，钢渣表面改性面积小。拌和法是将一定质量的改性剂直接加入钢渣中，通过机械拌使改性剂均匀分布在钢渣表面。对于表面构造复杂、多孔的钢渣，拌和法中的改性剂以液体形式存在，能有效流动填充到各个区域，其改性剂用量居中。浸泡法是将钢渣浸泡到一定质量分数的改性剂中，改性剂充分填充到钢渣每个区域，在钢渣表面形成一层完整的改性层，具有优秀的改性效果。缺点是改性剂用量大、成本高，同时对作业场地要求高，对环境污染严重。这里采用拌和法或浸泡法对钢渣表面进行处理。

表面处理改性剂：

① 水泥净浆（CP）。水泥是工程上用途最广的一种材料，使用水泥对钢渣进行表面处理具有造价低、操作简单、黏附性好等优点。水泥属于水硬性胶凝材料，其中含有大量硅酸二钙、硅酸三钙、铝酸三钙及铁铝酸四钙，这些矿物成分是影响水泥水化的主要因素，水泥水化后生成水化硅酸钙凝胶及氢氧化钙晶体，最终硬化成坚固的水泥石。考虑到水泥在初凝前具有较好的流动性，能充分填充钢渣的孔隙，包裹钢渣表面，起到隔水、增强的作用，选择水泥净浆作为钢渣表面处理改性剂。

② 硅烷偶联剂（SCA）。钢渣表面经过 SCA 处理后形成一层薄膜，可以起到隔水的作用，使水不容易与钢渣接触，从而达到抑制沥青混凝土遇水膨胀的作用，同时降低钢渣集料空隙率，增强钢渣与沥青的黏附性。因此，选择 SCA 作为钢渣表面改性剂。

③ 聚乙烯醇溶液（PVA）。对多孔隙再生骨料的研究发现，一定质量分数的 PVA 可以很好地弥补骨料多孔隙的缺陷，减小再生骨料空隙率，降低再生骨料吸水率，提高再生骨料强度。钢渣存在多孔隙，故选择 PVA 作为钢渣集料表面处理改性剂进行试验研究。

④ 环氧丙烯酸改性有机硅树脂（EAOR）。EAOR 由含苯基甲基的有机硅中间体与环氧树脂、丙烯酸树脂等经过特殊加工工艺制备而成，主要用于建筑防水涂料（如真石漆）、汽车面漆等。丙烯酸树脂具有黏结性强、成膜性高的特点，但耐水性能差；环氧改性丙烯酸树脂具有化学稳定性好、热稳定性好、黏结性能好等特点；有机硅材料具有优秀的耐热、耐氧化性能，且表面能低，具有一定的防水性。EAOR 兼具环氧丙烯酸树脂的黏结性强、成膜性好、化学性质稳定与有机硅材料的耐高温、防水等优点，故选用 EAOR 对钢渣集料进行表面改性处理。

许多情况下，磨损与腐蚀产生的危害是隐性的，某些设备的失效具有一定的突发性，危险性极大，所以有效地控制与防止腐蚀和磨损是十分重要的。提高材料耐磨性和耐腐蚀性的方法有很多，主要包括通过添加合金元素来改善金属的本质、对金属进行表面改性、表面润滑、改善腐蚀环境以及电化学保护等。其中表面涂层技术，即通过一定的工艺方法在材料表面获得具有良好特殊性能的金属陶瓷涂层，是目前材料保护技术的研究热点。陶瓷材料具有良好的耐磨性、耐腐蚀性、耐高温及化学稳定性，但不足之处是硬度高、韧性差。将混合陶瓷粉末通过特殊工艺涂覆于金属材料表面，获得组织致密的金属陶瓷复合涂层，能够把金属材料的强韧性和优良的工艺性能与陶瓷材料的优异性能有机结合起来，赋予基体材料特殊的性能特征。陶瓷涂层的种类很多，目前研究和应用较多的陶瓷涂层骨架材料主要包括碳化物（如碳化钨等）、氧化物（如三氧化二铝等）、氮化物（如氮化钛等）、硼化物（如二硼化钛等）以及金属间化合物如二硫化钼等。其中耐磨涂层主要以碳化钨、碳化硼、氮化钛等碳化物、氮化物为主，利用其高熔点和高硬度等特性提高耐磨性。降低材料表面摩擦系数是提高耐磨性的另一种思路，采用具有低摩擦系数、低硬度并具有自润滑性能的软质颗粒材料做陶瓷相，如 MoS_2 等，形成减摩自润滑复合涂层。硼化物具有熔点高、硬度高、化学稳定性好等优异的综合性能，经常作为涂层骨料应用于高温耐磨耐腐蚀领域。热障涂层主要为二氧化锆（ZrO_2）、Al_2O_3 和二氧化硅（SiO_2）等纯氧化物陶瓷或其复合陶瓷，其中 ZrO_2 应用最为广泛。对于复合涂层的设计，除考虑复合涂层的使用性能外，还应考虑陶瓷颗粒与合金基体之间的物理性能匹配、陶瓷颗粒与液态金属之间的润湿及化学反应、涂层与基材间的界面结合等因素，以获得组元之间物理、力学性质的最佳组合。为了使陶瓷涂层充分发挥性能，在涂层材料设计时需考虑以下 4 个主要问题。

① 涂层材料对金属基体的润湿性要好。涂层材料与基体应具有良好的黏结效应，工艺实施过程中易于实现涂层与基体间的冶金结合，能够提高涂层与基体之间的结合强度。

② 涂层材料与基体间具有良好的化学兼容性。即涂层成型过程中设计相应的反应缓释剂，保证反应平稳；同时反应过程应具有可控性，避免出现异常反应相以及伴随着明显体积变化的相变等情况。

③ 涂层与基体间的物性指标如热胀系数、热导率等要尽可能接近，避免产生较大的热应力而使涂层出现裂纹甚至剥落。

④ 对于多层结构，各涂层材料间要具有良好的润湿性、物性与化学兼容性。

金属陶瓷涂层材料具有显著的耐高温、耐磨、耐腐蚀等优点，但涂层成分能否充分发挥其应有性能，主要取决于涂层工艺的技术水平、涂层结合强度、涂层界面组织、涂层结合状态、涂层厚度等重要指标，这些指标都与工艺过程直接相关。目前，金属表面涂层的制备工艺主要有热喷涂法、粉末烧结法、高能束熔覆法、溶胶-凝胶法以及原位合成法等。其中前三种采用在基体表面外加陶瓷增强体的传统涂层的制备工艺，如热喷涂是利用热源把喷涂材料加热熔化或软化，靠自身热源或外加气流，将熔滴雾化并快速喷射到基体表面形成涂层，这类技术存在增强体易偏聚、结合强度较低、粉尘污染严重等问题。为提高热效率及结合效率，以激光为代表的高能束熔覆技术可以实现热输入的准确控制，热畸变小，可以获得组织致密、性能优越的复合材料，主要适用于尺寸较小的部件，如缸体、阀座等。近年来，基于高能束热源如等离子、激光等的粉末熔覆技术研究在国外比较活跃。20 世纪 70 年代，美国曾研究了高能等离子弧堆焊技术，其功率达 80kW；20 世纪 90 年代，德国成功地研制了熔覆速度高达 70kg/h 的粉末等离子弧堆焊技术。然而国内该技术领域相对较弱，在制备金属陶瓷覆层的应用技术研究方面还处于探索阶段。溶胶-凝胶技术是利用盐与水发生水解缩聚反应形成溶胶，溶胶涂敷在金属表面，经干燥、热处理后形成涂层。溶胶-凝胶法可在较低温度下制备涂层，而且成分可精确控制，但涂层比较薄，容易出现裂缝甚至脱落。原位反应合成工艺是将材料的高温合成与涂层合成结合在一起，增强相是在基体中原位生成的热力学稳定相，与基体润湿性好，结合力强。通过选择反应物的类型和配比，可获得不同成分构成的增强相，它在难熔材料合成及非平衡和非化学计量材料的合成等方面具有很多常规方法难以比拟的优势。但因为该反应是自热过程，反应温度一般很高，因此工艺稳定性缺乏有效的控制。目前采用涂层技术可以达到在保证基体材料强韧性等性能的基础上，实现材料表面耐磨或耐腐蚀等使用要求。但是，金属陶瓷涂覆层的制备成本较高、工艺较复杂等限制了其应用范围，水泥、火电、矿山机械中的大型磨损部件仍主要采用传统的耐磨钢铁材料。因此，开发低成本金属陶瓷涂层材料，不断研究成本低、可控性好的成型工艺，对于节约能源、促进制造业的可持续发展，具有十分重要的意义。

目前国内外对零件内表面的处理大都采用防腐蚀的内涂层，以环氧型、改进环氧型、环氧酚醛型或尼龙等材料为主。这些涂料在腐蚀介质中具有良好的化学稳定性，在苛刻的腐蚀条件下可以获得良好的防腐性能。目前国内外常用的内涂敷工艺流程为：管道预热→表面处理→除尘→端部胶带保护→无空气喷涂→加速固化→检验→堆放（储存待运）。其质量控制的关键在于涂料的选择、表面处理、无气喷涂、干膜厚度和涂膜固化。由于工艺方法的限制，涂料层与基体材料之间主要以分子力结合为主，结合力相对较弱，而且耐磨性、抗冲击性等性能还不能满足粉料冲刷所要求的性能。国内外对耐磨涂层材料及其工艺方法的研究较多。在涂层材料的研究方面，目前基本上是针对零件外表面的服役要求开展涂层材料的研发，在功能设计方面主要强调某一方面，如以高熔点氧化物、碳化物等为主组成的高硬度金属陶瓷涂层，目的在于提高材料的耐磨性能。在工艺方法方面的研究同样针对外表面涂层，包括热喷涂法、激光熔覆法等。这些工艺方法受到设备条件、操作性能方面的要求、零件内表面结构的复杂性以及尺寸小等条件的限制，还无法在零件内表面涂层技术方面获得广泛的应用。

管道防腐材料主要是有机高分子化合物，其耐冷、耐热性差、易老化、寿命短。强韧的金属表面喷熔一层耐腐蚀的无机非金属材料无疑会使两者的优势得到充分发挥。王勇等采用氧气-石油天然气火焰在金属管道表面热喷涂玻璃釉涂层，结果表明，涂层的组成有 Na_2O、Al_2O_3、B_2O_3、SiO_2、Co_2O_3、MnO_2、MoO_3、WO_3、NiO；管道热喷涂的工艺参数为氧气流量为 20L/min，氮气流量为 26L/min，石油天然气流量为 15L/min，预热温度为

720℃，管子转速为 2.5r/min，釉料送给量为 0.15kg/min，可以获得均匀、无裂纹、密着性良好的耐腐蚀喷瓷管道。赵名师等也采用氧气-石油天然气火焰在金属管道表面热喷涂玻璃釉涂层，结果表明，热喷玻璃釉涂层的防腐性能极佳，其寿命与成本的比值最高；防腐性能、涂层涂敷质量及涂敷后基体金属的性能均较好，涂层具有很好的耐酸、耐碱及耐高温腐蚀的性能。玻璃釉涂层与基体金属的结合为冶金结合，涂层附着力很高，不易脱落；热喷涂后金属基体的组织和力学性能无变化，但其拉伸断口形貌不同，原基体金属的拉伸断口为纯韧窝状，热喷涂后其拉伸断口为韧窝＋解理断裂。金属镀层是目前应用较广泛的涂层，常用的有 Zn、Al、Cr、Ni、Cu、Fe 和 W 等，管道表面镀耐腐蚀金属后，其耐腐蚀性明显提高，但在一些条件十分恶劣的环境，如高温强腐蚀介质中，金属镀层的腐蚀仍很严重，耐磨性也不好；油管接头在加工时容易存在涂层被破坏的"漏点"，这必然会加重"漏点"处的腐蚀，对油管整体的防腐效果不利；成本极高，效率较低，不适于工业大规模的生产和现场使用。刘景辉等研究开发了一种适合现代汽车发动机及石油管道的电镀工艺与材料，耐腐蚀性及耐热冲击性较好，且生产成本与镀锌基本相当，环境污染较小。结果表明，Zn-Fe-P 合金镀层配方工艺：$ZnCl_2$ 280g/L，KCl 180g/L，NaAc（醋酸钠）20g/L，HAc（醋酸）5mL/L，$Na_3C_6H_5O_7 \cdot 2H_2O$（柠檬酸三钠）20g/L，$H_3PO_3$ 3g/L，$FeCl_2$ 10g/L，pH＝3，电流密度 D_k＝0.5～2A/dm^2，温度：室温；随着电流密度的增加，且在 D_k＝2A/dm^2 时，Zn-Fe-P 合金镀层具有很好的耐腐蚀性和较高的硬度。

对于金属材料表面制备玻璃涂层的研究展望如下。

① 加强油气管道腐蚀机理研究，进一步开发高性能、低成本的新型复合材料和防护技术（新型缓蚀剂和新型防腐涂料等），满足油气管道防腐要求。

② 研发纳米玻璃复合陶瓷涂层。因为它具有高的硬度、耐磨性、耐腐蚀性和韧性，并可提高基体的耐高温、抗氧化性等。

③ 根据油气田的具体情况，选择合理的材料和防护措施。

④ 充分发挥我国的稀土资源优势，在油气管道表面制备涂层（或涂料）中添加稀土（氧化物），以提高油气管道涂层与基体的结合强度、耐腐蚀性等。

3.3.5 市场发展前景

风能正以一种新能源的姿态向以燃煤为主的火力发电提出挑战。目前风力发电机组国产化率只达到 30％～40％，国家要求机组国产化率达到 70％以上，因此推进叶片技术国产化面临着广阔的发展前景。面对风电设备巨大的市场，全球风电设备制造商纷纷将目光投向中国市场，积极寻求与中国企业的合作。全球风机叶片三大制造商丹麦的 LM 公司、Vestas 风力系统公司和德国的 Enercon 公司已捷足先登，相继在我国投资建厂。从我国现有的风电项目来看，2004 年以前建成的项目选用的机型基本为 600～850kW。从 2004 年起国内风电场开始选用兆瓦级机组，部分正在立项的海上风电场选用了 2MW 的机组。上海目前规模各为 10 万千瓦的东海大桥海上风电场和奉贤海上风电场已经完成可行性研究，两处风电场均将选择单机容量 2MW 机型。

随着我国风电市场的迅猛发展和国家相关政策的出台，从风电机组到风机叶片的国产化步伐会逐渐加快。未来国内风电机组及风机叶片将打破依赖进口的局面，叶片制造领域将会出现数家具有竞争力的企业，结束国外叶片制造企业垄断国内市场的局面。

第 **4** 章

新型复合材料的应用

4.1 新型纤维增强材料的应用

4.1.1 玄武岩纤维

连续玄武岩纤维（continuous basalt fiber，CBF）的拉伸强度和模量均与 S 玻璃纤维相当，耐高温性能显著优于玻璃纤维、碳纤维、芳纶以及聚乙烯纤维，经近半个多世纪的开发、改进和应用，已广泛应用于航空航天、国防军工、车船制造、环境保护、民用基础设施等工程领域。工程设计人员采用计算机系统分析了不同材料和施加浸润剂带来的优缺点，并进行了一系列工艺试验，从而研制出适用于风电叶片的特种 CBF 单向带和双轴向织物。乌克兰 Technobasalt 公司推出了单丝直径为 13～20m、粗纱线密度范围为 60～4800tex 的玄武岩纤维，可用作大型风电叶片的增强材料。蔡正杰设计了一种使用单径向 CBF 织物（300g/m²）的风电叶片并研究了其制造技术，将 E 玻璃纤维织物（包括平纹方格布、短切毡与多轴向织物层）、单径向 CBF 和碳纤维织物通过干法或湿法铺层以及真空辅助 RTM 闭模工艺复合成型，可以有效传递蒙皮的载荷，减少铺层，提高生产效率，并降低生产成本。

比利时 Basaltex 公司开发了新型玄武岩纤维复合材料，并成功试用于高铁结构件上。将该材料与 EconCore 公司的专利技术结合可制成玄武岩纤维蜂窝结构材料，用玄武岩纤维与聚糠醇生物树脂（100%甘蔗废料）和回收聚酯制成，可用于面板、隔板、地板、桌子等。玄武岩纤维的热固型蒙皮可在高温下固化成型，成型时间短，有利于自动化生产。

美国玄武岩纤维生产商 Mafic 与 TMG 材料集团合作，计划扩大热塑性玄武岩纤维复合材料在汽车领域的应用，并应用于结构件，也可应用混杂复合材料。研究表明，玄武岩复合材料比玻璃纤维复合材料（GFRP）更具可持续性，且最终会实现成本、质量和可持续性的协调统一。玄武岩纤维是我国目前产量最大（2020 年产量约 3 万吨）的无机高性能纤维，有 20 多家生产企业，但近年来涌现出一批新兴加工企业。在生产技术方面，已有几家大企业向大型池窑、多纺位和大漏板方向发展，实现了生产高效化、产品低成本化和低离散系数。

四川省玻纤集团股份有限公司于 2017 年开始建设 3000t/a 的池窑法玄武岩纤维生产线，2020 年 5 月建成 10000t/a 的采用电气混合纯氧燃烧的单元池窑拉丝法示范项目并投产，此外投资 1 亿元，在德阳金山工业园建设 10000t/a 的玄武岩纤维复合材料生产线。该公司还计划投资 5.3 亿元建设 30000t/a 的全球最大玄武岩纤维生产线。其中，一期 10000t/a 的单元窑共有 24 个漏板，技术特点是将 85％的玄武岩矿添加其他组分，通过微调达到设定的最佳配方，使原料稳定，同时通过加工成粉末使其热穿透性好，并能自动控制黏度-温度关系。漏板孔数 1200～2400，2020 年 3 月起该公司漏板加工厂投产，且拥有表面改性技术，拟打造世界最大玄武岩纤维研发生产基地。二期工程拟建 20000t/a 的大型生产线，窑炉面积全球最大，共有 48 个漏板，2023 年建成投产。产品应用领域包括短切纤维增强沥青道路、复合板材、拉挤型材、模压复合材料，以及与中国海洋大学合作开发的用于海岛工程的混凝土补强材料等。该公司还试制了 300m² 羊舍，过去用钢和水泥建造的羊舍费用约 13 万元，工期约 20 天，而改用玄武岩纤维复合材料建造费仅 9 万元，工期缩短一半以上，更重要的是复合材料的隔热性和耐腐蚀性好，使用寿命长。

四川谦宜复合材料科技有限公司自动化程度较高，产品离散系数小，成本接近于玻璃纤维。其产能为 3500t/a，但公用工程按 60000t/a 预留，便于今后扩大至经济生产规模（30000t/a）。该公司计划在河南郑州和辽宁抚顺各建产能为 10000t/a 的工厂。此外，江苏天龙玄武岩连续纤维股份有限公司作为我国最早实现玄武岩纤维产业化的企业之一，依旧选用纯天然玄武岩拉丝法，最大漏板孔数为 800，最细单丝直径为 5.5μm，强度为 3500MPa，弹性模量为 90GPa。吉林通鑫玄武岩科技股份有限公司也是我国较先进的大型玄武岩纤维生产企业，已形成拉丝设备 80 台（套），产能 12000t/a，单丝直径 7～20μm。该公司先后与吉林大学、北京工业大学、西澳大学、开姆尼茨科技大学等合作，探索玄武岩纤维及其复合材料在汽车及轨道交通领域的开发应用。

4.1.2 有机纤维

（1）芳纶纤维

芳纶纤维是一种可媲美无机纤维物理性能的高强轻质有机增强材料，比强度和比模量都要远高于玻璃纤维，并且还具有优异的耐疲劳性能、尺寸稳定性、耐高温性和耐化学腐蚀性。用作增强材料的高强高模芳纶主要是对位（PPTA）芳香族聚酰胺纤维，有 Kevlar（DuPont）、Twaron（Akzo Nobel）、Techno-ra（Teijin）、俄罗斯的 Apmoe 以及国内的芳纶 14（芳纶Ⅰ）与芳纶 1414（芳纶Ⅱ）等品种。据报道，Kevlar 纤维可以使叶片具有更高的抗扭强度、更轻的重量和更好的热稳定性，从而显著提高风电转化效率。有国外学者利用 ANSYS 有限元设计分析软件对 NACA63-212 翼型的风电叶片建立了有限元模型，并评价了各种复合材料对叶片气动性能的影响。同 E 和 S 玻璃纤维相比，低密度芳纶纤维（Technora 和 Kevlar149）增强的叶片具有更高的自然频率和特征值。国内李健等申请了一项可用于风电叶片的芳纶环氧树脂及其制备方法的发明专利，通过马来酸酐接枝改性处理后，纤维重量含量为 10％的复合材料的拉伸强度可从 160MPa 提高到 175MPa。

（2）高强高模聚乙烯纤维

高强高模聚乙烯纤维（HSHMPE 或 UHMWPE）是 20 世纪 90 年代初继碳纤维、芳纶纤维之后出现的第三代高性能纤维，由于具有低密度、极高的分子量（10^6～6×10^6）、线性直链结构、高度取向性和结晶性等特性，因此比强度比碳纤维高 2 倍，比芳纶纤维高 40％。典型品种有 Dyneema（DSM）、Spec-tra（Honeywell）、Tekmilon（Mitsui）以及国内强纶（宁波大成）、ZTX99（湖南中泰）和 Surrepen（上海斯瑞）。有学者指出芳纶和 UHMWPE 由于其低密度和高性能将成为大型风电叶片的理想增强材料。Suzuki 等申请的专利中涉及了用芳纶、维尼纶、尼龙、聚酯和 UHMWPE 等有机纤维增强材料制造风电叶片，指出有机纤维可以提高叶片的弹性和挠度，然而一般不单独使用，而是与无机纤维混合使用。

UHMWPE 纤维是目前我国高性能有机纤维中产量最大、进口量最少的品种，国内共有 20 余家生产厂。其中，江苏锵尼玛新材料股份有限公司已拥有 16 条 UHMWPE 纤维生产线，产能 2500t/a，并建有多条高强防切割包覆纱生产线，还拥有"高强纤维工程技术研究中心"；江苏九九久科技有限公司是后来居上的企业，自动控制水平较高，产能约达 10000t/a；2021 年，江苏神鹤研发了超高强高模、低蠕变、耐热性新品种，据称其指标超过 DSM 公司的水平。其他正在研发的新品种有：北京复维新材科技有限公司发明了用 UH-MWPE 粉、光敏剂、交联剂、硅烷偶联剂与溶剂混合，并有效控制大分子交联区域及交联点密度，用干法或湿法凝胶纺丝工艺制得 UHMWPE 纤维，也可以在纺丝原料中添加含氟聚合物，纺丝后可制得高模抗蠕变纤维；浙江理工大学上虞工业技术研究院以重均分子量为 300 万~600 万的 UHMWPE、无机纳米填料和白油为原料，进行凝胶纺丝后就可制得强度和模量极高、力学性能优异且不易开裂的纤维。

4.1.3　PPS 纤维

日本、美国和韩国是 PPS 纤维的主要产地，仅日本就有东丽、帝人、吴羽化学等公司生产。其中，东丽开发了据称为全球最细的 PPS 纤维，线密度约 0.8dtex，于 2021 年投入市场，产品包括短纤、长丝、织物等，我国是该产品最主要的目标市场。东丽将其开发的 PPS 纤维与抗燃 PAN 预氧化纤维制成难燃、遮焰非织造布和编织物，有望用于飞机片材。此外，其还将 PPS 纤维与氟纤维 Toyoflon 复合制成防震材料。

2020 年，我国 PPS 纤维的总产能超过 20000t，而总产量约 7200t，主要用于高温粉尘滤袋等；由日本和韩国进口的 PPS 纤维各达 4801.6t 和 1638.5t。南京中创智元科技有限公司发明了一种抗氧化疏水性 PPS 纤维的制法，是将抗氧化剂等 4 种助剂分别共混至 PPS 中，制成母粒；熔纺后制得的 PPS 纤维的抗氧化性、耐热性、阻燃性、疏水性和寿命均有所改善，适用于高温粉尘滤袋、消防服和其他高性能防护服等。

4.1.4　碳化硅纤维

碳化硅（SiC）纤维上市已有 30 多年，目前领先的生产商集中在日本和美国。其中，日本碳素公司（Nippon Carbon）的产能达 120t/a，UBE 工业株式会社在含钛 SiC 纤维（Tyranno）方面水平较高。后者有标准型（非晶质）和高温型（多晶质）品类，高温型产品可耐 1800℃，热导率是标准型的 20 倍。Tyranno SA3 是经 Ar^+ 离子束照射，使表面结晶微细化，拉伸强度由照射前的 2.8GPa 提高至 3.1GPa。

日本新能源产业技术综合开发机构（NEDO）提出生产成本较低、特性稳定、生产效率高的高性能（1400℃×4h 处理后纤维强度下降不超过 20%）SiC 纤维。美国航空航天局（NASA）的无氧 SiC 纤维迄今无人可敌，最高耐热温度高达 1800~2000℃，其掺硼的 SiC 纤维"Sylramic"强度高达 3GPa；美国特种材料公司生产的 SiC 纤维直径 142μm，拉伸强度和弹性模量各为 3900~5900MPa 和 380~415GPa，热胀系数为 $4.1×10^{-6}/℃$；韩国 SK Siltron CSS 将增加在美国密歇根州的 SiC 制品产能，并在该厂附近兴建新工厂。

在 SiC 纤维增强复合材料（CMC）方面，CMC 的复合方法有反应熔融浸渗（RMI）法、化学气相浸渗（CVI）法、聚合物浸渍热解（PIP）法和热压烧结（HPS）法。第 3 代 SiC 纤维的表面涂有氮化硼（BN）涂层，BN 中含异种元素，可控制纳米组织，从而使复合材料的耐热性、强度和蠕变特性均获改进，适用于航空发动机的高压和低压透平、燃烧器衬里、火箭发动机燃烧器及喷嘴、发电厂气体透平、高档汽车刹车片用 CMC 等。NEDO 进行了 SiC 纤维预成型体的开发，纤维体积分数在 30％以上，同时开发了新型复合材料和快速成型加工技术及 CMC 部件，实现 1400℃级 CMC 生产技术的开发。

国防科技大学等高校、科研院所和苏州赛力菲等企业研发和小批量生产 SiC 纤维。福建立亚新材有限公司总投资 10 亿元，生产第 2 代 SiC 纤维（10t/a），第 3 代为吨级规模，同时生产小批量氮化硅（Si_3N_4）纤维。后者具有高强高模、耐高温氧化、耐腐蚀、耐磨、电磁波反射率低、透过率高、在 1400℃下可长期稳定工作等优异性能，是制备高速飞行器天线罩的首选材料。国防科技大学研究以 SiC 纤维为原料，通过真空退火制得连续石墨烯纤维（GFS）和石墨烯/SiC 纤维。这种连续石墨烯密度为 $1.63g/cm^3$，电导率为 53900S/m，拉伸强度和模量各为 0.22GPa 和 23GPa，电磁干扰屏蔽效率 62.8dB。石墨烯/SiC 纤维丝束柔韧性好，在样品厚度为 2.1mm 时，可实现−54.86dB 的最小反射损耗（RL）值；当样品厚度为 1.4mm 时，纤维的有效吸收宽度可达 4.4GHz。宁波材料所杭州湾研究院发明了含硼碳化硅纤维（B-SiC 纤维），原料为有机硅聚合物，力学性能比 SiC 纤维高，并附加特殊功能。中国航发北京航空材料研究院研制的 SiC 增强陶瓷基抗烧蚀复合材料，是将 SiC 与 $ZrSi_2$、ZrB_2 或 ZrC 等功能粉体的料浆制成单向带预浸料后，热压成型制备预制体，再碳化、熔渗制得陶瓷基复合材料。其中引入锆化物后，在高温氧化时能生成 SiO_2 和 ZrO_2 而起协同作用，能有效阻止氧化介质进入复合材料内部，从而提高抗烧蚀和抗氧化性能。

4.1.5 氧化铝纤维

氧化铝（Al_2O_3）纤维具有低热导率、高热稳定性和低密度，是陶瓷纤维的第一品类。目前住友化学是全球最大的采用前驱体法制备 Al_2O_3 纤维的企业。近年来俄罗斯航空材料研究院针对高温隔热材料的重大需求，以及高温下纤维存在蠕变而影响在复合材料中的应用难题，研究了 3 种组分的 Al_2O_3 纤维：85％Al_2O_3＋15％SiO_2；90％Al_2O_3＋10％SiO_2；95％Al_2O_3＋4％ZrO_2＋1％Y_2O_3。将 3 种组分的纤维分别在 700℃、900℃和 1280℃下进行处理，研究其相组分和强度。发现 85％ Al_2O_3＋15％ SiO_2 纤维的拉伸强度最高，但所有样品均显示在高温作用下有 α-Al_2O_3 小粒子成长，导致产生脆性而逐渐失去强度。俄罗斯 Stekloplastic 科研与生产联合体研究了单根 Al_2O_3 纱线的皮芯结构与性能，结果显示长丝在径向存在结构不均匀性及皮芯结构，且皮层与芯层的物理和力学性能不同，扫描电镜显示，长丝的表面有氧化物的一般结构特征，即无定形 Al_2O_3，而红外光谱研究进一步证实，长丝的壳层由 Al_2O_3 的无定形纳米结构组成。日本三菱化学子公司 MAFTEC 公司的 Al_2O_3 产品耐热性优，即使在超高温下也能保持基本性能，主要用于汽车排气净化催化剂转换器中，以及炼钢厂等的高温炉内隔热材料。

国内山东大学和国装新材料技术（江苏）有限公司也在研发 Al_2O_3 纤维，后者已形成产业化规模；天津市中天俊达玻璃纤维制品有限公司生产的 Al_2O_3 纤维束（3 股），线密度为 190.66tex，拉伸强力为 38.43N；天津工业大学对该丝束织造过程中的摩擦磨损性能开展了研究，结果表明，随着加载力增加，丝束所受摩擦力及长丝断裂根数增加，摩擦系数减小。预加张力为 0.4N 时，丝束所受摩擦力和摩擦系数出现最小值，摩擦程度也最小，该结果有助于减少织造过程纤维的磨损。

4.1.6　酚醛纤维

目前全球只有日本 Kynol 公司独家生产酚醛纤维，产能约 800t/a，俄罗斯有小批量生产，我国先后有多家科研院所和高校研发。开滦集团煤化工研发中心自 2018 年开始研制酚醛纤维，最近依托化工科技公司申请《酚醛纤维的制法》发明专利，采用改性通用酚醛树脂进行熔纺、后处理及负压收丝工艺。此工艺克服了原丝脆性大、易断丝及收丝难等难题，提高了效率，缩短了固化交联时间。该纤维无结晶、无分子取向，有隔音、隔热、耐腐蚀、抗燃等特性，瞬间可耐 2450℃ 高温，主要应用于防护服、航空航天、国防军工等领域。

西南林业大学和厦门大学共同研发硼改性的高邻位酚醛树脂制的酚醛纤维，以改进纤维的耐热性和力学性能。制法是在常压下以苯酚和甲醛为原料，用醋酸锌和草酸为催化剂，硼酸为改性剂，制备 B 改性高间位酚醛树脂（BPRs），熔纺后在甲醛和盐酸混合液中固化，然后在高温下热处理而制得。新改性纤维的拉伸强度为 187.2MPa，断裂伸长率为 10.5%，热稳定性、力学性能均有改进。

4.1.7　硼纤维

目前硼纤维主要由美国国家航空航天局（NASA）小批量生产，主要发展碳芯硼纤维和钨芯硼纤维。美国特种材料公司生产的硼纤维直径 $102 \sim 142 \mu m$，拉伸强度和模量各为 $3600 \sim 4000MPa$ 和 400GPa，压缩强度 $>6000MPa$，热胀系数为 $4.5 \times 10^{-6}/℃$，还生产单向预浸带 "Hy-Bor"。我国航空 621 所等为满足航空航天及国防等的急需曾研发过此纤维，但迄今仍处于实验室水平。中国科学院沈阳金属所发明了具有防辐射功能的连续硼单丝增强含硼聚乙烯复合材料。先将连续单根硼纤维密排成单层带，然后对含硼的聚乙烯薄片和硼纤维单层带进行铺层排放，最后用真空热压方式将其致密化成型。它既有屏蔽中子和 γ 射线的功能，还兼有良好力学性能、舒适性、无毒害等属性，可满足核燃料后处理厂用防辐射服的性能需求。

4.2　生物基复合材料的应用

玻璃纤维或碳纤维复合材料风电叶片废弃品极不易被化学分解和生物降解，采用堆积或掩埋将会占用大量土地并污染地下含水层，而采用焚烧处理又会产生有害气体。因而，有必要开发一种可回收利用的生物基新型环保叶片，这就要求所使用的原材料具有可持续使用或可生物降解而不污染环境的特性。

4.2.1　生物基复合材料的特性

生物基复合材料是近年来兴起的一种新型材料，主要原料取材于农作物秸秆短纤维、竹子短纤维、麻短纤维等。通过与生物基树脂复合，具有资源丰富、生物可降解的优点，可用于风电机组叶片轻量化设计和小型叶片制造。生物基树脂近些年来研究颇多，以生物基环氧树脂和聚氨酯为代表。

传统的环氧树脂固化后会形成高度交联的三维网络结构，这种致密的交联网络所具有的不溶不融特性赋予了环氧树脂优异的热稳定性、力学性能及耐化学药品性能，使其广泛应用于电子封装、复合材料、涂料及胶黏剂等领域。然而，常用的双酚 A 型环氧树脂由于其来源于不可再生的化石能源以及包含生物毒性的双酚 A 而被限制应用，因此，需寻找可替代的可生物降解环氧树脂。此外，石油基环氧树脂固化的材料易受机械、热、化学、紫外线辐射等因素的影响，在结构中产生深层微裂纹，从而造成变形或损坏。固化后环氧树脂材料具有永久交联的三维网络结构，一旦出现断裂或损伤，环氧树脂及其复合材料的修复、加工再利用及回收降解都是棘手的问题。

DGEBA 是应用最广的一种商业型环氧树脂，它是由双酚 A（BPA）和环氧氯丙烷以氢氧化钠为催化剂反应而工业化生产的。根据文献报道，由于 BPA 的结构与雌激素相似，长期接触 BPA 会严重干扰人类和动物的内分泌系统正常工作。此外，BPA 也会通过肉类影响人类健康。其应用在许多国家受到限制，特别是在婴儿奶瓶、食品包装和医疗卫生器具等方面。因此，开发性能与石油基产品相当的生物基环氧树脂成为促进社会可持续发展和提高公共健康水平的研究热点。

生物基环氧树脂主要以淀粉、葡萄糖、木质纤维素、植物油等农业或林业产品为起始原料，这不仅减少了化石能源的消耗，缓解了资源矛盾，还降低了传统化学品在生产制备过程中产生的能耗及对自然环境的污染。因此，开发以可再生资源为基础的生物基环氧树脂不仅具有广阔的应用前景，而且对社会的可持续发展也具有重要意义。

由于包含独特的芳环结构以及丰富的来源，植物中的多酚结构因其易合成环氧树脂而受到众多研究者的特别关注。目前科研人员正在致力于利用可再生资源特别是天然存在的酚类化合物和其他生物基酚类化合物如植物油、淀粉、纤维素、壳聚糖和异山梨醇，开发具有高附加值的化学品和生物基材料。

植物酚类物质，如丁香酚、愈创木酚、阿魏酸、香兰素、羊毛脂醇等，被认为是最主要的芳香族可再生资源，它们在开发新化学品和聚合物的优秀替代原料方面具有良好的应用前景和应用价值。植物酚类物质来源广泛，它可以直接从自然资源中提取和分离，或从改造农业的废弃物（如木材、坚果壳、纤维、果蔬皮和甘蔗渣）中得到。科研人员最近发现上述废弃物含有丰富的酚类衍生物，可以被重新利用，避免一定程度的资源浪费，这些生物基酚类衍生物有望替代众多石油基芳香化合物而被广泛应用。

木质素是一种含芳香基的天然可再生高分子聚合物，与纤维素和半纤维素共同构成了植物的骨架，在自然界中的蕴藏量仅次于纤维素。木质素的组成及化学结构较复杂，分子结构中含有芳香基、甲氧基、醇羟基、酚羟基等许多重要的活性基团，这也决定了其能够发生多种化学反应。通过化学反应、催化和酶改性方法，木质素可以被解聚成小分子化合物，如酚类、醛类和脂肪族化合物。这些低分子量的活性化合物可以通过使用酶催化、微生物和化学合成等方法进一步转化为酚类物质，应用于环氧树脂领域。

蔗糖是自然界中分布最广的二糖，以其为原料制备的聚合物在食品、化工、生物和医药等领域均得到了应用，其中也包括环氧树脂。国外报道了以混合物形式存在的两种蔗糖基环氧单体。在环氧化过程中，改变反应体系中的过氧酸浓度可以控制每个蔗糖分子所含环氧基团的平均数目。这类蔗糖基环氧树脂单体固化后的起始分解温度高达 320℃。

植物酚类代表了不同工业产品的重要原材料。它们分子结构中含有酚羟基、芳基、饱和或不饱和键的侧链、羰基和羧基等功能基团，可以提供灵活多样的接枝修饰，被设计、制备成新型生物基制品和可再生材料。从这些生物基酚类和酚类衍生物中，人们已经开发出具有特殊性能的环氧树脂聚合物，获得的材料可用于如抗菌、黏合剂、阻燃剂、自愈、可回收、形状记忆等诸多方面。

主要的植物酚类物质介绍如下。

（1）丁香酚

丁香酚是一种液体植物单酚，外观无色至淡黄色，来源丰富，可从某些精油特别是从丁香、肉桂、肉豆蔻、罗勒和月桂叶中提取。此外，丁香酚在漆树的汁液和从丁香中提取的精油中含量也很高。丁香酚还可以通过愈创木酚与烯丙基氯的烯丙基化反应得到。丁香酚也可以从木质素解聚中获得，但产量很低，不到 20%。目前，商业的丁香酚主要是从植物精油中提取。

如图 4-1 所示，丁香酚含有化学反应活性高的酚羟基和末端烯丙基，是苯丙酸类化合物的一员。由于酚类物质的存在，它具有某些药理特性，如抗菌和抗氧化特性，这在香水、化妆品和调味品的实际应用中非常重要。一般来说，丁香酚不能通过自由基聚合，因为丁香酚的烯丙基双键的反应性很低，而且对酚类羟基的自由基清

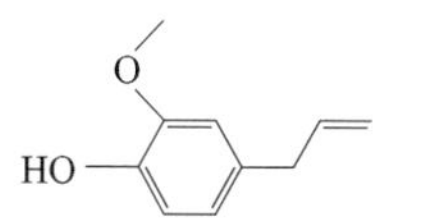

图 4-1　丁香酚化学结构

除能力很低。因此，人们开发了许多策略和化学改性，以开发活性单体，并构建各种新的聚合材料。如通过催化剂将丁香酚反应成一种功能性有机硅氧烷，经过高温处理后，可以很容易地转化为交联聚合物，具有良好的热稳定性和低介电常数（<2.77）。

（2）香草醛（香兰素）

香草醛是一种天然的酚类化合物，最初是从香草豆中提取的。由于香草植物生长缓慢，提取成本较高，香草醛的主要来源是木质素和愈创木酚。此外，工业上也可由丁香酚通过直接氧化或用浓碱水溶液处理，异构化为异丁香酚，再氧化制得。还可通过生物催化剂和发酵等生物方式生产香草醛，可以取代传统合成方法。它可用作化妆品的香精和定香剂、食品香料和调味剂。

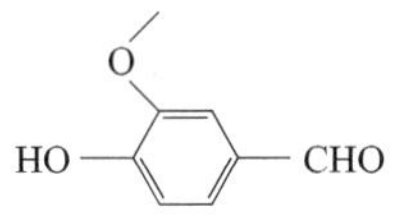

图 4-2　香草醛化学结构

如图 4-2 所示，香草醛的结构有几个反应性基团，包括一个酚羟基、一个醛基和一个刚性环。香草醛的这种独特的化学结构允许许多化学反应、修饰和聚合，以产生具有不同机械和热性能的香草醛基产品。目前已经开发了一系列基于香草醛的生物基聚合物，如聚苯噁唑、酚醛树脂、聚氨酯、环氧树脂等。另外，香草醛可以通过氢键或化学反应引入其他聚合物中，以提高聚合物的整体机械和热性能。有学者通过化学反应制备了一种含巯基的香草醛基酯，固化后得到的聚合物拥有较好的热力学性能，同时还具备形状记忆和可降解回收性能。香草醛还可用于合成表面活性剂、光引发剂和抗菌成分。它还能促进聚合物的自组装并提高聚合物的热稳定性。

（3）阿魏酸

阿魏酸是源自木质纤维素的植物酚类物质之一，是天然的酚类植物化学物质，存在于许多非食用的生物资源中（如蔗渣、米糠）。阿魏酸可以直接从植物中提取，如小麦麸皮水解后的阿魏酸产量高达 85.7%。

如图 4-3 所示，阿魏酸是一类具有羟基、羧基和活性炭碳双键的羟基肉桂酸，可直接用于制备聚合物以及构筑交联聚合物网络。与其他植物酚类物质类似，阿魏酸也是一种有效的抗氧化剂，因为它对自由基（如活性氧）具有高反应性，被认为有潜力成为治疗人类疾病的植物化学物质。

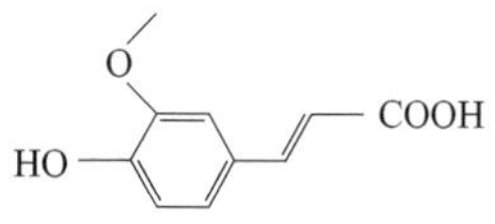

图 4-3　阿魏酸化学结构

（4）腰果酚

腰果酚可以从一些生长在印度、巴西和东非的水果壳中提取，如腰果和腰果树的果实，占腰果总重量的 25%～30%（wt）。研究表明，同双酚 A 型环氧树脂相比，含有 20%（mol）的该单官能团环氧化合物同双酚 A 型环氧树脂的共聚物，其拉伸、冲击及压缩强度均有所降低，但其断裂伸长率可得到大幅提高。

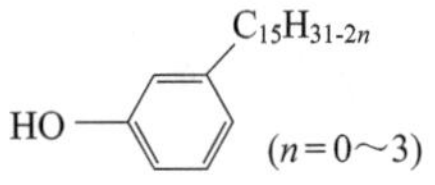

图 4-4 腰果酚化学结构

如图 4-4 所示，在腰果酚结构中有三个反应点，包括酚羟基、芳香环和烯烃侧链的碳碳双键。不同的反应活性位点被允许进行一些化学反应、修饰和聚合，因此，可以开发出大量具有优良性能的化学品和产品。修饰过的腰果酚表现出优异的抗菌效果（接近90%）和止血作用。国外某学者以腰果酚为原料，合成的甲基丙烯酸单体是可聚合的胶原蛋白交联剂，可加入牙科黏合剂中。此外，由于腰果酚是一种富含非异戊二烯酚类化合物的混合物，它还是生成纳米管、纳米纤维、凝胶和表面活性剂等各种软纳米材料的宝贵原料。腰果酚在制备一系列生物基聚合物方面发挥着重要作用，如酚醛树脂、苯并恶嗪、环氧树脂、聚氨酯等，由于其优良的性能，如高力学性能、强耐化学性、低介电常数等，已在涂料、弹性体、黏合剂和复合材料等领域得到广泛使用。

（5）儿茶酚（邻苯二酚）

儿茶酚是一种天然存在的具有两个相邻的（正）羟基的苯衍生物，广泛存在于天然产品中，多数以衍生物的形式存在于自然界中，例如：邻甲氧基酚和 2-甲氧基-4-甲基苯酚，是山毛榉杂酚油的重要成分；哺乳动物体内的拟交感胺，如肾上腺素、去甲肾上腺素等都是含儿茶酚结构化合物，它们的苯环上均带有一个 β 羟基乙胺侧链。

儿茶酚化学结构式如图 4-5 所示，儿茶酚结构中的邻位羟基，可以通过与胺或羧酸基团的生物共轭，或通过儿茶酚氧化与硫醇和胺形成邻醌，开发各种酚类衍生物。此外，儿茶酚可以通过与不同的金属离子配位，作为超分子结构的功能部分，或者作为大分子的重复单元。受贻贝蛋白黏附作用的启发，儿茶酚能够与不同化学和物理性质的底物建立强大的相互作用，例如含儿茶酚的氨基酸 3,4-二羟基苯丙氨酸（DOPA），多被用来作为黏附剂，可以黏附在物体表面上。

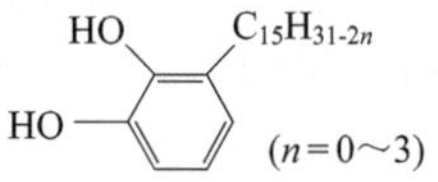

图 4-5 儿茶酚化学结构

（6）漆酚

漆酚是漆树漆液的主要成分。一般情况下，漆酚是通过溶剂萃取法从原始漆液中提炼的，通常使用乙醇和丙酮作为溶剂。

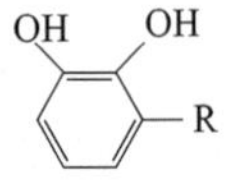

图 4-6 漆酚化学结构

从结构式（图 4-6）上看，漆酚是儿茶酚衍生物的混合物，含有一个长的烷基侧链（C15-17）。像其他儿茶酚衍生物一样，漆酚分子很容易黏附在材料表面，在有水分的情况下可以通过自聚合形成一层薄薄的疏水涂层，用于生产中国、韩国和日本的传统漆器。无论是通过硅氧烷改性还是利用酚类物质的特性，漆酚都拓宽了其在聚合物中的应用。值得注意的是，漆酚具有一定的生物危害性，对于大多数人来说，接触漆酚时大都会出现过敏性皮疹。

目前，有三种途径（图 4-7）可以从植物酚类中合成环氧树脂单体。

① 通过环氧氯丙烷与植物酚类中含有的活泼氢反应，如酚类和羧酸之间的缩合反应；

② 通过氧化试剂使碳碳双键过氧化形成环氧乙烷基团，如高苯甲酸、间氯过氧苯甲酸、

甲酸/过氧化氢，以及 CandidaAntarctica 脂肪酶等酶；

③ 通过缩水甘油酯与含有乙烯基或（甲基）丙烯酸双键（植物酚类或其衍生物中）的自由基聚合反应，引入环氧基团。

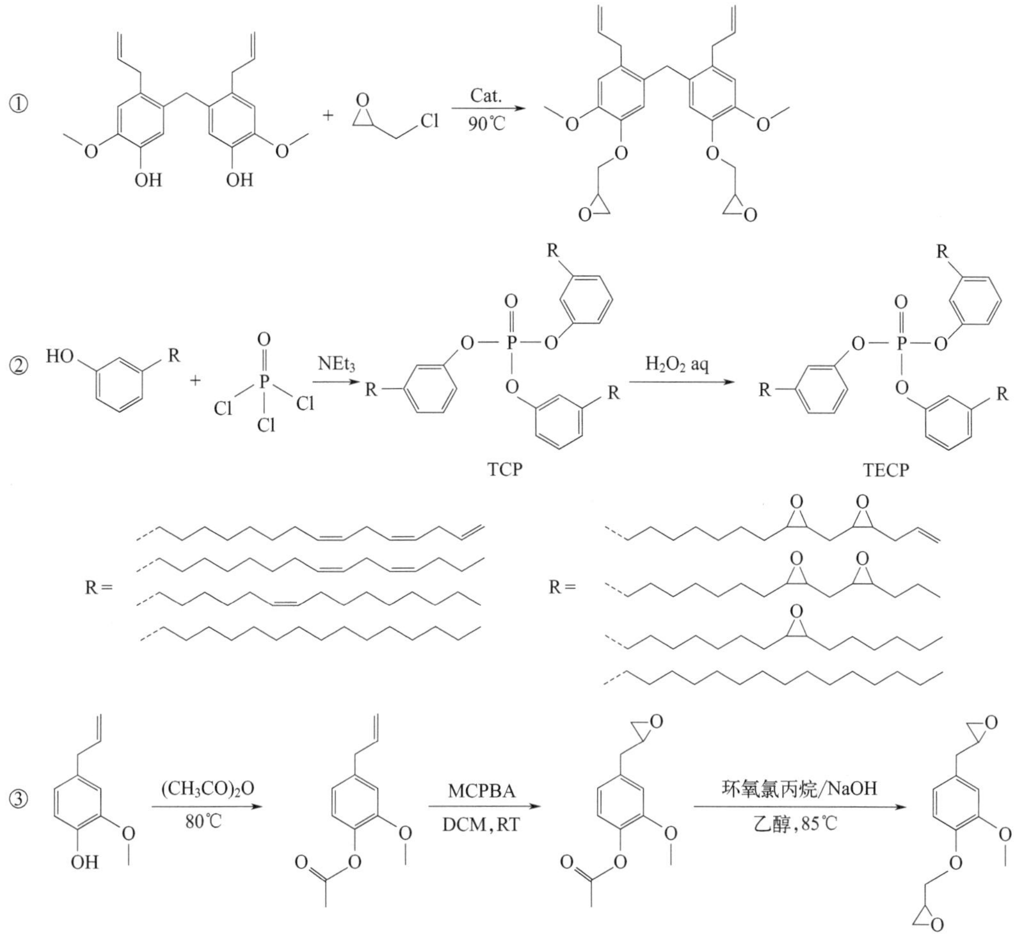

图 4-7　环氧树脂单体的三种合成方法

此外，许多科学家也会引入多个芳香环来改善环氧树脂的热力学性能，或者使用桥接试剂将重复的植物酚类分子耦合起来，可以提供更多的活性位点，以合成含有至少 2 个官能团的含芳烃环氧树脂单体，以便进行聚合反应。

通常有如下三种偶联方法可以获得具有多种功能的多芳环的环氧单体。

① 取代反应，然后烯丙基官能团环氧化；

② 芳香-芳香偶联反应，然后烯丙基官能团环氧化；

③ 使用桥接试剂进行芳烃偶联反应，然后进行环氧化反应。

利用这三种方法得到的所有单体都可以通过胺或酸酐硬化剂交联，生成热固性材料。为了获得高功能性和刚性结构的环氧单体，有研究者报道了从丁香酚中经烯丙基化、克莱森后处理和氧酮环氧化反应得到的含有三个环氧基团的单体。在用三种不同的生物基硫醇和碱性催化剂固化后，得到的全生物基环氧树脂具有刚性交联结构，玻璃化转变温度高达 10^3 ℃。

植物酚类物质不仅可以用来生产环氧树脂单体，作为 DGEBA 的替代品，还可以用来制造固化剂，作为常用的石油基胺、酸和酸酐的替代。国内学者采用生物基二酸固化环氧大豆油，制得的环氧树脂具有优异的力学性能和热稳定性。将含螺旋二缩醛单元的生物基胺固化剂与 DGEBA 固化交联，可得到可降解的环氧树脂。由于植物酚具有刚性的芳香环结构，在环氧树脂中引入植物酚类化合物可提高环氧树脂的热学和力学性能。因此，开发系列植物酚基环氧树脂作为石油基环氧树脂的替代品势在必行。

聚氨酯（polyurethane）是聚氨基甲酸酯的简称，是主链上含有重复的氨基甲酸酯基团（—NHCOO—基团）的一类高分子聚合物的总称，具有优异的机械强度和耐弯曲性。通常由二元或多元异氰酸酯与多元醇进行一系列聚合反应而合成，属于典型的嵌段型共聚物。实际合成过程中，根据反应原料官能团数目的不同，可分别制成线型或体型结构的聚氨酯材料，由于其相容性好、分子设计自由度大，使得聚氨酯材料种类繁多，用途十分广泛。聚氨酯可分为弹性体、泡沫体、黏合剂、涂料等，可替代塑料、橡胶、尼龙等材料。从 20 世纪70 年代开始，聚氨酯作为一种医用材料开始受到关注，随之聚氨酯医用材料产业迅速崛起。

聚氨酯的化学结构特征是主链上含有大量重复的氨基甲酸酯基团，在聚氨酯弹性体中，同时存在"软段"和"硬段"，"软段"为多元醇类物质，极性弱，构成材料的连续相，是聚氨酯材料具有弹性的原因，与此同时起到控制聚氨酯耐低温、耐溶剂、抗酸碱性的作用；"硬段"是由异氰酸酯基团与扩链剂反应形成，极性强，构成材料的分散相，是聚氨酯材料具有刚性的原因。此外，氨基甲酸酯基团使分子链间形成大量的氢键，作用力极强，通常呈现晶态。"硬段"在整个聚合物中起到了物理交联点的作用，并成为连接"软段"的"桥梁"，使聚氨酯材料获得强度的同时，也控制着聚氨酯的耐磨性、耐热性等性能。柔性"软段"与刚性"硬段"交替连接形成了聚氨酯独特的嵌段式共聚物结构。

聚氨酯的特殊形态决定了其性能上的特点。聚氨酯的形态是由软硬段的化学结构、分子量、配比决定的，"软段"相为聚氨酯提供低温性能、弹性和断裂伸长率，"硬段"相提供弹性模量、强度和耐热性等性能。由此在聚氨酯合成过程中就可以选用不同的原材料，通过改变或控制软硬段种类、比例等方法实现对其结构的控制，从而在微观上得到具有特定结构的材料，在宏观上实现对其性能的调控。

① 结构对力学性能的影响　聚氨酯弹性体的"软段"主要由低聚物多元醇组成，主链结构对弹性体的拉伸强度、撕裂强度等性能影响较大。常见的聚醚型聚氨酯弹性体具有较低的玻璃化转变温度、较高的水解稳定性、较差的力学性能。这是因为随着多元醇分子量的增加，醚键的数量增加，"软段"含量增加，导致聚醚型聚氨酯的力学性能下降。聚氨酯弹性体的"硬段"为异氰酸酯基团，随着异氰酸酯用量增加，聚氨酯"硬段"的含量增加，内聚能增大，柔韧性、伸长率降低，而拉伸强度和撕裂强度升高。扩链剂是连接"软段"与"硬段"之间的桥梁，因此用不同的扩链剂得到的弹性体的力学性能就不同。扩链剂的支链越少，则反应产物极性越强，所得到的聚氨酯弹性体的强度越高。

② 结构对表面性质的影响　对于医用聚氨酯材料而言，除了要有优异的力学性能外，还要有优异的表面性质。聚氨酯的微相表面结构与生物膜极其相似，存在不同表面自由能分布状态，改善了材料吸附血清蛋白的能力，因而聚氨酯材料具有良好的组织相容性和血液相容性。不同聚氨酯表面的组成与结构有明显差异，对材料表面进行修饰改性，如在表面固定活性物质以利于生化过程的进行等，聚氨酯的表面性质会对它的亲水性有很大的影响。

③ 结构对降解性能的影响　预聚物的结构对材料的降解行为有很大的影响，预聚物结构单元中含有易水解基团，有利于聚氨酯的降解，因此可通过调节预聚物的水解性来控制聚

氨酯降解速度。此外，预聚物的空间构型、取代基、结晶度等都影响聚氨酯的降解性能。

④ 结构对生物相容性的影响　生物相容性是材料能否植入体内的关键性因素，聚氨酯材料尽管本身具有良好的生物相容性，但在临床使用上也曾经出现过严重的问题。因而有必要研究如何提高聚氨酯材料的生物相容性。有学者用赖氨酸二异氰酸酯合成聚氨酯，通过聚氨酯材料上的细胞培养实验，证明了聚氨酯材料不会影响细胞的存活与生长，具有良好的组织相容性与可降解性。

目前生物基可降解型聚氨酯材料的合成主要是通过共混或共聚的方法引入可生物降解成分或基团作为软段，如聚乳酸（PLA）、聚己内酯（PCL）、聚羟基乙酸（PGA）及其共聚物，以聚二异氰酸酯作为硬段，从而形成软硬段的嵌段式结构。通过调节软硬段的比例，可以控制其降解速率、弹性模量、结晶度、拉伸强度、断裂伸长率等主要性质，而该比率可通过人为控制与调节。研究人员用聚己内酯（PCL）和异氰酸酯（BDI）共聚反应得到热塑性聚氨酯，通过实验证明其在 PBS 溶液中经过八周时间即发生了降解；国外有学者研究了以小麦秸秆为原料制备出了生物基聚氨酯，利用乙酰化作用保护蔗糖部分羟基得到的二元、三元醇与二异氰酸酯反应制得了生物基聚氨酯。

合成聚氨酯原料中的异氰酸酯基团（—NCO）具有很高的活性，可以与不同的羟基发生反应，天然高分子化合物大都具有可降解性，把含有多羟基（—OH）的天然高分子化合物作为聚氨酯多元醇组分之一，制备聚氨酯材料，既可以减少多元醇的用量，降低成本，又能赋予聚氨酯制品良好的降解性能。

① 纤维素合成可降解聚氨酯　纤维素是一种多羟基化合物，它可以与异氰酸酯反应生成聚氨酯。研究人员采用不同浓度的羧甲基纤维素作为生物多元醇，部分取代聚醚多元醇来合成聚氨酯泡沫，该泡沫可生物降解，降解程度与填充物的类型及其浓度有关。国内学者以麻纤维和芦苇纤维的液化多元醇为原料，合成了密度为 $40kg/m^3$ 左右，压缩强度为 150kPa，弹性模量为 4MPa 的硬质聚氨酯泡沫塑料，其性能随着多元醇中植物原料含量的增加而提高，土埋法证明该泡沫塑料具有很好的土壤微生物降解性。此外，将玉米秸秆液化作为多元醇制备植物型聚氨酯软质泡沫，其缓冲性能良好，可应用于包装领域。

以上研究表明，用纤维素合成生物可降解聚氨酯的方法已经比较成熟，但也存在一些缺点。一方面纤维素在水和一般有机溶剂中的溶解性非常差，也缺乏热塑性，极为不利于成型加工，因此需要进行化学改性；另一方面纤维素虽然含有大量羟基，但仅有表面很少量的羟基能够参与反应，只有将固体形式的纤维素液化之后才能作为多元醇使用。

② 植物油合成可降解聚氨酯　植物油为脂肪酸三甘油酯的混合物，来源广泛，加工成本低廉，原料环保且产品可降解，属于可再生资源。目前有蓖麻油、大豆油和亚麻籽油等用来合成聚氨酯材料。其中蓖麻油不可食用，不与食物竞争，且来源广泛，受到人们的广泛关注。国外有学者采用蓖麻油和甲苯二异氰酸酯（TDI）合成了聚氨酯软泡海绵，在假单胞菌作用下其具有很好的降解性。国内有研究人员采用可再生的蓖麻油、甘油、TDI 为原料，可以合成出—NCO 的蓖麻油基聚氨酯（PU）预聚体，当蓖麻油基 PU 预聚体的 NCO 含量在 5.25%～4.93% 时，体系在 -18～40℃ 能固化成膜，且成膜物具有较好热学性能和力学性能。此外，采用麻油和 PEG 可以合成新型可降解聚氨酯材料，研究发现随 PEG 含量的增加，其水解速率和力学强度会增加。

③ 木质素合成可降解聚氨酯　木质素是一种芳香族化合物，其分子中含有醇羟基和酚羟基，可用来代替部分或全部的聚醚或聚酯多元醇用于制备聚氨酯。研究发现，以木质素为

多元醇可以合成高模量和低极限应变的聚氨酯膜材料，加入10％的木质素提供软段结构以改善聚氨酯的硬度和弹性，当木质素的含量为4.2％时，有很好的热力学性能。以木质素、二甲苯二异氰酸酯（MDI）和聚醚三醇为原料，在室温下四氢呋喃（THF）中聚合，所得的聚氨酯能够制成透明且均匀的薄膜。在聚氨酯中填充植物组分（糖浆、木质素、木粉填料、咖啡末等）可以同时改善其力学性能和生物降解性能，力学性能测试表明填充后的聚氨酯的强度与植物组分的含量呈线性关系递增。

④ 低聚糖合成可降解聚氨酯　低聚糖中含有多个羟基，可以作为多元醇和异氰酸酯反应制备聚氨酯。研究发现，以麦芽糖为原料与二苯甲烷二异氰酸酯进行直接加聚反应可以合成主链含麦芽糖基的线性聚氨酯。研究学者对葡萄糖、果糖、蔗糖与PEG-MDI的共混体系进行了热力学分析和力学性能测试，测试结果表明当葡萄糖和果糖含量为8％或果糖含量为14％时，可得到均匀性和延展性良好的薄膜。

⑤ 淀粉合成可降解聚氨酯　从20世纪70年代对可降解塑料的研究兴起，淀粉一直是不可缺少的重要原料，通过把淀粉及其衍生物掺混到聚合物中，创造微生物生长繁殖的条件来加速聚合物的分解，可以赋予共混物生物可降解性能。近年来，各国普遍将研究重点放在尽可能提高淀粉塑料的淀粉含量，最终得到不含其他聚合物的纯淀粉产品，即热塑性淀粉。有学者将50％预干燥的玉米淀粉和聚氨酯树脂混合，造粒熔融挤压制成一种具有高断裂强度的生物可降解聚氨酯薄膜，厚度为0.15mm的薄膜断裂强度可达16MPa，不含淀粉的薄膜为18MPa，将该薄膜部分埋入土壤中，暴露部分6个星期即完全分解。研究人员报道了一种制备含有等量未改性玉米淀粉和异氰酸酯封端的聚氨酯泡沫体的方法，玉米淀粉的添加能够改善聚氨酯泡沫体的耐磨性和压缩性，其亲水性也得到显著提高；4~5周内，60％~70％的淀粉会被微生物分解，而不含淀粉的泡沫体则没有受到微生物的影响。采用玉米淀粉对聚氨酯进行改性可以制成具有高吸水性的聚氨酯泡沫，除回弹率略有降低外，其余力学性能指标均达到或超过普通聚氨酯泡沫。当玉米淀粉含量达5倍时，聚氨酯泡沫的吸水能力比不含淀粉的泡沫增加近20倍。研究人员将40％的可溶性淀粉与小分子量的聚己内酯三元醇混合，与六亚甲基二异氰酸酯（HDI）反应制备聚氨酯泡沫塑料，淀粉可使泡沫塑料的模量提高而密度减小。

目前利用淀粉来制备天然生物可降解聚氨酯材料的研究最多，但是淀粉基聚氨酯的耐水性和湿强度较差，遇水力学性能明显下降，因此需要对淀粉进行处理，如用化学修饰、接枝共聚等方法进行改性。另外和纤维素一样，固体淀粉需要液化后才能作为多元醇组分使用。

利用人工合成的聚合物来制备可降解聚氨酯，主要是指采用分子设计原理合成出同时具有良好物理性能和优良降解性能的高功能化的聚氨酯。医学上应用的可降解聚氨酯材料大多属于此类，主要包括聚醚型聚氨酯、聚酯型聚氨酯、聚碳酸酯型聚氨酯等。目前常被用作伤口敷料、人造皮肤、人造心脏瓣膜、手术缝合线、药物可控缓释体系、神经导管、组织工程材料等。

① 聚醚型聚氨酯（PEU）　聚醚型聚氨酯常被用于制造伤口敷料、软组织，常用的聚醚有聚氧化乙烯（PEO）、聚氧化丙烯（PPO）、聚四亚甲基醚（PTMO）等。Lendell公司制造的聚醚型聚氨酯泡沫（Microbisan TM）伤口敷料，具有抗细菌和真菌的作用。有学者研究了聚醚型聚氨酯在胆固醇酯酶作用下的降解行为，结果证明聚氨酯的降解为氧化降解。研究人员采用PEG合成了一种聚氨酯热可逆水凝胶，初始相转变温度约为32℃，在37℃时达到最大模量值。该聚氨酯水凝胶具有可水解性，在胆固醇酯酶的作用下，降解速度逐渐加

快。此外，以 PEG、PPG、聚 3-羟基丁酸酯为软段，可以合成一种新型聚氨酯热可逆水凝胶，研究水凝胶的体外水解行为，发现水凝胶表面蚀蚀的孔洞随水解时间的延长逐渐增大。大量研究表明，聚醚型聚氨酯可以在水解酶，如木瓜蛋白酶、细胞衍生酶（胆固醇酯酶、弹性蛋白酶、羧酸酯酶）等作用下水解，也可以在血液中巨噬细胞所产生的氧自由基作用下氧化降解，导致生理条件下的应力开裂和材料损坏。

② 聚酯型聚氨酯（PBU）　相对于聚醚型聚氨酯，聚酯型聚氨酯则更容易降解，这是由于生物体是一个水环境，聚酯中的大量酯键容易发生水解而非氧化降解。常用的聚酯包括聚己内酯（PCL）、聚乳酸（PLA）、聚乙醇酸（PGA）及其共聚物聚乳酸-羟基乙酸（PLGA）等，它们常被用于制造人造皮肤、组织置换、神经导管和外科生物材料等。研究人员开发了一种由赖氨酸二异氰酸酯、乙二醇与己内酯的共聚物合成的聚氨酯网状物，用于构建双层人造皮肤的大孔底层（类似真皮），将其植入豚鼠的皮下发现该聚氨酯网状物能促进细胞快速生长，并在植入后 4～8 周内完全降解，无不良组织反应。利用 PEG 和 PCL 的共聚物为混合软段，可以制备一系列配比和结构不同的聚氨酯，降解实验结果显示，在脂肪酶的作用下，样品表面首先发生降解进而是本体降解。有学者用乳酸、乙交酯等合成了一系列可生物降解的形状记忆聚酯聚氨酯网状物，可以将其以临时的扁平形状通过细小的手术切口插入大体积的医疗设备，因此作为生物材料尤其是在微创外科手术中，该形状记忆聚氨酯有很好的潜在应用前景。

③ 聚碳酸酯型聚氨酯（PCU）　聚碳酸酯型聚氨酯相对于聚醚型和聚酯型聚氨酯具有更好的生物稳定性，不易被氧化降解，但在巨噬细胞和胆固醇酯酶的作用下易水解，其主要医学应用是制造人工血管。国内学者用碳酸酯（PCDL）、丁二醇（BD）和二环己基甲烷二异氰酸酯（H12MDI）为原料合成出了一系列聚碳酸酯聚氨酯（PCU）纤维，用于人工血管研究，以二氧化碳为起始物，与环氧乙烷（EO）合成了聚碳酸亚乙酯二醇，交联剂分别为丁二醇（BDO）和三羟甲基丙烷（TMP），制备出热塑性与交联型的可降解聚氨酯，并用土埋法测定了其生物降解性能。研究表明，所制的聚氨酯力学性能和降解性能均良好。研究人员分别用聚己内酯（PCL）和聚六亚甲基碳酸酯（PHC）合成了聚酯和聚碳酸酯型聚氨酯，体外降解实验表明，聚碳酸酯型聚氨酯的水解速度要慢于聚酯型聚氨酯，可用于制造软组织修复的支架。

以上三种类型聚氨酯的降解行为各有特点：聚醚型聚氨酯的降解方式主要为氧化降解，聚酯型和聚碳酸酯型的降解方式为水解，且聚酯型的水解速率比聚碳酸酯型要快。因此，在设计和合成聚氨酯时，选择合适的软段可以达到不同应用环境对降解方式和速率控制的目标。

4.2.2　生物基复合材料在叶片中的应用

由于当前许多的环境问题，研究人员一直致力于用天然的可生物降解材料替换现有的风电叶片材料体系。天然纤维如亚麻、椰壳纤维和竹纤维等，易于获得且加工成本低。国外学者 Valente 等在高密度聚乙烯基复合材料中使用了回收的磨碎纸和马来酸酐聚乙烯，有效提高了基体的强度以及纤维和基体的界面强度。

先进生物质增强材料作为一种通过径向分级、密实化、蒸汽氧化等性能改进和防虫、防霉及防腐处理后的复合材料，具有刚度高、稳定性好、低温阻尼好、成本低、加工时间短以及废弃物易处理等优点。生物基聚合物和生物复合材料可以提供更具可持续性的材料，同时降低对环境的影响并减少碳足迹，采用可生物降解的塑料基质，可以减少或避免环境中的碳排放。生物质增强材料与可生物降解的树脂类基质相结合，可以实现完全生物基和可生物降解的解决方案。

木质纤维复合材料用于风电叶片在国内外所做的研究较多，常用作木质纤维复合材料的木材是来源广泛的杉木和竹子。杉木具有密度低、强度高和模量高的特点，比较适合作为复合材料的增强相，由杉木层积材研制的风电叶片生物质复合材料力学和加工性能好，价格低，应用前景好。为了更好地指导风电叶片的生产，陈玲等研究人员对杉木薄板的浸渍量进行研究，他们用采自湖南省绥宁县寨市林场的杉木（树龄在 40 年以上、直径在 30cm 以上）制成的杉木薄板分别浸入到固含量为 20％和 30％的 EP 中，测试不同浸渍时间下的浸渍量。随着时间的增加，混合浸渍胶进入到薄板内部的浸渍量也增加；杉木薄板的树脂浸渍量的大小与 EP 混合浸渍胶固含量的大小有关，在相同浸渍时间内，杉木薄板在 30％固含量的 EP 混合浸渍胶中的树脂浸渍量要高，推荐可供选择的浸渍胶固含量和浸渍时间分别 30％和 30min。另外，黄晓东等学者根据弯曲弹性模量（EW）的大小，将该杉木分成三个等级（$EW<10000MPa$ 为三级，$10000MPa \leqslant EW \leqslant 12000MPa$ 为二级，$EW>12000MPa$ 为一级），并分别以 3 个等级的杉木为原料制备薄板层积材，后利用万能力学试验机检测。研究表明，由一、二级杉木制成的风电叶片复合材料，略高于其他材料（如桦木）制成的木材/环氧层积材，但是沿木纹方向的平均拉伸强度、平均压缩强度、拉伸弹性模量、剪切强度，均达到或超过目前国外风电叶片正在使用的常规无接头木材/EP 层积材的特性。他们还指出因为杉木顺纹方向力学性能好，故为了有效地抵抗风电叶片的弯曲载荷，应按其木纹平行于叶片轴向安装。

竹子来源广泛，强度和硬度高，韧性好，也适合作为复合材料的增强相。黄晓东等研究人员将采自浙江省新昌县的毛竹作为风电叶片复合材料的增强相，利用动态热机械分析仪进行全面的分析测试。实验证明，5～6 年生的毛竹竹青部分具有优良的力学性能（低温存储模量为 10GPa 左右），一般可以作为风电叶片复合材料的增强相使用。祝荣先等学者以四川大邑地区 3～4 年生慈竹为主要原料，采用热压法生产工艺，研制风电叶片用竹基纤维复合材料（也称竹纤维复合材料或竹基复合材料），结果表明，密度在 $1.08～1.20g/cm^3$ 区间时，竹基纤维复合材料的拉伸强度、拉伸弹性模量、比刚度、压缩强度、压缩比强度、压缩弹性模量，均随密度的增大而提高，与一般的 GF 和 CF 复合材料相比，竹基纤维复合材料的比刚度和压缩比模量值介于两者之间。

D. U. Shah 等国外学者认为，小型植物纤维风力发电叶片经过设计可以具有良好的抗疲劳载荷性，这种叶片寿命可达 20 年。他们还对亚麻纤维复合材料叶片替代 E-GF 复合材料叶片的可行性进行研究，分别以亚麻纤维和 E-GF 为原材料，采用 RTM 工艺，制备了同等构造的小型复合材料叶片（长度为 3.5m，功率为 11kW），并对两种不同材质的叶片进行了对比。结果表明，在两种叶片中，纤维的体积分数几乎相同，亚麻叶片的质量要比 E-GF 叶片轻 10％。通过叶片的静态弯曲测试，在正常操作载荷和最坏载荷情况下，E-GF 叶片和亚麻纤维叶片都满足了设计和结构整体性的需要。经测试，亚麻纤维叶片和 E-GF 叶片的平均抗弯刚度分别为 $24.6kN \cdot m^2$ 和 $43.4kN \cdot m^2$，可以通过改善叶片设计增强亚麻叶片的刚度；亚麻叶片和 E-GF 叶片的失效方式不同，且亚麻叶片的破坏载荷和相应的叶尖挠度分别为 4.14kN 和 2300mm；制备的亚麻纤维叶片的成本是 E-GF 的 8 倍，随着亚麻纤维市场的发展，亚麻纤维的成本也将降低。可见，在小型风电叶片上，亚麻纤维有望成为 E-GF 良好的替代品。

国内的一些公司已经制造出了竹质生物质复合材料叶片。2008 年，无锡瑞尔竹风自主研制了 800kW、25m 长的竹质复合材料风电叶片，所使用的增强材料为杭州大庄地板有限公司提供的高性能竹层积材，顺纹拉伸和抗压强度分别大于 250MPa 和 140MPa，弹性模量大于 27GPa。低密度竹层积材占到叶片总重量的 50％以上，从而比玻璃钢叶片减轻 10％，机组发电效率提高 8％。2010 年，山东世纪威能生产出国内第一支 40.3m、1.5MW 竹质复合材料风电叶片，该叶片通过了动载荷及静载荷试验，且已经通过我国新能源领域的权威认证，各项指标达到国际标准。2010 年底，连云港中复连众复合材料集团有限公司也生产出 1.5MW 竹纤维复合材料风电叶片。杭州大庄集团研制出了以我国天然慈竹为增强相的复合材料风电叶片，使用该竹质复合材料叶片的风电机组已在河北张北县成功安装，同时实现并网发电，竹质复合材料风电叶片的发展已经开始了市场化进程。

4.3　新型涂层材料的应用

风电场的气候恶劣且风电设备至少要使用 20 年，为了避免设备受强光、风沙、腐蚀以及高低温侵袭而影响机组的安全运行，必须用涂层保护，提升叶片质量和使用寿命。目前市场上的风机叶片材料主要是纤维增强的环氧树脂和不饱和聚酯。风力发电机组运行时会遭受诸多恶劣环境，如温差大、光照强、风沙磨损、酸雨腐蚀以及冰雪侵袭，而叶片在高速运转时，叶尖速度一般会超过 100m/s，未经防护的叶片长期暴露在自然环境中，会很快磨损、老化并产生粉化现象，直至发生断裂。另外，大型叶片的吊装耗时且昂贵，一般需要其运行 10 年以上才进行一次维护。目前最简单有效的防护方法是采用涂料进行保护。不同环境对风电叶片防护涂料的要求也不一样，常用的防护涂料主要有两种。

① 内陆用防护涂料。目前 90％以上的风电机组都是在陆上工作，所处的工作环境往往光照强、风沙及温差大，比如我国西部地区。这就要求叶片防护涂料必须具有优异的耐候性、耐冲击性、耐磨性及高低温柔韧性。此外，这些地方冬季往往比较寒冷，雨雪天气较多，叶片覆冰严重影响了发电效率，并且会大大缩短叶片的使用寿命，因此防覆冰性能也是一个很重要的指标。

② 海上用防护涂料。海洋拥有巨大的风力资源，欧洲国家在海上风电方面走在世界前列。2011 年，包括英国、丹麦、荷兰、比利时等在内 9 个国家的 49 个风电场总共 1247 架海上风电机组发电 3.294GW。2014 年，海上累计装机容量已达到 8.771GW。2020 年，海上风电装机总量将达到 40～55GW，占欧洲用电需求的 10％，预计到 2030 年将增大至 17％。未来的海上风电将会成为发展最为迅速的新能源技术。我国海上风电正处于快速发展中，如在建的上海东海大桥和临港海上风电场将会引领我国海上风电的发展。因为受到海洋环境的影响，海上风电防护涂料除需具有优异的耐候性及高低温柔韧性外，还需要极佳的防腐性能。此外，优异的防覆冰性也是必不可少的。

无论是内陆用防护涂料，还是海上用防护涂料，与基材优异的附着力、耐化学介质及耐雨蚀性能必不可少。叶片前缘部位是叶片最薄的地方，通常为曲面，最容易受到风沙磨损及雨蚀损坏，大型叶片的前缘防护是一项非常重要的工作，直接决定了叶片的使用寿命及工作效率。传统上采用在叶片前缘贴膜的方法对其进行防护，但是在叶片运行中会产生空气湍流及许多噪声，且很容易遭受紫外线损伤，此外贴膜的二次维护也十分困难。国外对此部位的防护非常重视，目前均采用涂料进行保护，因此风电叶片的防护涂料需要具备诸多优异的性能，才能延长叶片的使用寿命并提高工作效率。树脂是影响叶片涂料的主要因素，对于树脂的研究，国内外已经进行了许多工作，目前可应用于风电叶片的树脂主要有聚氨酯树脂、丙烯酸树脂、氟碳树脂、有机硅树脂及环氧树脂。

我国环氧类防腐涂料占比最高，在 30% 以上，其次是聚氨酯类涂料，两者所占比重约为 60%。其中，风电叶片使用较多的是聚氨酯类涂料。聚氨酯涂层的保护寿命一般不超过 8 年，风电机组使用期间需 3 次以上的重涂和维修，维护成本相对较高。此外，氟碳涂料的保护年限可达 20 年，在风电机组的使用寿命期，至多只需一次维护。同时，氟碳涂料的漆膜年损失量低，涂装过程中 VOC 排放相对少，比较符合环保理念。风电叶片用涂料基本由国外公司主导，如德国美凯威奇、美国 PPG、德国巴斯夫等。我国企业主要有海隆涂料、麦加芯彩、渝三峡、飞鹿股份等。

4.3.1 防覆冰涂层

风电机组多安装在高山及草原、沙漠、戈壁滩、沿海滩涂或近海区域，受冬季气候变化影响，机组的叶片表面会发生覆冰现象，导致叶片工作性能异常和机组输出功率无法达到保证功率曲线要求而停机。南方高海拔地区的风电场由于空气湿度相对较大，当空气中较冷的潮湿空气、冻雨、冰雪所含的水汽，达到 0℃ 或以下气温时，便形成了冰晶，当遇到同样处在较低温度的机组叶片时，这些水分子颗粒便在机组叶片表面、风速计和风向标处形成较为严重的覆冰。

风机结冰类型主要包括如下两类。

① 云内结冰。当云内水滴温度降至 −30℃ 以下时，由于水滴尺寸较小，它们在空气中不易结冰。但是，当过冷的水滴撞击到表面温度低于 0℃ 的物体时，它们会在撞击瞬间迅速结冰，这种现象称为云内结冰。它的形成与液态水含量、温度、风速以及水滴尺寸大小有关。云内结冰通常可分为雾凇冰、霜凇冰和雨凇冰三种类型。其中，雾凇冰由小尺寸水滴形成，撞击物体表面时会从一点扩散成三角形形状。这种冰密度较小，易于清除。当水滴尺寸相对较大、含水量较高时，撞击物体表面会形成高密度的白色冰层，这时形成的为霜凇冰。霜凇冰与物体接触紧密，难以清除。在水滴降落过程中，若水滴未结冰，在接触物体后开始结冰并沿物体表面流动，则形成密度大、附着力强的雨凇冰。

② 降雨型结冰。降雨或降雪也可能形成高密度的光滑、均匀且透明的积冰，这种结冰现象称为降雨型结冰，其温度通常在 −6~0℃ 之间。相较于云内结冰，降雨型结冰的积冰速率更快，包括冻雨、小雨和湿雪结冰。当雪晶体遇到暖空气形成小雨或细雨时，并不会迅速结冰，而是在沿着物体表面流动的过程中积冰，形成的这种积冰密度约为 $900kg/m^3$。当空气湿度较高时，含有液态水的湿雪更容易附着在物体表面上，在温度骤降时形成积冰。

此外，当温度较低、液态水含量较高时，水蒸气会升华结冰形成冰霜。

叶片覆冰对风机所产生的影响如下：

① 影响叶片的气动性能，从而影响发电量。风机叶片覆冰，则它的空气动力学轮廓就会变形，减小风能利用系数，从而影响风机的输出功率，使发电量大大减少。

② 影响叶片寿命，增加维护成本。另外，叶片表面的大量覆冰会引起风机的附加载荷与额外的振动，从而降低使用寿命。如果采用主动除冰的方法，自然会增加其维护成本。如果采用被动除冰的方法，即在生产制造时就考虑到覆冰问题或增加除冰设备，会相应增加其运营和维护的成本。

③ 形成安全隐患。随着温度的回升，叶片上的覆冰在叶片旋转产生的机械力和自身重力的双重作用下，很容易被甩出去。而这些落冰可能会损害建筑物和车辆，甚至会伤害到风场的工作人员或者普通公众，埋下了安全隐患。也正是考虑到这点，所以在确认风机叶片覆冰后，需立即对风机手动停机。

对叶片覆冰的跟踪观察和模拟试验研究表明，叶片前缘附近由于撞击到叶片表面的水滴较多，并在叶片翼型前沿形成水滴绕流，大部分水滴凝结在翼型的下部，很容易冻结成冰。覆冰区域从叶片前缘翼型下沿的迎风面区域开始，大部分覆冰集中在叶片前缘，在轮毂附近的叶片根部位与叶尖到叶片中部近 3m 区域的覆冰相对严重，在整个叶片覆冰中该区域内的覆冰层的面积和厚度最大。

覆冰可导致机组叶片的发电量损失严重，因此分析并解决机组叶片防覆冰问题非常必要。常用的除覆冰方法有：被动除冰（如机械除冰、液体防除冰、涂层防除冰等）和主动除冰（热气除冰、微波除冰、电热除冰等）两大类，各种除冰方法的优劣性能比较见表 4-1。由于风电机组叶片的表面积大，材质、形状、环境位置等相对特殊，对防抗覆冰的材料性质性能和工艺有着特殊严格的要求。表 4-1 中的几种除冰措施、方法及其除冰效果，基本达不到防抗叶片覆冰的功能要求，进而也难以具有实际的应用价值。将聚四氟乙烯和功能纳米材料制备成具有"自洁效应"的表面改性膜材料，是有望解决风电机组叶片防抗覆冰材料的最有效措施和方法。

表 4-1　风电机组叶片常用除冰方法、原理与应用效果

除冰方法	除冰原理	应用效果
机械除冰	机械敲击、振动，如超声波、滑轮铲刮、胶管充气膨胀、脉冲力等	原始、简单、难清除，人力物力消耗大，存在一定安全隐患
热气除冰	电阻丝加热（暖气流鼓风、微波加热、电阻丝加热、表面间接加热等）	叶片材料导热不良，除冰能耗大；受叶片结构的限制，结构较复杂或制造难度大；需要监控系统或需要特殊的防雷设计（如电热除冰）；不适合对现有叶片的技术改造
液体防除冰	防水液（乙烯乙二醇、异丙醇、乙醇等）	有效作用时间短，是一种短期防冰方法；用量大，污染叶片表面，需要经常维护，增加维护成本；在严重结冰状况下除冰的效果差
涂层防除冰	光热型（光敏型涂料、黑色涂料）	在雨雪或阴雨天，特别是晚间，无防冰效果；在夏季高温时，会加速表面老化；因涂料中溶剂挥发后，涂层表面露面较多，难以形成整个涂层面；需要定期对表面涂层材料进行修复和清洗
	疏水型（丙烯酸类、聚四氟乙烯类、有机硅类）	涂料具有低表面能，严重影响黏结力和耐磨性能；因涂料中溶剂挥发，涂层表面露面较多，难以形成整个防冰涂层面；材料性能退化明显，需要定期对叶片表面进行修复和清洗
微波除冰	微波发生器	受叶片结构限制，需要热量的迎风面因材质热导率小、厚度较厚，对于大型叶片除冰效果不理想；需要在叶片表面增加一层金属网来提高叶片表面吸热能力，给叶片制造工艺和维护带来了较大难度
电热除冰	电阻丝加热等	消耗大量能量；需要特殊防雷设计；需要监控系统；不适合在叶片上使用
高分子电热膜除冰	电加热	消耗能量大；需要特殊的防雷设计；与叶片直接粘接后需要特殊的防雷措施

随着新材料技术的飞速进步，超级疏水表面材料的涂层已成为研究热点，如通过喷砂和热液处理，在叶片表面涂层 FAS-17（Ti6Al4V 合金和氟烷基硅），表面接触角达 161°，摩擦角 3°。又如采用原子转移自由基引发聚合，将含氟/硅单体制备成超级疏水性材料，接触角为 170.3°，滞后接触角低于 3°，降低了水的结晶点，结冰时间从 196s 延长至 10054s。基于氟树脂的优异性能，聚四氟乙烯（PTFE）、聚偏二氟乙烯（PVDF）、聚氟乙烯（PVF）的涂层最具有实用价值，已成为防冰/除冰领域的研究主流，是解决防覆冰问题的有效的、公认的材料，其优异的性能能满足户外复杂气候变化的要求。

聚四氟乙烯树脂如 PVDF 或 PTFE 树脂，虽然有耐溶剂、耐热性、耐气候性等优点，但其固化需要高温（360℃）处理。FEVE 树脂（氟烯烃和乙烯基醚的共聚物），降低了固化温度（仅 170℃×20min），且可以与异氰酸树脂和三聚氰胺树脂混合使用，目前基于含氟涂料的改性产品已成功用于飞机防冰领域。

随着纳米制造技术的迅速发展，功能性无机纳米材料层出不穷，如抗静电的锑掺杂二氧化锡、自清洁和光催化的掺杂氧化钛等，采用共混改性方法，能制备出功能可控、表面粗糙度可控的功能性聚氟材料膜。相对于自洁性良好的 PTFE 膜材料，表面含二氧化钛改性的 PTFE 膜材料不仅具有优良的防污垢现象，还具有分解有机物污染的功能。

与防覆冰的聚氟材料的选择相比，工程化的风电叶片的施工更为困难，特别是对已安装风电叶片的施工显得特别困难。聚氟材料（PTFE、PVDF、PVF）有粉末状、乳液状、膜状、织物状等形式，其工程施加方法或固化方法各有优缺点。聚氟粉末固化方法：因聚氟的结晶度高，溶于有机溶剂，需高温（360℃）烘烤成膜；显然，采用热喷涂法或熔接法是不能直接在风电叶片上（如环氧玻璃钢或不饱和聚酯玻璃钢）施工的。聚氟乳液固化方法：氟烯烃和乙烯基醚的共聚树脂（FEVE）解决了氟树脂在常规溶剂中难以溶解的难题，实现了中温（170℃）固化。随着高反应活性网状乙烯基单体新材料的商业化，如丙氧化新戊二醇二丙烯酸酯、季戊四醇四丙烯酸酯、双-三羟甲基丙烷四丙烯酸酯、乙氧化双酚 A 二甲基丙烯酸酯、乙氧化双酚 A 二甲基丙烯酸酯和三羟甲基丙烷三甲基丙烯酸酯等。研究聚氟材料（PTFE、PVDF、PVF）与高反应活性乙烯基单体的低温固化技术，考察其对防除冰和抗老化等技术指标的影响，探索出中温固化施工工艺的可行性，是值得深入研究的课题。

PTFE、PVDF 和 PVF 膜材料已是成熟的技术，其厚度可控制，已大量用于纺织品层压复合、给水净化处理、废水处理等。在纺织领域，将聚氟材料膜黏合在其他基质（织物）上的复合技术已是成熟技术；但将聚氟材料膜粘接在风电叶片上，仍存在一些困难，表现在：

① 风电叶片的体积巨大（如风电场 2MW 风电机组，叶片长 51.38m，表面积 235.7m²），且表面呈多曲率的变化；

② 粘接牢固度及粘接使用寿命的研究缺乏经验数据；

③ 对风电叶片的表面要求（如杂质、静电等）较高，否则容易产生因气泡及长期暴晒引起脱落的现象。

因此，风电叶片基质的前处理及粘接牢固度的大幅度提高，是亟待研究的重点内容之一。

PTFE 纤维的工业化生产始于 1954 年，PTFE 纤维的纺丝经历了载体纺丝、糊状挤压纺丝及膜裂纺丝等的发展历程，现公认膜裂纺丝是提高 PTFE 纤维（短纤维，制作无纺布）性能和产量的最先进的技术，而挤压纺丝仍是提高 PTFE 纤维（长纤维，制作针织物）性能的最佳技术。

目前，我国氟树脂的聚合技术和 PTFE 纤维制品的应用技术已达到国外先进水平。聚氟材料短纤，可采用共混挤条和膜牵伸法制备，即先将 PTFE 粉末和润滑介质（如异构烷烃油、润滑剂、航空煤油）调成糊状物，然后在高压（15～20MPa）作用下挤压和多次牵伸制备；同样，功能纳米材料的 PTFE 短纤可采用共混挤条和膜牵伸法制备，将 PTFE 膜表面喷涂纳米材料溶液，烘干后经机械热轧压处理，制得纳米改性 PTFE 膜。但将纳米改性 PTFE 膜直接粘贴在风电叶片上，黏结胶及其粘接牢固度与寿命都存在问题。所以，通过在热压复合工艺作用下，将纳米改性 PTFE 膜与聚酯基织物进行高温粘接复合，制得纳米改性 PTFE 膜与聚酯织物复合膜。在纳米改性 PTFE 膜与聚酯基织物复合膜的聚酯基织物上，再进行光交联黏结胶的涂层并且烘干，制得纳米改性 PTFE 膜-聚酯基织物-光交联黏结胶复合膜。将含光交联黏结胶的一面直接粘贴在风电叶片的表面，粘接完成后，光交联黏结胶在紫外光作用下，光引发剂产生自由基，光交联黏结胶中各组分能形成共聚和交联反应，生成网状结构的丙烯酸酯树脂，大幅度提高了聚酯基织物与机组叶片的黏结强度。有望从本质上解决 PTFE 膜与聚酯基复合膜在机组叶片表面牢固粘接的技术难题。

4.3.2　防腐涂层

随着风电产业的高速发展，风电场的腐蚀防护也日益受到重视。PPG 公司推出了专门用于风机叶片的 Selemix 聚氨酯面漆以及用于塔筒的 PSX 和 Amershield 涂料。BASF 也推出了适用于风机叶片的 RELIUS 品牌涂料。相对于风电产业的快速发展，国内风电防腐涂料的发展较慢，缺乏风电场防护的专用涂料和品牌号召力。此外，目前国内外尚无专门针对风电场的防腐蚀涂装设计规范。

风电设备由于其安装地点不同，对防护涂料的要求便各不相同。图 4-8（a）所示是安装在内陆地区的风电设备；图 4-8（b）所示是安装在海上的风电设备。海洋大气与内陆大气不同，具有高湿、高盐、高风力、强紫外线辐射的特点，海上风机表面容易产生薄液膜，大气中的氯盐、氧、二氧化碳等会溶解于薄液膜中形成强电解质，破坏不锈钢钝化膜和普通钢结构表面的氧化膜，加速防腐蚀涂层的失效，从而诱发材料腐蚀，缩短运营寿命，带来安全隐患。与陆地风机相比，海上风电机组难以维修和维护，防腐蚀系统维护成本是车间生产的 50 倍，但维护后的效果却不及新建时的涂装体系。不同应用场合的涂层系统和干膜厚度，

(a)　　　　　　　　　　　　(b)

图 4-8　陆基与海基环境中的风电设备

可以根据 ISO 12944-5：1998 的规定进行设计。一般情况下，根据应用环境和腐蚀类型的不同，可以采用的涂层配料如下。

① 环氧（富锌）底漆＋环氧中涂＋脂肪族聚氨酯面漆；

② 环氧（无机）富锌底漆＋环氧中涂＋脂肪族聚氨酯/氟碳/聚硅氧烷面漆。

我国风电场主要集中在内陆以及沿海地带，离岸系统还比较少。中海油与金风科技合作建设了我国第一套示范海上风电场。2009 年 3 月，上海东海大桥海上风电项目完成 3 台样机的组装，而且国家能源局还将新规划 2～3 个海上风电示范项目，这意味着我国将进入海上风电的大规模开发阶段。由于海上环境更加复杂，大风、高盐以及紫外线等对海上风电场的防护构成了严峻的挑战。因此，防腐蚀设计成为海上风电场设计的重要环节之一。

目前世界上的近海风力发电机组大多数采用重力混凝土和单桩钢结构基础设计方案。海上风机基础的结构材料为钢材或钢筋混凝土，其防腐蚀设计根据设计水位、设计波高，可分为大气区、浪溅区、水位变动区、水下区和泥下区，各区应区别对待，并分别进行设计。

① 对于基础中的钢结构，大气区的防腐一般采用涂层保护或喷涂金属层加封闭涂层保护；

② 浪溅区和水位变动区的平均潮位以上部位的防腐一般采用重防腐涂层或喷涂金属层加封闭涂层保护，亦可采用包覆玻璃钢、树脂砂浆以及包覆合金进行保护；

③ 水位变动区平均潮位以下部位，一般采用涂层与阴极保护联合防腐蚀措施；

④ 水下区的防腐蚀应采用阴极保护与涂层联合防腐蚀措施或单独采用阴极保护，当单独采用阴极保护时，应考虑施工期的防腐蚀措施；

⑤ 泥下区的防腐蚀应采用阴极保护；

⑥ 对于混凝土墩体结构，可以采用高性能混凝土加采用表面涂层或硅烷浸渍的方法，或采用高性能混凝土加结构钢筋采用涂层钢筋的方法，也可以采用外加电流的方法。对于混凝土桩，可以采用防腐涂料或包覆玻璃钢防腐。

就海上风电场所用防护涂料来看，由于其大气腐蚀环境较严苛，因此，防护涂层厚度需达到 320～500μm（大气腐蚀环境）和 400～1000μm（海水浸泡环境），涂层系统设计寿命可以达到 15 年以上。涂料的选择方面，一般使用环氧涂料作为底漆，聚氨酯涂料作为面漆。也可以采用聚硅氧烷或氟碳漆作为面漆，聚硅氧烷面漆可以增加风机叶片表面的光滑度，降低阻力；而氟碳漆具有高耐候性，可以延长涂层的寿命至 20 年以上，在海上风电场维修困难的情况下，具备较大的优势。

聚氨酯树脂具有优异的耐磨性及高低温柔韧性，其中脂肪族的聚氨酯耐候耐腐蚀性能优异，是目前风电叶片涂料中使用最多的树脂。目前较为成熟的叶片防护涂料一般为聚氨酯体系，主要由弹性聚氨酯修补腻子、聚氨酯底漆及聚氨酯面漆组成。

国外早已开展对风电叶片用涂料的研究，近几年对叶片前缘用涂料的研究较多。对叶片前缘修补面漆耐风沙磨损及耐雨蚀性能的要求很高。国内外气候环境不同，国外在叶片涂料耐雨蚀方面开展了很多工作，目前常采用聚氨酯面漆。国外学者 Kuehneweg 等制备了一种可应用于风电叶片的双组分聚氨酯基防护涂料，研究发现，羟基组分对于漆膜的力学性能具有较大的影响，高分子量和低分子量聚醚多元醇混合得到的漆膜具有更好的拉伸强度和断裂伸长率，经过 3h 耐雨蚀实验，漆膜无变化，9h 后只有很轻微的腐蚀损坏，可以对叶片前缘进行有效保护。Connel 等制备了一种多层涂料体系，用于风电叶片防护，由环氧底漆和聚氨酯面漆组成，面漆随其中 NCO 与 OH 比例的增大，耐雨蚀性能增大，并且对比不同树脂面漆对叶片前缘耐雨蚀性能的影响后发现，聚氨酯树脂面漆的耐雨蚀性能要优于氟改性丙烯酸树脂及聚脲树脂面漆。Kallesoee 等认为，风电叶片前缘防护涂料的弹性与耐磨性同等重要，他们制备了一系列双组分聚氨酯面漆，由不同官能度及分子量的多元醇及异氰酸酯组成，发现多元醇组分中至少要含有 50% 的聚酯多元醇，分子量在 200～3000 之间，异氰酸酯组分官能度在 2～3 之间，分子量在 250～2000 之间，得到的聚氨酯面漆经 4h 雨蚀实验后无变化，可以有效地对风电叶片前缘进行保护。

受耐雨蚀检测条件的限制，国内目前对聚氨酯涂料在风电叶片上的应用研究主要集中在弹性及耐磨性上。内陆地区的风沙对叶片造成磨损是主要的损坏方式，采用聚氨酯，可通过选择不同种类的多元醇得到具有优异弹性及耐磨性能的涂料。中昊北方涂料工业研究设计院有限公司采用弹性羟基树脂制备了一种耐腐蚀、耐冲击的聚氨酯涂料。该弹性羟基树脂由己内酯多元醇、聚碳酸酯和异氟尔酮异氰酸酯制得，得到的面漆落砂实验结果为 $32L/\mu m$，耐水 4d 后落砂实验结果为 $29L/\mu m$，可应用于海上风电场等对耐冲击防腐要求较高的高湿环境。江苏海晟涂料有限公司公开了一种风电机组叶片用涂料，由一种高羟值的聚酯多元醇和聚醚多元醇制得，抗石击性能可达到 7A，附着力可到 9MPa，可应用于风电机组。张瑞珠等在水轮机叶片上喷涂弹性聚氨酯防护涂层，该涂层具有优异的综合力学性能，与水轮机叶片间的物理结合力达到 12.6MPa，磨耗值保持在 2～3mg/min，可以很好地解决水利水电工程及灌溉排水工程中的叶轮磨蚀问题。

目前风电叶片涂料市场基本上都是聚氨酯体系。比如，PPG 公司的 HSP7401 型聚氨酯底漆、AUE5000 型聚氨酯面漆体系及 Selemix DTM 系列底面合一聚氨酯涂料，已应用于市场；3M 公司的 W4600 型聚氨酯面漆耐雨蚀测试可达 10h，耐砂蚀测试＞$30g/cm^3$，耐磨性＜30mg（CS-10，1000g/1000r），也已投入市场，主要用于叶片前缘的耐砂蚀及耐雨蚀防护；麦加公司的 WU200 聚氨酯胶衣可通过 9h 的耐雨蚀实验，且经人工加速老化 4000h 后耐雨蚀时间基本不变，可以很好地保护叶片前缘。

环氧树脂涂料具有优异的防腐性能及粘接性能，但是柔韧性及耐候性能较差，这限制了其在风电叶片涂料尤其是面漆上的应用。海上风电叶片需要涂层具有优异的耐盐雾性能及耐潮湿性，如江苏普兰纳涂料有限公司制备了一种耐潮湿的兆瓦级风电叶片用环氧底漆，得到的漆膜与玻璃钢附着力超过 8MPa，耐水 10d 后吸水率小于 1%，耐水 15d 后无变化，且具有优异的耐盐雾性能。

环氧树脂底漆与脂肪族聚氨酯面漆制备的配套涂层可以为海上风电叶片提供防护，但内陆用风电叶片涂层需要具有优异的耐风沙性能，这就要求底漆也要有优异的柔韧性及耐冲击性能。聚氨酯改性环氧树脂底漆不仅具有较好的防腐性能及附着力，还大大提高了涂层的柔韧性及低温固化性能，并且与聚氨酯面漆具有更优秀的配套相容性。李儒剑等制备了一种风力发电叶片用底漆，主要由固体双酚 A 环氧树脂、液体双酚 A 环氧树脂及缩二脲型 HDI 聚异氰酸酯组成，固化后的涂层具有优异的力学性能、柔韧性及抗冲击性能，对玻璃钢的附着力远大于丙烯酸聚氨酯涂料，同时还具有环氧树脂优异的防腐性能，适用于风电叶片防护底漆。

此外，使用纳米无机材料改性环氧树脂制成的涂层，在耐磨性、耐候性及防腐性能方面均有一定程度的改善。Karmouch 等使用纳米级二氧化硅颗粒改性环氧树脂得到一种超疏水涂层，涂层表面接触角可达到 152°，且具备优异的耐候性，可应用在风电叶片基材上，但是其制备复杂，成本较高，仅处于实验阶段。

4.3.3 高温阻燃涂层

引起风电机组火灾事故的原因有很多种，风电机组容易发生火灾部位有机舱中的润滑散热系统、齿轮箱、刹车系统、机舱底座、传输电缆、控制柜等部位；叶轮中的叶片、整流罩、轮毂、叶片调节电机与控制系统。整个机舱布置密集，空间窄小，火灾危险性最高，如果发生火灾，对叶片根部直接产生威胁。另外，雷击对叶尖和接闪器也产生直接危害。因此，如何对叶片的特殊部位加以保护是亟待研究的课题。

风电叶片主要由高分子聚合物、纤维、夹层材料组成，具有可燃易燃的特性。叶片直接与轮毂相连，叶片根部内外表面设计涂刷阻燃涂层，当叶片所处的工作环境发生火灾事故时，位于叶片表面的高温阻燃涂层阻止火源将燃烧传递至叶片，能够直接保护叶片，防止叶片延续燃烧。在现有风电机组叶片的原有结构特殊部位的基础上，增加高温阻燃涂层，将火源与叶片隔离，可以有效防止叶片延续燃烧现象，延长叶片使用寿命。

叶片表面阻燃涂层就是将阻燃涂料涂覆于叶片表面形成的涂层，遇火受热膨胀形成隔热层，以达到防火阻燃的目的。其具有降低叶片表面的可燃性、阻滞火灾迅速蔓延等作用。阻燃涂层通常分为非膨胀型和膨胀型。

非膨胀型防火涂料一般是以硅酸盐、水玻璃作基料，掺入云母、硼化物等难燃或不燃材料。当其暴露于火源和强热时，其本身不燃烧并能形成一层隔绝氧气的釉状保护层，对物体起到一定的保护作用，但隔热性能较差，对可燃基材的保护效果有限。膨胀型防火涂料主要以高分子化合物为基料，加入阻燃剂、发泡剂、助剂、溶剂等材料，经分散而形成。涂层遇火时，可形成一种具有良好隔热性能的致密而均匀的海绵状或蜂窝状碳质泡沫层，能有效地保护可燃性基材。由于非膨胀型防火涂料的防火作用远不如膨胀型防火涂料，所以市面上一般很少采用非膨胀型防火涂料。

膨胀型阻燃涂层在遇火或强热时受热熔融并释放出不燃性气体，在叶片表面形成具有良好隔热性能的致密且均匀的蜂窝状炭化泡沫层，可有效地保护叶片基材。通过热传导公式 $Q = S\lambda\Delta T/\Delta L$（$Q$ 为传热量；S 为炭化层的面积；λ 为炭化层的热传导率；ΔT 为炭化层表面与叶片基材的温度差；ΔL 为炭化层的膨胀厚度）可知，当 ΔT 一定时，叶片表面的阻燃涂层遇火膨胀，其热电导率 λ 随之下降；炭化层厚度 ΔL 随之增加；阻燃涂层的传热量 Q 必然减少，从而起到隔热防火阻燃的效果。

高温阻燃涂料一般由基料、分散介质、阻燃剂、填料、助剂（增塑剂、稳定剂、防水剂、防潮剂等）组成。

基料是组成涂料的基础，是主要成膜物质，对涂料的性能起决定性的作用。对于防火涂料，其基料还必须能与阻燃剂相匹配，构成一个有机的防火体系。国内外通常使用的基料包括无机成膜物和有机成膜物。无机成膜物质有硅酸盐、硅溶胶、磷酸盐等。有机成膜物质种类繁多，一般为难燃性的有机合成树脂，如酚醛树脂、卤化的醇酸树脂、聚酯、卤代烯烃树脂（如过氯乙烯树脂）、氨基树脂（三聚氰胺树脂、脲醛树脂等）、焦油系树脂、呋喃树脂、杂环树脂（如聚酰胺-酰亚胺、聚酰亚胺等）、元素有机树脂（如有机硅树脂）、橡胶（卤化天然橡胶如氯化橡胶）等。还有名目繁多的以水为溶剂的乳胶，如聚醋酸乙烯乳胶、丙烯酸乳胶、丁苯乳胶等。共聚乳胶发展很快、应用也极广，如合成脂肪酸乙烯酯、乙烯、偏二氯乙烯、丙烯酸酯等。

阻燃剂是防火涂料能起到防火作用的关键组分。阻燃剂在受热时能吸收大量的热，释放出捕获燃烧产生的自由基及不燃性气体，或形成隔热隔氧且热导率很低的膨胀碳化层。能作阻燃剂的物质很多，通常的阻燃剂有：卤系阻燃剂，如氯化石蜡、十溴联苯醚、四溴双酚 A 等；磷系阻燃剂，如磷酸酯、亚磷酸酯、含磷多元醇等；卤-磷系阻燃剂，如磷酸三氯乙醛酯和其他卤代有机磷酸酯等；无机阻燃剂，如氢氧化镁、氢氧化铝、硼酸锌、硼酸铝、三氧化二锑、氧化锆、偏硼酸钡、氧化锌、碳酸钙、无机硅酸盐等；膨胀型阻燃剂，它是一个防火体系，这个体系是由脱水剂（酸源）、成碳剂（碳源）、发泡剂（受热分解出不燃性气体）组成。

脱水剂是促进涂层产生不易燃烧的碳化层的物质，在受热分解时产生的磷酸易与涂层中含羟基的有机物作用而脱水碳化，该碳化层的形成起到阻止或减缓火灾延续的作用。国外主要用聚磷酸铵及有机卤代磷酸酯作脱水催化剂，有机卤代磷酸酯如磷酸三甲酚酯、磷酸三苯酯、三氯乙烯基磷酸酯、氯桥酸酐等物质毒性较大，价格昂贵，用得相对较少。国内早期以磷酸铵和偏磷酸铵为主。随着合成技术的发展，目前已广泛采用聚磷酸铵和磷酸三聚氰胺，后者是较好的脱水剂。

成碳剂的主要作用是促进和改变热分解进程，使含有羟基的化合物脱水碳化，形成三维的不易燃烧的泡沫碳化层，对泡沫碳化层起骨架作用。成碳剂通常采用多元醇化合物（如季戊四醇、二季戊四醇、三季戊四醇、山梨醇），碳水化合物（如淀粉、葡萄糖等），树脂（如蜜胺甲醛树脂、氨基树脂、聚氨酯树脂、环氧树脂等）。

发泡剂遇高温受热时能分解释放出氨气、二氧化碳、水、卤化氢等气体，鼓吹起碳质层形成多孔的不燃碳质泡沫。发泡剂常用三聚氰胺、双氰胺、碳酸铵、聚磷酸铵、尿素等含氮化合物及氯化石蜡、氯化联苯等。磷酸铵、聚磷酸铵、磷酸脲、磷酸蜜胺等既是酸源，也是发泡剂。

在火源的作用下，发泡剂、成碳剂、脱水剂三者相互作用，发泡组分能在较低的温度下分解、膨胀，形成立体碳质泡沫层。成碳剂为膨胀防火涂料提供碳架，是形成泡沫碳质层的基础，在催化剂与发泡剂的作用下，与提供碳源的高碳化合物作用，使正常的燃烧反应转化为脱水反应，脱水形成不燃的海绵状碳质泡沫层，有效地把碳固定在碳骨架上，形成均匀致密的碳质泡沫层。

颜填料在防火涂料中与普通涂料一样，它不仅使防火涂料呈现必要的色彩而具有装饰性，更重要的是改善防火涂料的物理、力学性能（耐候性、耐磨性等）和化学性能（耐酸碱性、防腐、防锈、耐水性等）。金红石型钛白粉是涂料中广为应用的性能极好的白色颜填料。基料或阻燃剂中含卤素成分的防火涂料，为提高阻燃的协同作用，以锑白粉取代部分钛白粉，既起到颜料的作用，又提高防火效果。膨胀型防火涂料不宜采用抑制膨胀发泡，不利膨胀碳层形成的氧化铁型颜料，以有机型如酞菁系颜料为好。

助剂在防火涂料中作为辅助成分，用量少、作用大。它可以改善涂料的柔韧性、弹性、附着力、稳定性等性能，如为了提高涂层及碳化层的强度，避免泡沫气化造成涂层破裂，可加入少量玻璃纤维、石棉纤维、酚醛纤维，作为涂层的增强剂，也可提高涂料的施工厚度和防流挂性能。为改善涂层的柔韧性，常需要加入增塑剂，常用的增塑剂有：有机磷酸酯（磷酸三甲酚酯、磷酸三苯酯、三氯乙烯基磷酸酯等）、氯化石蜡、氯化联苯、邻苯二甲酸二丁酯（辛酯）等。同时，在涂料组分中加入热稳定助剂、抗老化剂、抗紫外光剂、表面活性剂等对涂料是十分必要的。如在涂料组分中加入一些低分子的环氧树脂，它们既能吸收氯化氢，又能与树脂分解所生成的双键结合，起到良好的稳定作用。对于水性防火涂料，助剂可提高涂料的稳定性和施工性，如加入增稠剂（羟甲基纤维素溶液）、乳化剂（OS-15、平平加等）、增韧剂（氯化石蜡、磷酸三甲酚、卤代烷基磷酸酯等）、颜料分散剂（六偏磷酸钠等）。

某高温阻燃涂层配方设计如表 4-2 所示。

表 4-2　高温阻燃涂料的配方组成

原料			规格	质量分数/%
甲组分	树脂	羟基丙烯酸树脂	进口	20～30
	颜料	颜料	进口	10～20
	阻燃剂	微胶囊化聚磷酸铵	国产	20～25
		双季戊四醇	国产	10～15
		三聚氰胺	国产	10～15
	填料	玻璃微珠	国产	10～15
		膨胀石墨	国产	5～10
		硫酸钡	国产	5～10
	助剂	分散剂	进口	0～1
		消泡剂	进口	0～1
		流平剂	进口	0～1
		光吸收剂	进口	0～1
		光稳定剂	进口	0～1
		催干剂	进口	0～1
	溶剂	溶剂	工业级	0～10
乙组分	固化剂	N-3390	Bayer	定量

树脂基料是阻燃涂料中的重要部分，它对涂料的力学性能、防护性能起主要作用，同时对体系的膨胀与否有决定性影响。它与颜填料相互配合以保证涂层在正常工作状态下具有优异的附着力和力学性能，又能在遇火或强热时使涂膜拥有难燃性和优异的膨胀效果。要得到较好的膨胀效果，就要求涂层中的有机树脂的熔融温度、发泡剂的分解温度、成炭剂的炭化温度必须配合恰当。不同树脂对叶片阻燃涂料的影响如表 4-3 所示。

表 4-3　不同树脂对叶片阻燃涂料的影响

树脂基料	附着力	柔韧性	发泡能力	致密性	质量损失	耐老化性能
环氧树脂	5	2	3	4	5	1
丙烯酸树脂	4	3	4	5	4	5
聚氨酯树脂	4	4	4	3	3	4
有机硅树脂	3	1	4	5	5	5
醇酸树脂	2	3	2	2	3	2

注：数值 5 代表附着力最好、柔韧性最好、发泡能力最好、致密性最好、质量损失最少、耐老化性能最好；1 则反之。

由表 4-3 可见，选用性能相对均衡的丙烯酸树脂，配上含有异氰酸酯的固化剂形成丙烯酸聚氨酯体系，具有较好的附着力、柔韧性，发泡能力强、致密性好、质量损失小、耐老化性能佳，是制备风电叶片阻燃涂层的最佳方案。

膨胀型的阻燃涂料的特点是遇火或强热时，释放出不燃性的气体，如氨气、二氧化碳、水蒸气、卤化氢等，使涂膜膨胀形成蜂窝状泡沫结构。发泡剂选用得是否适当，其分解温度是关键。分解温度过低，释放的气体在涂膜成炭前溢出，起不到作用；分解温度过高，产生的气体会把炭层顶起或吹掉，不能形成良好的炭质泡沫层，一般选用胺类化合物做发泡剂。

成炭剂的作用是在涂层遇火或强热时形成三维空间结构的泡沫炭化层。一般选用含碳量高的多羟基化合物（如淀粉、季戊四醇、双季戊四醇、三季戊四醇、含羟基树脂等），在脱水成炭的作用下形成具有多孔泡沫结构的炭化层。成炭催化剂的作用是促进和改变涂层的热分解进程，加速涂层内含羟基的有机物脱水炭化生成非易燃的炭质层，有效地阻止或延缓火灾延续。成炭催化剂主要有聚磷酸铵、磷酸氢铵、磷酸二氢铵等磷酸铵类。聚磷酸铵具有脱水催化、发泡、阻（难）燃三重作用。选用微胶囊化的聚磷酸铵可降低其水溶解性，提高涂层的耐水性能。

在遇火或强热的作用下，阻燃剂相互作用。发泡剂在较低的温度下分解、膨胀，形成立体的炭质泡沫层。成炭剂在阻燃涂层中提供框架，是形成泡沫炭化层的基础，在催化剂和发泡剂的作用下，与提供的高碳化合物作用，使正常的燃烧反应转化为脱水反应，形成不燃的泡沫炭质层。

填料通常选取耐热、能增加膨胀层致密性、提高膨胀层硬度的无机物。玻璃微珠可提高阻燃涂料耐火阶段前期、中期的隔热效果；膨胀石墨能延长耐火的时间；玻璃粉可提高涂层及炭化层的强度，使耐火时间延长。由于阻燃剂中颜填料所占比例较大，为保证涂料体系的稳定性和良好的施工性，选用有效的高分子润湿分散剂可帮助颜填料进行润湿分散并缩短研磨时间，对改善涂料的储存稳定性起到重要的作用。选用具有抑泡和消泡作用的有机硅类消泡剂，可消除生产和施工过程中形成的气泡。流平剂具有改善干燥过程中涂膜的流动性、提高涂膜的表观效果。为提高阻燃涂料的使用寿命，可添加紫外线吸收剂对漆膜的耐老化性能进行加强。

目前的高温与防火阻燃涂料技术尚存在一些安全性及耐候性问题，防火涂料在遇火产生膨胀从而对基材起到保护作用的同时，其阻燃成分有可能释放出诸如 NH_3、HCN、卤化氢、NO_x、CO、Cl_2、Br_2 等有毒气体。如果这些气体的浓度超过了人体的耐受极限，便会对未逃离火场的人员以及消防人员产生危害，应引起重视。目前有关防火涂料的国家标准中，并未考虑防火涂料遇火后产生有毒气体的种类、限量以及对人体的危害程度。为了解决安全问题，可以寻找新的防火阻燃组分，使防火涂料不但能对基材起到防火作用，而且燃烧后的产物不会对人体健康产生危害；还可以在现有体系中加入能吸收有毒气体的组分，它能起到抑制烟气和毒气的作用，减少燃烧气体对人体的危害。

对防火涂料进行天然老化和加速老化试验，发现部分产品出现粉化、起泡、脱落现象。涂层的防火性能均有不同程度的降低且理化性能也降低，耐火极限明显降低。导致涂料耐候性不好、影响涂料防火性能的因素主要是成膜物和防火添加剂。水性防火涂料所选的成膜物质主要是丙烯酸乳液、苯丙乳液、乙丙乳液等高分子合成乳液，这些乳液在做成涂料时都有较好的耐候性。但在防火涂料中由于其使用量较少（5%～10%，最高达25%），影响了耐候性能。目前，无论何种防火涂料，其检测报告所给出的耐火极限都是涂料涂装后1～2个月的检验结果，而火灾的发生可能是在防火涂料涂覆后的1年，也可能是10年或更长的时间。目前还没有找出一种评定防火涂料耐久性的方法，对各种类型的防火涂料在工程环境中的使用寿命缺乏科学的评价。如果火灾发生时，防火涂料已因老化或其他原因而失去应有的防火性能，后果将不堪设想。

防火添加剂的种类及用量是影响防火性能的直接因素。选择性能更好的氯偏乳液、硅丙乳液或者几种乳液搭配使用，以及适当增加乳液用量到 25% 或以上，可以改善防火涂料的耐候性。为了能在短期内预测防火涂料的实际使用寿命，还要对防火涂料耐久性的评定方法进行深入研究，以便确定是否需要更换或维修防火涂料。防火涂料厂商应在产品说明书中给出该涂料在不同使用环境下可使用的年限或更换周期，以便用户选择或使用后注意更换。

此外，防火涂料标准的制定与执行往往滞后于产品的生产与使用，这就使防火涂料的生产与销售容易出现无据可依的局面，部分劣质产品鱼目混珠，为使用带来隐患。为了解决这一问题，需要加快防火涂料标准的制定工作，使标准的研究制定工作先于产品的生产和使用。在执行标准的过程中，要做到有据可依，为防火涂料的应用打下坚实的基础。另外，要根据防火涂料的应用环境及火灾类型，补充、完善或细化现有防火涂料耐火极限的测试方法，以使测得的耐火极限值更符合实际情况。

国外在 19 世纪 70 年代就有了用灰泥、石膏、硫酸铝钒等与水调和的建筑防火涂料；20世纪 30 年代，防火涂料得到进一步发展；20 世纪 70 年代，日本亚沙奇公司首先开发了硅酸钠复合乳液的膨胀型无机水性防火涂料；20 世纪 80 年代，英国报道了以玉米淀粉、水玻璃为主体的膨胀型无机水性防火涂料，芬兰研制出以磷硅酸盐、高炉渣为主要组分的膨胀型钢结构防火涂料。随后，日本、捷克等国均开发了各种膨胀型防火涂料。

国内防火涂料的研究始于 20 世纪 50 年代，首先从钢结构防火涂料入手，70 年代即有小规模生产。20 世纪 80 年代，公安部四川消防研究所先后开发了以磷酸盐为基料的 E60-1 膨胀型无机防火涂料，以硅酸盐或复合硅酸盐为基料的 LG 钢结构无机防火涂料等系列品种。20 世纪90 年代以来，国内各公司及院校不断推出新产品，如北京建筑涂料公司研制出以玻璃粉、生石灰粉、硅酸钠、石棉粉为主要组分的无机膨胀型钢结构防火涂料；解放军总后建筑研究工程院采用复合涂层技术研制出分层分涂的无机膨胀型钢结构防火涂料；西安建筑工程研究所推出膨胀型硅酸盐无机防火涂料，利用梯次发泡原理，采用无机低温发泡层和高温发泡层的复合泡层，解决了火灾中钢结构前期升温快和后期涂层熔滴问题，综合性能较好。

环保的要求和呼声使高温阻燃涂料的研发向低污染环保型的方向发展，为此各国政府制定了相关法规，对建筑涂料的有机挥发物做出了明确的规定，减少 VOC 含量已经成为世界各国高温防火涂料的发展趋势。无机防火涂料不燃烧、耐高温，在高温作用下不会产生有害气体，无环境和健康的不良影响，在国内外防火涂料研究中越来越受到重视，是防火涂料发展的重要方向之一。采用配方中既含有膨胀型组分，又含有较多耐火填料组分，再加入高熔点的无机纤维等，使涂层在高温火焰作用下形成低膨胀率的高强度碳化层，确保膨胀涂层长时间耐火隔热而不脱落。兼具绝热性、隔热性、防辐射、防紫外线、防腐蚀性、防水性、绝缘性等的高温防火涂料将越来越受到重视。用具有特殊功能的树脂添加剂研究开发具有复合功能的防火涂料是亟待研究的重要课题。

4.4 新型材料的制备技术

4.4.1 先进制备工艺

目前风电叶片的蒙皮成型主要采用真空灌注工艺，在前后缘及叶根补强区则多采用手糊工艺。随着叶片轻量化对材料性能提升的要求和绿色环保理念的不断深入，预浸料和拉挤成型工艺在叶片上的新应用越来越受到关注。风电叶片的碳纤维主梁制造工艺主要为预浸料工艺、碳布灌注工艺和拉挤碳板工艺 3 种。其中预浸料工艺制备碳纤维大梁，以手工方式铺放，是生产复杂形状结构件的理想工艺，工艺及设备也成熟，但劳动环境比较差、效率低、成本很高，目前多在样机中使用，无法满足批量化使用的要求。碳布灌注工艺是目前多家风机及叶片厂家使用的工艺，该工艺比较成熟，对模具要求不高，模具制作简单，产品表面好，强度高，质量稳定，但该工艺对碳布要求较高，且生产效率不高，成本也较高，制约了其推广。拉挤碳板工艺是复合材料工艺中效率最高、成本最低的，而且纤维含量高、质量稳定、自动化程度高，适合大批量生产。利用碳纤维拉挤板材制备叶片大梁可以和叶片一起制作，铺层工艺简单，利用该工艺制作叶片的时间只有灌注工艺的一半，但对叶型设计有较高要求。

真空辅助树脂灌注成型（vacuum assisted resin infusion molding，VARIM）工艺，是在树脂传递模型工艺基础上发展起来的一种高性能、低成本的复合材料成型工艺。自 20 世纪 80 年代末开发出来，VARIM 工艺作为一种新型的液体模塑成型（liquid composite molding，LCM）技术，得到了航空航天、国防工程、船舶工业、能源工业、基础结构工程等应用领域的广泛重视，并被美国实施的低成本复合材料计划（Composite Affordability Initiative，CAI）作为一项关键低成本制造技术进行研究和应用。

VARIM 工艺的基本原理是在真空负压条件下，利用树脂的流动和渗透实现对密闭模腔内的纤维织物增强材料的浸渍，然后固化成型。VARIM 工艺的基本流程如下。

① 准备阶段。包括单面刚性模具的设计和加工、模具表面的清理和涂覆脱模剂、增强材料（纤维织物、预成型件、芯材等）和真空辅助介质（脱模介质、高渗透导流介质、导气介质等）的准备等。

② 铺层阶段。在单面刚性模具上依次铺设增强材料、脱模布、剥离层介质、高渗透导流介质、树脂灌注管道、真空导气管道等。

③ 密封阶段。用密封胶带将增强材料及真空辅助介质密封在弹性真空袋膜内，并抽真空，保证密闭模腔达到预定的真空度。

④ 灌注阶段。在真空负压下，将树脂胶液通过树脂灌注管道导入到密闭模腔内，并充分浸渍增强材料。

⑤ 固化阶段。继续维持较高的真空度，在室温或加热条件下液体树脂发生固化交联反应，得到产品预成型坯。

⑥ 后处理阶段。包括清理真空袋膜、导流介质、剥离层介质、脱模布等真空辅助介质和脱模修整等，最终得到制品。

和传统的开模成型工艺以及树脂传递模型工艺相比，VARIM 工艺具有以下优点。

① 模具成本低。与树脂传递模型工艺需要阴、阳双面刚性对模相比，VARIM 工艺只需要单面刚性模具；与模压工艺需要承受高温高压的成型模具相比，模具的制造成本较低，适用于设计开发不同结构复杂外形的大型模具。

② 制品外形可控，尺寸精确。VARIM 工艺对制品尺寸和形状的限制较少，可以用于航空航天、国防工程、船舶工业、能源工业、基础结构工程等领域中大厚度、大尺寸结构制件的成型，如火箭外壳、风电叶片、汽车壳体等。

③ 制品力学性能好，重复性高。与手糊构件相比，VARIM 工艺成型制品的力学性能可以提高 1.5 倍以上，并且制品的纤维含量高、孔隙率低、结构缺陷少、表面均匀光滑、构

件之间一致性高，因此VARIM工艺成型制品的质量稳定，具有很好的可重复性。

④ 环保性好。相比于开模成型时，苯乙烯、丙酮等挥发性有机化合物（VOCs）的挥发量高达35%～45%，VARIM工艺作为一种闭模成型技术，在树脂灌注和固化过程中，易挥发物和有毒空气污染物均被局限于真空袋膜中，因此几乎不对环境造成污染，是VARIM工艺最突出的一个优点。

⑤ 生产效率高。处于真空负压下的树脂能够沿着树脂灌注管道迅速导入到密闭模腔内，并在凝胶前充分快速渗透和浸渍增强材料，可整体成型大型复杂几何形状的夹芯和加筋结构件，与开模工艺相比，VARIM工艺可节省50%以上劳动力。

VARIM工艺的主要原材料如下。

（1）树脂

适用于VARIM工艺的树脂包括环氧树脂、乙烯基树脂、不饱和聚酯树脂、酚醛树脂等低黏度树脂。VARIM工艺对树脂的要求一般有以下几点。

① 树脂体系黏度低。一般要求树脂体系黏度在100～800mPa·s，最佳黏度范围为100～300mPa·s，从而使树脂在真空负压力作用下能够完全浸渍增强材料。树脂黏度过高，充模流动速度慢，并且对纤维织物的浸渍效果也不理想；树脂黏度过低，树脂流动速度太快，容易形成干斑等缺陷。

② 凝胶时间适宜。不同的工艺对凝胶时间有不同的要求，因此凝胶时间应可变易控，具有合适的操作周期，是VARIM工艺专用树脂体系的一项重要指标。一般对于大型制件成型而言，要求树脂体系的低黏度平台时间（即工艺操作窗口）不少于30min，以避免树脂在灌注过程就发生剧烈的凝胶反应和固化交联反应。

③ 固化放热峰值适中。高放热峰会降低模具的使用寿命，可能对制品中的芯材、加强筋等部件产生影响。同时，高放热峰可能引起部件的裂纹，影响制品性能。

④ 其他物理化学性能，包括良好的力学性能，以满足工程应用的高要求，抗热氧老化性、耐化学腐蚀性、阻燃性、无毒、成本低等。

（2）增强材料

增强材料一般包括E玻璃纤维、碳纤维、Kevlar纤维、Spectra纤维以及E玻璃纤维与其他几种纤维的混杂形式。增强材料可以是短切纤维或纤维织物，但通常采用织物，如无捻粗纱织物、加捻织物、双向缝合织物等，其中新型的针织材料和平纹单向纤维是较理想的选择。

（3）真空袋膜

耐高温尼龙膜和聚丙烯膜是最常用的真空袋膜，主要利用它们的延展性、柔韧性和抗穿刺性能；同时要求材料具有较高的耐热温度（具体需考虑树脂性能）和优异的阻隔气密性。

（4）密封胶粘带

密封胶粘带是一种以丁基橡胶为基胶，添加耐温的补强剂和增黏剂等助剂的真空袋膜密封剂，要求材料具有高弹性、表面粘接性以及耐温性等性能，保证在制品成型周期内具有优异的密封性能。

（5）高渗透介质

高渗透介质的作用是保证树脂在真空灌注过程中能够迅速渗透和流动，大幅度提高充模流动速度，通常可采用尼龙网和机织纤维。

（6）剥离层介质

剥离层介质的作用是将制品和高渗透介质或真空袋膜分隔开，避免真空辅助介质黏附在制品上。一般选用低孔隙率、低渗透率的薄膜材料作为剥离层介质，如 PE、PP 多孔膜等。

（7）轻质芯材

一般芯材都在可选范围内，如轻质木材、PVC、PEI、PMI、SAN、PS 泡沫和其他线性微孔封闭型塑料等。对于开孔型芯材（如蜂窝状），树脂会充满其空穴，加重了制品的重量和成本，因此这类芯材不宜选用。

VARIM 工艺的常见缺陷及原因分析如下。

（1）气泡和白斑

在 VARIM 工艺中，树脂在纤维织物中的渗透流动可以分为宏观流动和微观流动，其中树脂在纤维束空隙之间的流动称为宏观流动，而树脂在纤维束内部纤维单丝之间的流动称为微观流动。如果宏观流动与微观流动的流动速度不同，即两者的流动前缘存在不一致，树脂就会在纤维织物层内发生横向渗透，从而导致局部"包气"的现象，其中在制件的表面层表现出气泡的产生，而在制件的内部层表现出白斑的产生。

局部"包气"现象产生是因为树脂的宏观流动和微观流动不一致，其中宏观流动前缘的流速与灌注压力梯度有关，灌注压力梯度越大，宏观流动越快；而微观流动前缘的流速与纤维单丝之间的毛细管作用力有关，毛细管作用力越大，微观流动越快。因此，当灌注压力梯度小于毛细管作用力时，树脂微观流动前缘的流速就会大于宏观流动前缘的流速，此时纤维束内部的树脂发生横向渗透，而将纤维束空隙之间的残余气体包裹，形成大气泡；相反，当灌注压力梯度大于毛细管作用力时，树脂宏观流动前缘的流速就会大于微观流动前缘的流速，此时纤维束之间空隙的树脂就会向纤维束内部发生横向渗透，而在纤维束内部形成小气泡。为了减少及避免局部"包气"现象的产生，通常需要预先抽真空并在设定的真空度维持一定的时间，从而尽可能地排除密闭模腔内的空气，宜将树脂灌注流道设计成树脂沿着纤维织物垂直方向流动，而不是树脂沿着纤维织物平行方向流动。

（2）干斑和干区

在 VARIM 工艺中，树脂在纤维束之间的流动速度不一致，如果树脂灌注流道或纤维织物铺层设计不合理，就会导致"流道效应"或"短路效应"的发生，树脂在低阻力区域的流动速度将会显著大于高阻力区域的流动速度，高达 10～100 倍，从而树脂将主要在低阻力区域内发生流动和渗透，使得高阻力区域内的纤维织物不能充分浸渍甚至完全未浸渍，制件在宏观上表现出干斑和干区的不良现象。纤维织物与树脂之间的浸润性匹配不良、纤维织物局部结构松散或过于紧密或扭曲变形、夹心芯材与纤维织物之间的空隙过大等原因都可能造成制件出现干斑和干区的不良现象。

（3）褶皱和翘曲

在铺层阶段，如果纤维织物没有铺设紧密和平整，树脂在灌注过程中就有可能挤压甚至冲散纤维束，导致固化后的制件出现褶皱和翘曲。此外，树脂发生凝胶反应和固化交联反应时，会具有一定的体积收缩率，并且会释放出大量的反应热，在很大的内应力或热应力下导致松散的纤维织物发生扭曲变形，进而引起制件出现翘曲的现象。为了防止褶皱和翘曲不良现象的发生，要求纤维织物及预成型件的铺设要展放平整，宜选用体积收缩率小、放热量小的树脂体系，并且采用合理的固化制度和散热循环系统。

（4）过抽和缺胶

在 VARIM 工艺中，为了维持树脂灌注过程仍具有很高的真空度，确保灌注所需的真空压力梯度以及制品的质量，需要持续地抽真空排出密闭模腔内、纤维束间空隙的残余气体。如果真空通道设置不合理，或树脂灌注管道设置不合理，抽气的同时就容易将大量的低黏度树脂也抽走，从而导致制品出现大面积缺胶，产生过抽的不良现象。

（5）杂斑和富胶

在铺层阶段，如果在纤维织物层中夹杂团块状物体，将会使局部区域内的纤维织物发生变形，导致树脂胶液出现局部富集，固化后的制件则出现凹凸不平的杂斑。与缺胶现象相同，富胶现象也主要是由于真空通道和树脂灌注管道铺设不合理所致，这是因为树脂在灌注进口处的压力为大气压，而其流动前缘处的压力几乎为零，这样离真空管口越远（即树脂灌注进口），树脂含量越高，相应的纤维含量越低；而离真空管口越近（即树脂流动前缘），树脂含量越低，相应的纤维含量越高。因此，真空通道和树脂灌注管道铺设不合理，或者树脂达到出口处时就立即关闭树脂进口和真空系统，就会导致树脂灌注进口区域出现富胶的现象，大尺寸、大厚度制件也将会出现厚度不均的现象。

为了削弱上述富胶现象，需要合理设置真空通道和树脂灌注管道，并且在树脂达到出口处后，关闭树脂灌注进口，而在不出现过抽的情况下，继续维持抽真空一段时间，使树脂压力稳定地减少，尽量使制件各区域的树脂含量均匀一致。此外，较大厚度的芯材和加强筋边界处也会出现胶液富集的现象，因此需要铺设一些三角形或梯形材料作为过渡，避免富胶现象的产生。

VARIM 工艺作为一种新型的复合材料成型工艺，始于 20 世纪 80 年代末，该工艺一开始并没有受到人们的高度重视，未能实现其潜在的巨大商业价值。直至 1996 年，由于在船舶上的成功应用，VARIM 工艺才得到人们的认可和重视。由于 VARIM 工艺具有成本低、产品质量高、适合制造大型、复杂整体结构制件等诸多优点，因此经过十多年的研究和应用，VARIM 工艺已经不再局限于船舶工业的应用，而广泛应用到了很多军用和民用设施的建设上，如军用舰船、导弹舱、雷达罩、风电叶片、桥梁、汽车外壳、冷藏箱等。

近年来，VARIM 工艺被广泛应用于大型复合材料风电叶片的整体成型。相比于手糊成型工艺，VARIM 工艺生产风电叶片的效率大幅度提高，操作环境显著改善，树脂使用量可减少 30%，并且产品质量稳定，重复性好。例如丹麦艾尔姆（LM）玻璃纤维制品有限公司采用 VARIM 工艺开发了长达 60m 的风电叶片。

采用 VARIM 工艺制造叶片，主要可分为以下几步工序。

① 模具准备：对模具进行清理，并涂覆脱模剂。

② 铺覆增强材料：根据设计要求，铺覆纤维织物。该工序除了织物的型号、位置以及搭接的尺寸必须满足设计要求外，还要保证铺覆的平整以及清洁。

③ 布置真空管路：根据工艺要求，布置真空管路，并包覆真空。此步骤是 VARIM 工艺中较为关键的一步。通常在正式生产前需要结合理论模拟和反复实验确定，在生产中需要保证整个系统的真空度。

④ 树脂灌注及固化：在真空条件下，将混合好的树脂灌注进被压实的增强材料预成型体中。等树脂充满整个模腔后，关闭树脂流道，按规定的条件固化。

⑤ 蒙皮粘接及后固化：在蒙皮完成固化成型后，将上下蒙皮和剪切腹板粘接成为整体，并按照规定的工艺进行固化。

⑥ 后处理：产品脱模后，对叶片进行切边、补强、打磨及涂装处理。

预浸料是指将树脂在未固化之前预先和纤维结合在一起，并保持一定的储存期，在储存期内可以随时进行铺层设计、成型的材料，是制作复合材料的中间材料。碳纤维预浸料是碳纤维丝束经过展纱（或碳纤维编织布），在压力和温度的作用下，和预先涂敷在离型纸上的树脂进行结合，然后冷却、覆膜、卷取等工艺加工而成的中间品复合材料，又叫作碳纤维预浸布。

预浸料的常见组成为：底部是一层离型纸（白色），中间为成品预浸料（黑色），表面再覆盖一层聚乙烯薄膜（蓝色），中间的成品预浸料又由树脂和纤维组成。预浸料的树脂是未经固化的树脂，多以热固性树脂为主。热固性树脂有很多种，常用的有酚醛树脂、环氧树脂、双马树脂、乙烯基树脂、氰酸树脂等。碳纤维预浸料中以环氧树脂最多、应用最广泛，在一些耐高温的场合会用到双马、氰酸树脂。

预浸料适用工艺较多，主要是热压罐工艺，另外也有非热压罐工艺。热压罐工艺是纤维复合材料应用较多、最为常见的一种成型方式，特别在航空航天领域的比重高达 80% 以上。成型的构件多应用于航空航天领域，做主承力和次承力结构，还用于国防、轨道交通、电子通信、汽车制造、体育运动器材等诸多领域。将碳纤维预浸料按铺层要求铺放于模具上，将毛坯密封在真空袋后放置于碳纤维热压罐中。在真空状态下，经过热压罐设备升温、加压、保温、降温和卸压等程序，利用热压罐内同时提供的均匀温度和均布压力实现固化，从而可以形成表面与内部质量高、形状复杂的碳纤维复合材料制件。用热压罐的一个重要原因是向预浸料提供足够的压力，以抑制孔隙的生成，所以做出来的产品性能好，能够作为结构件使用。但是热压罐工艺也存在成本高、效率低的缺点。

针对热压罐成本高的缺点，发展了真空袋压工艺，真空袋压工艺前序工艺和热压罐类似，后期固化不使用热压罐，而是使用固化炉。固化炉价格便宜，但没有压力，在抽真空情况下，压差只有一个大气压。因此要得到类似的孔隙率，对树脂和预浸料要求较高。有研究表明，半浸润的预浸料能够有效地提高气体渗透性，非热压罐预浸料采用树脂半浸润，将干纤维作为排出气体的通道，在零件固化时卷入的气体和挥发成分都可以通过通道排出。

预浸料模压工艺是将一定量预浸料加入金属对模内，经加热、加压，固化成型的方法。预浸料模压相对生产效率高，便于实现专业化和自动化生产，特别是使用快速固化预浸料，时间可以缩短到每模 10min 以内；产品尺寸精度高，重复性好；表面光洁；能一次成型结构复杂的制品；适合批量生产。不足之处在于：模具制造复杂，投资较大，加上受压机限制，最适合于批量生产中小型复合材料制品，不易生产大尺寸产品，而且预浸料本身有一定加工成本。预浸料模压应用的领域较多，如航空航天、汽车、电子、医疗器械、体育器械等。

预浸料吹气模压工艺是在预浸料模压的基础上发展起来的，主要用于生产中空的碳纤维制品。该工艺从中国台湾开始发展起来的，最初球拍用预先填充的发泡剂，放入模具中，加压，在加热后发泡，产生一定压力，将预浸料撑开，定型。但这样做出来球拍会有"吱吱"的声响，重量无法适当控制。后来创造性开发了"吹气模压"的方法。该工艺目前是生产体育用品的主流工艺，包括碳纤维羽毛球拍、高尔夫球杆、棒球拍、自行车等产品。

碳纤维卷管成型工艺是用碳纤维预浸料在卷管机上热卷成型的一种复合材料制品成型方法。该工艺是目前碳纤维钓鱼竿的最主要生产工艺，采用卷管机上的热辊，使预浸料软化，熔化预浸料上面的树脂胶黏剂。在一定张力下，在辊的旋转操作过程中，利用辊和心轴之间的摩擦，将预浸料连续卷到管芯上，直至所要求的厚度，通过冷辊冷却定型，从卷绕机取出，然后缠上热收缩膜，在烤箱中固化。管材固化后，去除热收缩膜和内芯模具，即可得到复合材料卷管管材。该工艺除了生产钓鱼竿那样的圆管，还可以生产方管、三角形及其他异形管，用于不同的领域。

碳纤维预浸料优点明显，广泛应用于钓具、运动器材、体育用品等，也用于制造火箭、导弹、卫星、雷达、防弹车、防弹衣等重要军工产品。在叶片上使用预浸料主要是考虑实现蒙皮铺层自动化或碳纤维主梁预制成型，蒙皮自动铺带铺丝与结构设计有关，可以借鉴飞机机翼的自动成型工艺来实施，但考虑其高昂的成本，推广意义不大；目前叶片上成熟应用预浸料工艺的是碳纤维主梁成型，相比碳纤维灌注成型，预浸料可以大幅度提升材料利用率和结构性能，特别是影响主梁设计的碳纤维复合材料关键性能，其拉伸模量和压缩强度可提升15％～20％，这就显著减少了碳纤维的用量，降低了碳纤维叶片的成本。

随着绿色环保和高质量发展的要求，叶片手糊工艺的缺点也越来越明显，材料利用率低且污染环境，因此采用玻璃纤维预浸料在前后缘和叶根补强被提上日程。中材叶片在行业内率先试用了中温固化玻璃纤维预浸料在前后缘区进行补强，开发的玻璃纤维预浸料体系的力学性能和固化工艺均能满足叶片的设计需求，部件级测试结果与手糊工艺相当。但现有的中温固化体系预浸料常温存储期较短，低温冷藏运输成本较高；因此需要开发一种适应于长存储期的低温固化玻璃纤维预浸料，减少叶片生产环境污染，并提高成型效率。

拉挤成型工艺是连续生产线性复合材料制品的一种工艺方法，以树脂作为基体材料，以纤维、织物作为增强材料，在外力的牵引下，经过浸渍、预成型、热模固化，最后形成连续型规整截面制品的工艺过程。

拉挤成型工艺的特点为：自动化、连续化生产工艺；生产效率高，可多模多件；拉挤制品中纤维含量可高达80％，能充分发挥连续纤维的力学性能，产品强度高；制品纵、横向强度可任意调整；制品性能稳定可靠，波动范围在±5％之内；原材料利用率在95％以上，废品率低。

拉挤成型工艺的缺点有：不能利用非连续增强材料；产品形状单调，只能生产线形型材（非变截面制品），横向强度不高。

拉挤成型工艺按设备类型可分为卧式和立式两类，按牵引方式可分为履带式牵引、往复式牵引和环形式牵引，按树脂基体可分为热固型与热塑型拉挤成型工艺，按新型拉挤可分为拉绕、编织、注射等拉挤成型工艺。

拉挤成型设备组成如下。

① 增强材料传送系统：如纱架、毡铺展装置、纱孔等。

② 树脂浸渍：直槽浸渍法最常用，在整个浸渍过程中，纤维和毡排列应十分整齐。

③ 预成型：浸渍过的增强材料穿过预成型装置，以连续方式传递，以便确保它们的相对位置，逐渐接近制品的最终形状，并挤出多余的树脂，然后再进入模具，进行成型固化。

④ 模具：模具是在系统确定的条件下进行设计的。根据树脂固化放热曲线及物料与模具的摩擦性能，将模具分成三个不同的加热区，其温度由树脂系统的性能确定。模具是拉挤成型工艺中最关键的部分，典型模具的长度范围在0.6～1.2m之间。

⑤ 牵引装置：牵引装置本身可以是一个履带型拉出器或两个往复运动的夹持装置，以便确保连续运动。

⑥ 切割装置：型材由一个自动同步移动的切割锯按需要的长度切割。

拉挤成型技术的工艺流程可以简要分为三个步骤：浸润、成型、固化/冷却。相较于其他复合材料生产技术，拉挤成型工艺的优势如下。

① 原材料利用率高　与传统铺层技术相比，拉挤成型技术无需在片状纤维材料或预浸料上进行切割，直接使用原丝与预浸料带进行生产，除型材两端有小部分需要切除外（切除长度取决于初始牵引纤维的长度以及固化模具的长度），生产过程不产生其他废料。

② 可生产复杂结构型材　工程领域适合进行型材生产的工艺技术还有缠绕技术与编织技术，因工作原理限制，以上两种技术只能生产单型腔简单截面型材，而且布置纵向增强纤维相对困难。但拉挤成型技术暂时无法有效地生产变截面型材。

③ 生产效率高　拉挤成型技术为自动化或半自动化流水线生产，同时具备"成型"和"固化"两种功能，可实现连续生产。拉挤速度可达 10m/min，这是其他"成型-固化"式纤维复合材料生产技术无法比拟的。

④ 质量优良　通过自动化设备，可以在生产过程中对型材牵引力、纵向预紧力、缠绕/编织预紧力、模具温度分布、树脂注入压力、拉挤速度等工艺参数进行精准控制，从而保证整体质量的均一性和可控性。另外，型材固化时由外模具包覆，固化后型材整体尺寸公差小，表面质量高。

⑤ 灵活性高　利用不同的纤维材料（例如超高模量单向纤维或多轴向纤维、热固性树脂或热塑性树脂等）与基材进行搭配，拉挤成型技术可以根据不同的需求生产出不同适用性的产品。

⑥ 拓展/复制性强　通过使用相同的模具、工艺参数、原材料，可以在保证相同质量的情况下快速完成生产线扩展或在其他地区进行复制。无需经验丰富的铺层工人或高成本的热压罐设备便可以完成大批量、高质量的型材生产。

拉挤成型制品应用包括各种杆棒、平板、空心管及型材，应用范围非常广泛，包括以下几个方面。

① 电气市场　这是拉挤成型应用最早的市场，目前成功开发应用的产品有：电缆桥架、梯架、支架、绝缘梯、变压器隔离棒、电机槽楔、路灯柱、电铁第三轨护板、光纤电缆芯材等。在这个市场中还有许多值得我们进一步开发的产品。

② 化工防腐市场　化工防腐是拉挤成型的一大用户，成功应用的有：玻璃钢抽油杆、冷却塔支架、海上采油设备平台、行走格栅、楼梯扶手及支架、各种化学腐蚀环境下的结构支架、水处理厂盖板等。

③ 消费娱乐市场　这是一个潜力巨大的市场，目前开发应用的有：钓鱼竿、帐篷杆、雨伞骨架、旗杆、工具手柄、灯柱、栏杆、扶手、楼梯、无线电天线、游艇码头、园林工具及附件。

④ 建筑市场　在建筑市场，拉挤成型已渗入传统材料的市场，如门窗、混凝土模板、脚手架、楼梯扶手、房屋隔间墙板、筋材、装饰材料等。值得注意的是，筋材和装饰材料有很大的上升空间。

⑤ 道路交通市场　成功应用的有：高速公路两侧隔离栏、道路标志牌、人行天桥、隔音壁、冷藏车构件等。

⑥ 风电市场　在风电领域，主要采用拉挤工艺成型一定厚度的复合材料片材，然后通过真空灌注或预浸料工艺在模具上成型叶片主梁；直接在平台上堆砌并捆绑成预制体后放置在壳体相应位置中，与壳体一体灌注成型。与其他技术相比，拉挤片材主梁铺放技术具有有效

率高、质量波动小、成本低等特点，可有效提高产品的强度和模量，是今后叶片主梁制造技术发展的一个趋势。

拉挤成型工艺能充分发挥连续纤维的力学性能，具有更高的纤维含量，产品性能高且稳定可靠。从纤维增强复合材料发展来看，拉挤成型技术的应用已成为未来风电叶片发展的重要趋势。如图4-9所示，通过对比拉挤工艺和灌注工艺的同一规格的玻璃纤维（S-1HM）和碳纤维（TC35）的力学性能，发现玻璃纤维拉挤板材的拉伸模量比灌注玻璃纤维提升了15%，压缩强度提升超过47%；碳纤维拉挤板材的拉伸模量比灌注碳纤维提升25%，压缩强度提升42%。因此，拉挤主梁作为提升材料利用率最有效的结构形式，是提高叶片结构性能、降低成本和提高生产效率的重要手段。以81m级20t的叶片为例，在保持主机性能前提下，采用玻璃纤维拉挤主梁替代灌注主梁后，单支叶片可减重0.6t。

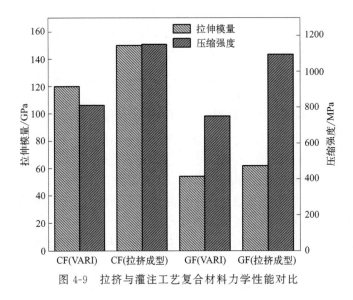

图4-9　拉挤与灌注工艺复合材料力学性能对比

维斯塔斯（Vestas）在2014年开始推出拉挤碳梁叶片（图4-10），2020年，碳纤维量占风电总量的80%以上。西门子歌美飒（SGRE）在其新开发的SG-155和SG-170叶型应用碳纤维拉挤主梁设计；GE使用拉挤工艺进行玻璃纤维拉挤板材主梁叶片的研究，新开发叶型GE75上应用了碳纤维拉挤主梁设计。

图4-10　碳纤维板材与拉挤主梁叶片

国内在这方面虽然起步晚，但推广应用很快，中材叶片于2019年开展玻璃纤维拉挤主梁技术开发，2021 年该技术在 Si76.5、Si85.8 和 Si90 等多个系列叶片上批量应用；国内大部分主机厂和叶片厂也都开启了拉挤主梁叶片开发应用。考虑到叶片摆振方向结构性能的提升，后缘梁拉挤技术正在研究与验证中。在碳纤维拉挤方面，国内已经开始尝试应用，如远景能源在 EN161 叶片上进行小批量应用，金风科技在 GW184 叶片上已经完成两套叶片的试用。随着国产化碳纤维的规模化应用，碳纤维原材料供应商也在积极开发国产化拉挤板材技术，在玻璃纤维拉挤技术和低成本碳纤维的推动下，碳纤维拉挤必将成为未来大型叶片主梁的首选成型工艺。

4.4.2　材料性能调控

纤维增强复合材料制备过程中，影响最终材料力学性能的因素很多，例如，纤维在模具内的铺层取向角度会对树脂流动的前沿路径产生较大的影响，取向角度选取不当可能造成树脂填充不均匀，进而出现干斑或气泡等缺陷，影响复合材料的质量和性能。

目前关于纤维铺层取向角度对复合材料力学性能影响的研究多集中于玻璃纤维和碳纤维领域。如 Juan E. Carrion 等学者在真空辅助树脂灌注成型工艺下制备了连接方形管的单片玻璃纤维复合套管，通过实验验证了沿纤维方向铺层的套管具有较高的力学性能。刘国春等针对碳纤维复合材料结构中出现损伤的铺层角度偏差建立阶梯挖补结构模型，并分析了整体铺层方向偏移的拉伸强度。卞航等采用均匀实验设计方法研究了铺层角度偏差对某厚度曲面结构碳纤维复合材料固化变形的影响。在纤维取向分布的准确预测方面，Kim 等通过 X 射线扫描图像光亮程度的对比来决定纤维的方向，Yang 等用扫描电子显微镜观察断面的纤维走向，纤维呈束状，直观清晰。Vincen 等通过分析纤维截面尺寸得出纤维的方向。在玻璃纤维增强材料力学特性方面，Thomason 研究发现，玻璃纤维的直径变化对拉伸模量的影响不大，拉伸模量随纤维数目的增加而提高。

纤维增强树脂基复合材料在高温下固化然后冷却至室温的过程中，由于纤维和基体力学与热学性能的显著差异，会导致热残余应力（TRS）形成。热残余应力的存在严重影响了复合材料的力学性能，不仅会削弱复合材料的强度和耐久性，还会影响复合材料结构的尺寸稳定性，有时甚至会直接导致材料发生初始损伤，包括界面脱粘和基体微裂纹等。因此，在进行复合材料结构设计和分析的过程中，必须考虑热残余应力的影响。

对复合材料热残余应力的关注较早见于 Nairn 和 Zoller 对纤维增强热塑性复合材料的实验研究。从此以后，人们发展了各种实验技术来检测复合材料中的热残余应力，如显微光弹法、微 Ram-man 光谱法和碳纤维电阻率法等。但是，实验方法通常比较复杂且花费较大，难以准确地反映热残余应力对复合材料力学性能的影响程度。另外，尽管通过一些解析方法能在一定程度上获得复合材料内部的热残余应力水平，但由于影响复合材料热残余应力的因素是多种多样的，解析方法难以将这些因素完全加以考虑，在精确预测复合材料的热残余应力方面也存在一定的困难。因此，越来越多的人采用数值方法来研究复合材料的热残余应力及其影响。

张博明等建立了含有界面相的三维三相单丝模型，采用均匀和梯度函数描述界面相模量随空间变化的规律，分析了含界面相的纤维增强复合材料热残余应力的空间分布。Zhao 等采用微观力学单胞模型和有限元方法研究了纤维增强树脂基复合材料的固化残余应力及其对复合材料损伤的影响，发现引入残余应力后，复合材料的损伤起始和演化过程发生了明显的改变，且取决于残余应力的存在状态和加载方式，该影响可能是有害的，也可能是有利的。

Fiedler 等研究了局部纤维体积含量对热残余应力和复合材料横向强度的影响。

上述研究都是基于纤维周期性分布的单胞模型来开展的，而事实上复合材料中的纤维是随机分布的，这会对热残余应力的形成产生显著影响，因此不能予以忽略。Fletcher 和 Oakeshott 发现将纤维周期分布改为随机分布之后，树脂基体内的最大拉伸残余应力会有明显增大，且基本发生在相隔最近的 2 根纤维之间的空隙中。Jin 等研究表明，纤维的随机分布会对热残余应力产生重大影响，尤其是在高纤维体积分数的情况下。Hob-biebrunke 等也证明了周期模型难以模拟出真实的最大界面应力分布，因此，在复合材料的损伤和失效分析中应尽量采用随机纤维分布模型。

尽管关于纤维增强树脂基复合材料的热残余应力已有大量研究，但仍存在一些有待解决的问题，包括热残余应力产生的微观机理及热残余应力如何影响复合材料的力学行为等。针对这一问题，杨雷等建立了考虑纤维随机分布并包含界面的复合材料微观力学数值模型，模拟玻璃纤维/环氧复合材料固化过程中的热残余应力。通过与纤维周期性分布模型的计算结果进行对比，发现纤维分布形式会对复合材料的热残余应力产生重要影响，纤维随机分布情况下的最大热残余应力明显大于纤维周期性分布的情况。研究了含热残余应力的复合材料在横向拉伸与压缩载荷下的损伤和破坏过程，结果表明热残余应力的存在显著影响了复合材料的损伤起始位置和扩展路径，削弱了复合材料的横向拉伸和压缩强度。在横向拉伸载荷下，考虑热残余应力后，复合材料的强度有所下降，断裂应变显著降低；在横向压缩载荷下，考虑热残余应力后，复合材料的强度略有下降，但失效应变基本保持不变。由于热残余应力的影响，复合材料的横向拉伸和压缩强度分别下降了 10.5% 和 5.2%。

东北林业大学刘诚等基于真空辅助树脂传递模塑（VARTM）工艺，研究了不同铺层取向角度对黄麻纤维布增强环氧树脂复合材料力学性能的影响。如图 4-11 所示，单向铺层取向时，随着铺层取向角的增加，复合材料的拉伸强度和拉伸模量均呈近凹抛物线形变化，且取向角为 0°与 90°、15°与 75°、30°与 60°时的拉伸强度和拉伸模量差值均不大，并在取向角为 45°和 90°时分别达到最小值和最大值。双向铺层取向时，复合材料拉伸性能先增大，然后在取向角为±45°时减小，从±45°～±75°较平缓地增大，即呈近波浪形变化，拉伸强度在取向角为±45°时减小的趋势比拉伸模量大，同时在取向角为±75°时拉伸强度和拉伸模量达到最大值。通过单、双向组别对比可知，复合材料单向铺层中拉伸强度和拉伸模量均不同程度地大于双向铺层，取向角为 0°、90°时单向铺层复合材料的拉伸强度与 0°及 90°时双向铺层

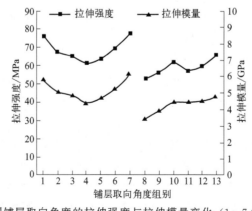

图 4-11　不同铺层取向角度的拉伸强度与拉伸模量变化（1～7 组为单向铺层，对应取向角度 0～90°；8～13 组为双向铺层，对应角度 0°及 90°，±15°，±30°，±45°，±60°，±75°）

复合材料的拉伸强度差值较大,其他对应角度组别差值较小。

图 4-12 为不同铺层取向角度的弯曲强度与弯曲模量对比,单向铺层时随着铺层取向角的增加,复合材料的弯曲强度和弯曲模量有相似的近凸抛物线形变化,并在取向角为 60°时达到最大值。双向铺层时,随着角度的增加,复合材料的弯曲强度和弯曲模量呈近波浪形变化,先减小再增大,然后减小,并在取向角为±45°时达到最大值;取向角为±15°时达到最小值,但弯曲强度从取向角为±60°~±75°时减小的趋势比弯曲模量大。通过对比单、双向铺层可知,双向铺层时取向角为 0°及 90°、±30°及±45°的复合材料弯曲强度和弯曲模量均大于单向铺层时取向角为 0°、30°及 45°时的值,则其他相对应角度中单向铺层复合材料的弯曲强度和弯曲模量值均大于双向铺层。

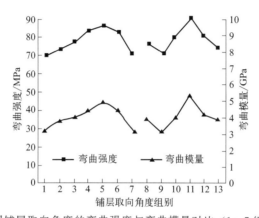

图 4-12 不同铺层取向角度的弯曲强度与弯曲模量对比(1~7 组为单向铺层,
对应取向角度 0~90°;8~13 组为双向铺层,对应角度 0°及 90°,±15°,±30°,±45°,±60°,±75°)

对于黄麻纤维增强环氧树脂复合材料,单向铺层组别制得的复合材料拉伸性能高于对应角度值组别的双向铺层复合材料,随着角度的增加,其差值越来越小。

单向铺层取向时互为余角组别的复合材料拉伸性能相近,其拉伸性能在铺层取向角为 90°时最优。研究人员通过电镜观测可知,90°铺层取向相对于 0°铺层取向,其树脂与纤维束浸润性能及结合性能相对较优,其拉伸强度和模量值能达到 78.26MPa 和 6.15GPa。在双向铺层复合材料中,铺层取向角为±75°时,拉伸性能较优,但其拉伸强度和拉伸模量值相对低于单向铺层取向角为 90°时的值。通过电镜观测发现±75°铺层中有纤维断裂现象且界面结合性能也相对较差,其拉伸模量和弯曲强度值分别为 65.38MPa 和 4.87GPa。

单向铺层复合材料不同取向角度之间弯曲性能波动幅度较双向铺层复合材料取向角度之间小,双向铺层时弯曲性能优于单向铺层。通过电镜观测发现是由于双向铺层复合材料受到弯曲载荷时,树脂能够更好地传递和分散载荷。复合材料弯曲性能在单向铺层取向角为 60°时,弯曲性能较优,其弯曲强度和模量值分别为 86.15MPa 和 5.06GPa。双向铺层取向角为±45°时弯曲强度和模量值分别为 89.82MPa 和 5.34GPa。通过电镜观测发现双向铺层中树脂与纤维束结合性能较单向铺层充分,故单向铺层取向角为 60°时的弯曲性能低于双向±45°铺层。

综合分析单、双向铺层组别复合材料性能可知,通过优选不同铺层取向角度,复合材料的拉伸和弯曲性能会得到提高。在单向铺层取向角为 90°时,复合材料的拉伸性能较好,适用于拉伸性能要求较高的工况;双向铺层取向角为±45°时,复合材料的弯曲性能较好,适用于弯曲性能要求较高的工况。

贺晶晶等针对玄武岩纤维-环氧树脂复合材料（BFRP），通过实验和建模计算研究了纤维取向、纤维体积掺加率和纤维打团效应对其性能的影响，研究结果表明：

① 当纤维临界体积掺加率 V_f＝0.6％时，玄武岩纤维对环氧树脂基材的拉伸强度无明显提高；当 V_f＝1.2％、1.5％时，与环氧树脂基材相比，BFRP 的拉伸强度提高的幅度最高可达 80％；当 V_f＝0.9％时，BFRP 的拉伸强度提高的幅度为 10％～20％。纤维体积掺加率一定时，BFRP 的拉伸强度随纤维取向角的增大而减小；纤维取向角一定时，BFRP 的拉伸强度随纤维体积掺加率的增大而增大。

② 纤维均分系数随纤维体积掺加率的增大而减小，打团纤维含量随纤维体积掺加率的增大而增大；BFRP 的纤维临界体积掺加率随纤维取向角的增大而增大。

③ 纤维打团效应的存在导致了 BFRP 的纤维临界体积掺加率较纤维均分时有所增大，使玄武岩纤维对环氧树脂基材拉伸强度的增强幅度有所减小，降低了纤维的利用率。考虑纤维打团效应的 BFRP 拉伸强度理论计算值与实验值较为接近，且二者有较强的线性相关性，其相关系数高达 0.941。

4.4.3　叶片回收与可持续制备技术

基于越来越多的风电叶片寿命终止以及对资源节约和环境保护的重视，风电叶片热固性复合材料的再循环和再利用越来越受到关注。目前，风能主要用于发电，并在全球范围内实现了大规模的开发和应用。2017 年，全球风电市场安装量超过 50GW，累计装机容量超过 540GW。为了满足对装机容量不断增长的需求，风电叶片（风力涡轮机的核心部件之一）的尺寸、强度和重量也在继续增加。随着风电行业的快速发展，风力发电机叶片的应用和需求将不断增加。

据估计，每 1kW 的新增装机量需要 10kg 的叶片材料，因此 7.5MW 的风力涡轮机需要约 75t 的叶片材料。通常，风电叶片的设计使用寿命为 20～25 年。事实上，中国生产的大部分叶片 15 年即退役。在风力发电快速发展的高峰期之后，有大量风电叶片退役或由于损坏、老化而被维护替换。在中国，2018 年退役叶片约为 5700t，2022 年产生 59000t 退役叶片，根据装机容量，退役叶片数量将在 5～8 年内翻一番。大量废弃叶片给环境带来巨大压力，也造成巨大的能源浪费。在目前的生产中，风电叶片由具有广泛应用的玻璃纤维（GF），碳纤维（CF）或 GF/CF 混合物增强的热固性树脂基复合材料制成。然而，由于热固性聚合物复合材料的交联不能再熔化或重塑，因此其基材难以再循环，这是基于热固性聚合物复合材料的固有性质。传统的处理方法是露天堆放、填埋或焚烧，然而这些处理方法限制了资源的合理再利用，并带来了环境污染。对于环境保护和可持续发展，处理废弃叶片的最佳方法是回收和再利用，以便风能成为真正的"清洁能源"。

在过去的几十年里，对热固性复合材料的回收进行了一系列的研究，可分为机械回收、热回收和化学回收三种主要方法。

（1）机械回收

机械回收是以粉碎后的废旧复合材料为原料进行二次利用的一种方法，对于风机叶片等大型复合材料，其体积较大，必须先进行预切割再进行粉碎。

机械回收有两种方法：一种是将废物分解或研磨成细粉；另一种是将废物进行破碎，通过这两种方式获得的再生材料主要用作水泥、混凝土等的填料、增强材料或原料。Ribeiro 等重新使用机械回收的 GFRP 拉挤废料作为混凝土-聚合物复合材料的骨料和填料替代品。

Palmer 等研究了热固性复合材料的闭环循环，并使用再生 GFRP 替代新型热固性复合材料中的原始增强材料。Schmidl 和 Hinrichs 采用机械方法回收风电叶片，将回收的玻璃纤维进行增强热固复合材料，用于水泥生产。该方法成本低，工艺简单，广泛用于纤维增强聚合物（FRP）复合材料的回收。但通过这种方法获得的大多数再生产品价值很低。虽然机械回收过程操作简单，可以回收不同长度的短纤维和复合颗粒，但纤维在回收过程中损坏很大，无法获得长纤维。

（2）热回收

热回收技术主要包括热解、流化床和微波热解工艺。热解是通过使用加热的惰性气体将复合物中的树脂基质分解成有机小分子来回收纤维的方法。通过热解和氧化两个步骤可以得到清洁的纤维，并且回收的纤维用于生产新的短纤维复合材料，其性能可以与原始纤维复合材料相媲美。

Mazzocchetti 等通过高温气化回收干净的碳纤维，在氧化过程中碳可以对碳纤维起到保护作用，并且氧化留下了一个富氧表面，该表面与环氧树脂发生积极的相互作用，从而在无需额外施胶的情况下促进环氧复合材料中的纤维/基体黏合。McConnell 在 $500\sim900^\circ C$ 下热解分解碳纤维复合材料（CFRP），与原始碳纤维（vCF）相比，再生碳纤维（rCF）的强度损失为 10%。Thomason 等发现报废的玻璃纤维复合材料在 $250\sim600^\circ C$ 下回收得到的 GF 强度显著降低，并且在一系列酸和硅烷处理后几乎没有获得显著的强度提升。该方法具有良好的回收效果，适用于受污染的复合材料废弃物，是目前实现商业运行的成功途径。流化床回收使用空气作为流化床反应器中的流化气体，通过高温空气热流分解复合基质得到纤维材料，并充分利用回收过程中产生的热量。诺丁汉大学的 Pickering 等首先提出了流化床回收方法，并进行了许多相关研究，再生玻璃纤维（rGF）在 $450^\circ C$ 时强度损失为 50%，在 $550^\circ C$ 时强度损失为 25%。在回收过程中，CF 的表面羟基转化为具有较高氧化度的羰基和羧基，但总的 O/C 没有显著变化，CF 表面官能团的变化不影响再生纤维与环氧树脂之间的界面剪切强度。此外，还对流化床回收碳纤维工艺的生命周期进行了分析。在复合材料应用中使用 rCF 替代 vCF 可以显著降低生命周期能源消耗和温室气体（GHG）排放，环境性能远远超过传统的废物处理路线（即填埋、焚烧）。采用流化床方法，可以回收清洁的纤维，但难以获得连续纤维，回收纤维的力学性能相对较低。

微波热解法通过微波腔中的微波辐射分解复合材料中的树脂基质。树脂通过吸收来自 CF 的微波能量进行内部加热，这可以更快地分解树脂，减少整体处理时间，并且比其他热分解技术所需设备更少。Lester 等利用功率为 3kW 的多模微波谐振腔，在 8s 内对环氧树脂基碳纤维增强塑料（CFRP）进行分解，得到力学性能优良、表面清洁的 RCF。Firebird Advanced Materials Inc. 制造了一个小型装置，展示了世界上第一个碳纤维复合材料的连续微波回收工艺。作为一项新开发的技术，微波裂解具有清洁环保的优点，是一种从碳纤维复合材料中回收碳纤维的容易控制、高效的技术。

（3）化学回收

化学回收是使用化学改性或分解将废物制成其他可回收材料的方法。与机械回收相比，这种回收热固性复合材料的方法难度大，成本高，但回收效果更好。化学回收方法主要包括超临界流体法和溶剂分解法。

超临界流体是指流体的温度和压力超过其固有临界温度和临界压力的特殊状态。超临界流体的优异溶解性和传质性质可用于分解或降解聚合物废物，并获得气体、液体和固体产物，主要使用水或醇作为分解介质。诺丁汉大学与巴利亚多利德大学合作，利用近临界水和超临界水回收 CFRP，并分析了工艺参数如温度、时间、氧化剂和催化剂浓度对 CFRP 降解的影响。rCF 的拉伸强度为 vCF 的 90%～98%，当加入一定量的 KOH 作为催化剂时，树脂的去除率可达 95.3%。Okajima 等在亚临界和超临界水中降解碳纤维增强塑料，并用清洁表面回收碳纤维增强塑料。在 400℃、45min 和 2.5%（wt）碳酸钾催化剂作用下，酚类单体的回收率达到 72%，rCF 的拉伸强度损失为 12%～17%。刘等使用亚临界水降解 CFRP 并获得干净的 CF，拉伸强度损失 1.8%。Knight 等通过超临界水法回收航空级 CFRP。在 0.05mol/L KOH 的催化作用下，rCF 表面光滑清洁，树脂基体的去除率可达 95.9%～99.2%。Bai 等也使用超临界水来回收 CFRP，并且当环氧树脂的分解率为 85wt% 或更高时，rCF 仍保持较高拉伸强度。中国科学院长春化学研究所在超临界水环境中以 1∶10 的比例混合使用 KOH 和苯酚作为催化剂。CFRP 中环氧树脂的去除率为 95.2%，抗拉强度很好地保持。Olivéux 等使用亚临界水回收 GFRP，表明有必要对被残余有机物污染的 rGF 进行清洗，水解动力学和主要的二次反应受树脂化学结构的影响。Prinçaud 等研究了使用超临界水回收碳纤维增强塑料的环境可行性，与垃圾填埋方案相比，其使所有生态指标的平均收益约为 80%。

由于临界点较低，氢气供应能力较好，超临界醇的溶解性能优于超临界水，因此超临界醇被用作 CFRP 再循环的优良循环介质。诺丁汉大学使用超临界丙醇来回收 CFRP。rCF 具有完整的结构、少量的残留树脂和优异的力学性能，以 KOH 或 CsOH 为催化剂，在超临界正丙醇中回收 CFRP 时，环氧树脂的分解率可达 98%，rCF 强度可保持 99%，界面剪切强度产生了一定的损失，由于表面的含氧官能团浓度降低。Kamimura 等以 4-二甲基氨基吡啶为催化剂，加速超临界甲醇中纤维增强复合材料的降解，分析了超临界甲醇催化降解复合材料的产物组分。Okajima 等在超临界甲醇中回收 CFRP，分析了 rCF 的强度、层间剪切强度和表面树脂残留量，在降解液体产品中加入固定量的固化剂后，新固化的环氧树脂的强度与原来的类似。环氧树脂在超临界丙酮中在 20min 内完全分解，rCF 保持平纹织物片的形状，并且它们的拉伸强度降低可忽略不计。Morales Ibarra 等用超临界水和亚临界苯甲醇分别回收了干净的 CF，环氧树脂的分解率分别达到 89.1% 和 93.7%。严等研究了超临界 1-丙醇从环氧树脂复合材料中回收 CF，结果表明 1-丙醇中质量分数为 1% 的 KOH 添加剂显著提高了回收效率。

超/亚临界流体技术作为一种新型的回收方法，具有清洁无污染的回收工艺、表面清洁、回收纤维性能优良等优点。但超临界条件要求更严格，大多数超临界流体要求高温高压，对反应设备要求高，成本高，安全系数低。综上所述，超临界流体技术回收热固性树脂复合材料仍处于实验室阶段。

溶剂分解法是在加热条件下利用溶剂的化学性质使聚合物解聚的方法。Iwaya 等在 K_3PO_4 催化下，在二乙二醇单甲醚和苯乙醇溶剂中降解不饱和聚酯，以回收长 GF。研究人员使用 KOH 作为聚乙二醇（PEG）的催化剂，在 180℃、50min 条件下，实现环氧树脂的分解。李等相关学者设计了一种绿色氧化法，采用过氧化氢和丙酮协同体系，使环氧树脂在 60℃、30min 下分解率达到 90% 以上，rCF 的拉伸强度可保持在 95% 以上。Xu 等将碳纤维/环氧复合材料在乙酸中预处理，然后在密封反应器中通过过氧化氢和 N,N-二甲基甲酰胺的混合溶液回收清洁碳纤维，环氧树脂分解率为 90% 或更高。同样，Jiang 等在硝酸中对 CF/环氧复合材料进行了预处理，然后在 160℃ 条件下在以 KOH 为催化剂的聚乙二醇 400 溶剂中处理 200min，树脂去除率达 95% 以上，从而得到清洁的 CF。Wang 等以 $AlCl_3/$

CH_3COOH 为降解体系，通过碳氮键的选择性裂解，从 CF/环氧复合材料中回收了有价值的低聚物和 CF。

溶剂分解法可以对纤维和树脂的回收率产生更好的效果，但是大多数使用的溶剂都是有毒的并且价格较高，这降低了该方法的可持续性。索科利等在回收 GF 增强复合材料过程中，重复 8 次使用溶剂（丙酮）。它不仅使溶剂消耗量减少了 88%，而且提高了树脂降解效率，使化学品回收过程更加经济可持续和绿色环保。

硝酸作为一种强氧化剂，对使用胺类固化剂固化的环氧树脂的降解有明显作用，可用于在短时间和较低温度下回收无树脂残留的纤维。Dang 等于 90℃硝酸溶液中分解双酚 F 型环氧树脂 4min，成功降解 GF 增强环氧树脂复合材料。在 90℃硝酸溶液，分解 8M 双酚 F 型环氧树脂，得到的 RCF 的拉伸强度仅为 1.1%。李等研究人员使用循环流动反应器在 90℃硝酸溶液中，反应 12min，分解 CFRP，rCF 含有较少的残留树脂，单丝的拉伸强度损失为 2.9%。硝酸作为一种具有强氧化和腐蚀性的化学试剂，虽然可以在低温下很好地分解环氧树脂复合材料，但对实验设备的耐腐蚀性和抗氧化性的要求比较高，后处理也比较复杂。

在超临界流体之前，化学回收仅限于使用腐蚀性化学品（如硝酸）进行低温溶剂分解。溶剂对环境有毒，对人体有害。因此，该过程需要更好的反应介质以减少其对环境的影响。深圳大学的 Sun 等采用电化学方法成功回收了 CF 复合材料。结果表明，随着溶液浓度和电流的增加，rCF 的强度降低。在 3%NaCl 溶液中，在 25mA 电流下，rCF 的强度保持 80%，这接近热回收方法但低于化学回收方法。这项研究通过电化学方法验证了在常温常压条件下回收纤维的可行性。但缺点是回收时间长，RCF 的拉伸强度和环氧树脂的去除率有待提高，界面结合性能和表面微观特征有待研究。

与机械回收方法相比，采用热和化学回收方法得到的纤维可以保持更长的长度和更小的损伤，因此热回收和化学回收方法具有更广泛的应用。与热解回收方法相比，使用超临界水通过溶剂分解进行的回收没有显示出对环境和人类健康的影响，并且使用天然气代替电力进行热解炉的加热使环境和人类健康影响降低了 37%（最低），直至达到 95.7%（最高）。除了探索基于溶剂分解的最佳溶剂外，还应考虑能量强度的量化以及溶剂对环境和人类健康的影响。

总之，每种回收方法都有优点和不可避免的缺点。由于复合材料的结构和树脂基质不同，没有一种方法可以解决所有复合材料的回收问题。因此，必须根据复合材料的特性开发出适当的系统解决方案，以解决各类材料的回收问题。

无论是再生纤维还是其他再生产品，回收的目的都是重复使用。不同的回收方法可以获得具有不同特性的再生纤维或其他再生产品，再利用方式也有所不同，下面根据不同的回收方法阐述相关的再利用技术。

（1）机械回收再利用

通过滚压工艺将不同长度的再生纤维与玻璃-聚酯复合材料、碳纤维和芳纶纤维增强环氧树脂基复合材料进行对比，发现再生纤维增强的新型热塑性复合材料的拉伸强度可与工业纤维复合材料相当。Beauson 等将从风力涡轮机叶片上切碎的复合材料（SC）应用到新的热固性复合材料中。SC 在复合材料中具有良好的分布和浸渍性，但 SC 与基体的结合力较差，应通过化学处理或使用替代树脂来改善。Ogi 等制备了 CFRP 碎块增强混凝土，其抗折强度和抗压强度随 CFRP 含量的增加而增加，由于桥接效应，通过添加适当尺寸的 CFRP 碎块可以提高混凝土的抗折强度和断裂功能。Correia 等研究了混凝土混合料的性能，其中 0～20% 的 GFRP 精细废料通过切割拉挤型材产生，并发现混凝土混合料可用于非结构性应用，如建筑混凝土或路面板。通过使用机械回收的 GFRP 废物作为骨料替代物，制备了对压缩强度和弯曲强度有重大改进的聚酯基砂浆，这是一种潜在的具有成本效益的 GFRP 废物最终用途。Yazdanbakhsh 等研究了用再生 FRP 钢筋或针作为离散钢筋混凝土的力学性能。结果表明，FRP 钢筋混凝土的抗压强度和抗拉强度较低似乎是由于钢筋与砂浆之间的黏结力较弱，FRP 对混凝土的抗拉强度和韧性有显著的正向影响，而不影响其可加性和稳定性。

（2）热解回收再利用

在热解回收过程中，不仅可以获得具有清洁表面的填料颗粒和纤维材料，而且可以获得有机液体燃料。由于树脂价格随石油价格而变化，因此开发通过热解从树脂中回收化学产品的可行方法可能是有意义的。Torres 等在高温下对不饱和聚酯/GF 的片状模塑料（SMC）进行热解，以获得 C5～C20 有机化合物的液相组成，该化合物可用作燃料或汽油以及 CO 和 CO_2 混合物的气相组成。Giorgini 等分别在不同温度下，在 70kg 中试装置中热解 CFRP 和 GFRP，得到一些热解气体（H_2、CH_4、CO 和 CO_2 等）和油（苯、甲苯和乙苯等）。Yun 等分别研究 GFRP 非等温和等温条件下的热分解特性。产物气体是一氧化碳、甲烷、二氧化碳、乙炔、乙烯、乙烷和氢气的混合物，它们由 Diels-Alder 反应（DA 反应），分子内自由基转移和随机链断裂产生。Longana 等利用高性能不连续纤维方法对经过多次循环的短 CFS 再制造的复合材料的性能进行了研究。第一轮回收后 vCF 复合材料的力学性能具有最大的保留率，但再循环复合材料试样的力学性能在第二轮回收后下降，这是由于纤维缩短和残余基质在纤维表面上累积，显示出改善回收技术的重要性。宋等制备了聚偏二氟乙烯（PVDF）/rCF 热塑性复合材料，其中具有 0～30%（质量分数）来自热固性复合材料的 rCF，其力学性能、界面性能和结晶度均优于 PVDF/vCF 复合材料，为 rCF 的再利用开发了潜力。

（3）流化床回收再利用

采用流化床回收热固性复合材料废料，用热固性树脂和再生纤维代替部分原纤维制备了本体成型化合物（BMC）产品。通过流化床法回收的 CF 也可用于制备电磁屏蔽材料高模量复合材料等。

（4）微波热解回收再利用

采用微波热分解法从风机叶片中回收了玻璃纤维，新制备的复合材料（含 25% 的再生纤维）具有较好的力学性能。江等研究人员使用来自微波辐射工艺回收的 rCF 分别通过挤出和注射成型来增强聚丙烯和尼龙。rCF 显著提高了力学性能，并且再生纤维在增强聚丙烯中的性能优于原始纤维。

（5）超临界流体回收再利用

采用亚临界和超临界水循环再生法，将再生的树脂材料和新树脂混合固化为新型复合材料的基体，以 rCF 作为新型复合材料的增强材料，rCF 复合材料的抗弯强度为 vCF-C 的 80%～95%。

（6）溶剂分解回收再利用

在乙二醇和乙二醇/水混合物两种溶剂的近临界条件下树脂的分解，然后将残留的有机树脂降解产物置于 500℃ 和 24MPa 的超临界水中，以 NaOH 和 Ru/Al_2O_3 为催化剂，分别制备出高达 60%（摩尔百分比）的氢气和 53.7%（摩尔百分比）的 CH_4 气体。对于再生纤维，目前常见的处理方法是制造短纤维以便再利用，但在性能方面没有竞争优势，而且应用领域有限。因此，除了继续加强纤维回收地研究外，还应根据市场需求将再生纤维再生成连续纤维纱或直接制成其他更有利的纤维增强材料。同时，有必要进一步扩大再生纤维的应用领域，提高再生纤维的使用率。

上述所有回收技术均适用于现有的热固性复合材料。考虑到热固性树脂的不熔性和不溶性，一些研究者从源头上设计了在环氧树脂上引入活性共价键的方法。在光、热和辐射等外部条件下，可以实现活性共价键的断裂和再结合，并且可以对环氧树脂进行再成型和再加工。这为复合材料的再循环提供了新思路，但活性共价键的类型相对有限，并且重塑条件也要求很高，因此这项工作需要广泛地研究，在应用之前还有很长的路要走。La Rosa 等研究人员研究了 CFRP 的回收处理，其中绿色环氧树脂与一种可降解多胺醚混合，这种热固性复合材料是可回收的，并且可以从热固性复合材料中回收干净的 CF 以及热塑性聚合物。

与热固性复合材料相比，热塑性复合材料具有可回收、重量轻、耐冲击性好、生产周期短等优点。目前，风力发电机叶片的生产主要采用真空灌注工艺。传统的热塑性树脂由于在熔融状态下黏度大而不适合该方法，因此已经开发了一些具有低黏度的合适的热塑性树脂以适应当前的叶片生产的液体模塑技术。这些树脂不仅可以用作真空灌注的热固性树脂，而且还具有良好的物理和力学性能。使用热塑性复合材料叶片，每个大型风力涡轮机的叶片质量可降低 10%，抗冲击性可提高 50%，制造周期可缩短至少 30%。更重要的是，这些风电叶片可以完全回收利用。

欧洲的 ems-chemie 公司开发了一种低黏度树脂-阴离子聚乳酸-12（APLC-12），它是聚酰胺 PA-12 的前体。当加工 APLC-12 时，聚合时间根据所用引发剂的量和加工温度在几秒到几分钟之间变化，并且可以成功地浸渍具有高体积分数的纤维。新一代可流动热塑性树脂还包括环状对苯二甲酸丁二醇酯（CBT），熔融状态下它将变得像黏度极低的水。合适的温度下，CBT 可以在适当的催化剂存在下合成高分子量的聚（对苯二甲酸丁二醇酯）（PBT），并且可以加入增强纤维制备复合材料。爱尔兰的 Gaoth Wind Energy 与日本的三菱重工和美国 Cyclics 公司合作，采用 GF 增强 CBT 树脂制造世界上首个 12.6m 可回收风电叶片。Rijswijk 等在代尔夫特理工大学开发了一种聚酰胺树脂-阴离子聚酰胺-6（APA6）。此外，还对纤维表面化学性质和拓扑结构的改性进行了研究，以改善纤维与树脂的结合性能。

此外，由于当前的环境问题，研究人员一直致力于用天然可生物降解材料，如天然纤维如亚麻、椰壳纤维和竹纤维替换现有的风电叶片材料系统。天然纤维增强复合材料具有合成纤维增强复合材料无法获得的一些优点，包括低密度、低成本、非研磨性和生物降解性。天然纤维增强复合材料不仅具有优异的力学性能，而且在自然环境中也是可生物降解的，可以替代风电行业的传统材料系统。

随着热固性复合材料在风电叶片中的广泛使用，热固性复合材料的回收再利用已成为亟待解决的问题。目前，FRP 废物的回收和再利用技术非常有限，其中大部分仍处于实验室阶段，因此最终实现商业化生产仍需要大量工作。虽然世界上有几家公司可以回收玻璃钢并获得再生纤维，但再生纤维在性能方面没有竞争优势，在应用领域也存在局限性，这一点尚未得到市场的认可。因此，有必要优化回收方法，使其更具成本效益、更少或甚至无污染和更有效。同时，必须改进回收产品的制造技术，使其具有更具竞争力的性能优势，扩大应用领域，提高使用比例。

总的来说，复合材料的回收与利用技术必将朝着绿色环保和低能耗的方向发展，回收产品需要高价值的再利用，以满足可持续发展的要求。风能是可再生能源，天然纤维材料是绿色材料，热塑性复合材料是可回收复合材料，天然纤维材料、可回收复合材料和风能的有机结合符合世界能源的发展方向，具有高生态性和经济性，将使风电行业更加绿色。

第 5 章
风机叶片领域前沿话题

5.1 叶片材料微结构设计

5.1.1 纳米增强材料应用

纳米增强材料具有结构单元尺寸小、表面非配对原子多、比表面积大和表面能高等特性，可以在纳米尺度上实现与基体材料良好的界面结合，协同发挥纳米增强材料的刚性、尺寸稳定性及热稳定性和基体材料的韧性、延展性及可加工性等各自的优异性能。德国 Bayer 公司推出了一类新型碳纳米管 Baytubes（包括 C150P 和 C150HP 两种不同纯度的产品），组分主要为管径小、直径分布均一、长径比极高的多层碳纳米管，纯度超过 95%，具有优异的抗拉强度、模量、热传导性和导电性，性能相当稳定且拥有再现性。据称 Baytubes 可以使风电叶片超过 60m 的极限长度，重量减轻 10%～30%，冲击性能增强 20%～30%，耐疲劳性提高 50%～200%。美国 Huntsman 公司研发了一种纳米填料改性的风电叶片用结构胶黏剂，与未改性的相比，新体系的断裂韧性提高了 3 倍以上，苛刻条件下，100 万次循环后的疲劳微裂缝数量至少减少一半，耐疲劳性提高了 400%。

碳纳米管（CNTs）具有极其优越的性能，强度和刚度特别高，弹性模量超过 1TPa，拉伸强度达到了 200GPa。这些性能可使其作为理想风电叶片复合材料的增强相。CNTs 可以增强风电用热固性 EP 的拉伸性能、疲劳性能和断裂韧性，且随 CNTs 加入量的不同，所制备复合材料的力学性能也不同。张昊等研究人员以酸化后的多壁 CNTs 为原料，用超声分散法和模具浇注成型法制备了 EP/CNTs 复合材料，研究了 CNTs 的含量对 EP/CNTs 复合材料力学性能的影响，结果表明，随着 CNTs 含量的增加，EP/CNTs 复合材料的拉伸强度、弯曲强度及弯曲弹性模量先增加后减小；当 CNTs 的质量分数为 0.5% 时，复合材料的拉伸强度、弯曲强度和弯曲弹性模量分别达到最大值 69.8MPa、136.9MPa 和 3.72GPa，比纯 EP 提高了 33.9%、29.3% 和 4.8%；当 CNTs 的质量分数为 1.5% 时，拉伸弹性模量达到最大值 2050.5MPa，比纯 EP 提高了 7.3%。Yang Yingkui 等学者利用亚乙二氧基-二乙胺改性剂对多壁 CNTs 进行氨基功能化改性，改性后的多壁碳纳米管在 EP 中分散良好，且质量分数 0.5% 的改性多壁 CNTs 可将纯 EP 的拉伸弹性模量、储能模量、拉伸强度、破坏应变和韧性分别提高 28.4%、23.8%、22.9%、24.1% 和 66.1%。徐洪军等研究人员先用浓硫酸和硝酸混合液将 CNTs 纯化，然后用有机胺对 CNTs 进行共价功能化，最后用共价功能化后的 CNTs、EP 低聚物和固化剂制备出 EP/CNTs 复合材料。结果表明，加入质量分数为 1%功能化的 CNTs 制备 EP 复合材料，可使 EP 的断裂韧性提高 35%。

王静荣等学者首先对 CNTs 进行酸改性，然后分别用溶液共混法和原位聚合法制备了聚氨酯（PUR）/CNTs 复合材料，与纯 PUR 材料相比，这两种方法制备的 PUR/CNTs 复合材料的拉伸强度都有所提高，其中，溶液共混法制备的复合材料拉伸强度提高了 8.8%，原位聚合法制备的复合材料拉伸强度提高了 17.3%。姜宪凯等研究人员利用 CNTs 通过原位聚合法制备了 PUR/CNTs 复合材料，对比了未酸化和酸化后的 CNTs 对改善 PUR 材料力学性能的不同影响。结果表明，与纯 PUR 材料相比，CNTs 的加入可以增强 PUR 材料的拉伸强度，经过酸化的 CNTs 使 PUR 材料的拉伸强度增加得更明显。M. R. Loos 等国外学者还用嵌断共聚物改性 CNTs 制备了 PUR 复合材料。CNTs 的引入增强了 PUR 在高应力幅和周期短条件下的疲劳性能，比不加 CNTs 的纯 PUR 增加 248%，与 EP 和 EP/CNTs 相比，PUR 体系的拉-拉疲劳性能高，可见 PUR 体系用于风电叶片复合材料应该具有很大优势。用 SEM 研究断裂表面，进一步证明疲劳寿命的增加是由于 CNTs 的拔出和断裂表面的裂纹桥联。

美国科学家已成功制造了 CNTs 增强 PUR 风电叶片，该风电叶片与传统 GF 增强 EP 风电叶片相比，具有质轻、强度大、耐久性好的特点，且已安装在 1 台涡轮风机上进行测试，该 CNTs 增强 PUR 复合材料单位体积的质量轻于 CF 增强复合材料，而其拉伸强度是 CF 增强复合材料的 5 倍。该叶片的寿命及断裂韧性都优于 EP/GF 风电叶片。拜耳材料科技公司正在探讨用 CNTs 增强 PUR 复合材料来制造 1.5MW 以上的风电叶片，该 CNTs 增强 PUR 体系可提高比强度 1.5 倍之多。

5.1.2　叶片芯材微结构设计

叶片是整个风机中成本最高的部件，占风机成本的 30%左右。在叶片中，基体树脂占比约 36%，增强材料占比约 28%，芯材占比约 12%。随着风电进入平价上网时代，风机招标价格持续走低，叶片制造的成本压力日益增加，寻找多种降本方式已成了叶片制造商的重要目标。

叶片常用芯材为 BALSA（巴尔沙木）、PVC 和 PET 泡沫，BALSA 原产于南美洲热带地区，材质特轻。由于 BALSA 夹芯材料的密度介于 $100\sim150\text{g/m}^3$ 之间，其强度和刚度远超各类泡沫的刚度和强度，成型温度宽泛（$-212\sim163℃$），是一种非常理想的天然夹芯材料。PVC 为叶片常规使用芯材，其用量占整体芯材的 50%～60%，为叶片生产芯材用量的一半。除 PVC 外，风电叶片使用的泡沫芯材还有聚对苯二甲酸乙二醇酯（PET）、苯乙烯丙烯腈（SAN）、聚苯乙烯（PS）、新型硬质泡沫 HPE 等。其中，SAN 泡沫的力学性能满足要求，但供货厂家较少，产能受限。PS 泡沫耐温性差，在加热过程中会挥发苯乙烯单体，只能用在小叶片上，且不能同时与不饱和聚酯树脂使用。PET 泡沫的密度与其他泡沫相差较大，如应用在壳体或腹板中，对风电叶片最终重量的影响较为明显，故制造商应用较少，但 PET 具有可回收性及较好的耐热性，能够迎合市场的降本需求，因此，具有一定的应用潜力。随着风电市场的日趋成熟，叶片向大型化方向发展，其对叶片的重量、质量、成本及材料的一致性提出了新的要求，要求具有合理的结构、先进的材料和科学的工艺，满足叶片在运行过程中所承受的各种载荷，保证其优良特性。

叶片制造通常采用真空辅助灌注工艺成型，腹板夹芯材料在制造过程中，往往会选择对夹芯材料进行开浅槽、打孔处理，提供树脂在浸润过程中的流动通道，达到良好的浸润效果。夹芯材料不同开槽打孔的加工方式对风电叶片腹板力学影响较小，对工艺性影响亦较小，但对风电叶片减重具有较大影响，对轻量化风电叶片结构设计具有重要意义。有研究表明，芯材是否开槽对叶片腹板设计和制造的影响存在一定差异，表现为仅打孔的芯材在吸胶量和密度上较开槽打孔的芯材低，且仅打孔的芯材和开槽打孔的芯材在力学上差异不明显，均可达到叶片腹板芯材设计值要求，不影响产品结构强度。通过实际生产验证可知，仅打孔芯材对设计腹板轻量化有较大意义，叶片腹板设计时可考虑采用仅打孔芯材。

此外，风电叶片 PET 泡沫腹板芯材槽孔工艺研究表明，双面一字交叉浅槽打孔工艺的腹板芯材吸胶量相较于双面十字浅槽打孔，槽孔密度可降低 50%，体吸胶量降低 24.6%，吸胶后密度降低 10.3%。此外，双面一字交叉浅槽打孔工艺的腹板芯材力学性能相较于双面十字浅槽打孔，槽孔密度降低了 50%，力学性能有所降低，但仍能够满足设计要求。在实际生产过程中，双面一字交叉浅槽打孔工艺的腹板灌注树脂用量相较于双面十字浅槽打孔，可降低 8.9%，对于叶片制造过程中的降本增效，具有重要意义。

国内研究人员也对不同厚度和加工方式的 BALSA 芯材的吸收树脂量进行了对比研究，结果表明，BALSA 芯材单位面积吸树脂量随厚度的增加逐渐增多，板材吸树脂后密度随厚度的增加逐渐降低，这主要与芯材表面的开槽和打孔的深度、数量有关，真空灌注时树脂会注入芯材的开槽及开孔位置。假如一支叶片用 BALSA 芯材体积为 $2m^3$，厚度 12.7mm 比 50.8mm 的 BALSA 芯材灌注后重量多 272kg，这直接增加了叶片重量和成本，因此进行叶片设计时，要考虑在芯材满足应用性能的前提下合理选择芯材厚度。另外，BALSA 芯材的加工方式对芯材吸收树脂量影响较大，芯材厚度相同时，表面切割＋打孔的 BALSA 芯材的各项性能均优于开浅槽＋打孔的芯材。

5.2 智能材料在风机叶片中的应用

智能材料的概念在 20 世纪被提出，是 21 世纪最具备发展潜力的新型材料。不同于传统材料，智能材料是由多种材料紧密复合而成的材料系统。智能材料具有最基本的三个要素：具备感知外界变化的能力，如外力、温度、光照等；具备反馈能力，能够在感知到外界信号后对感知的信号做出诊断结论；具备响应能力，能够对反馈所得的结论做出相应行动。智能材料由于具有主动或被动变形的能力而被视为柔性结构的理想材料，智能材料主要有压电材料、记忆合金、磁流变液、电流变液、液晶材料等。

由于智能材料的感知响应等特性，将智能材料与其他结构的基体材料相结合，可以构成一种智能材料结构。智能材料结构就是将驱动智能材料与感知智能材料采用表面粘贴或者埋入结构的方式安装在被测材料结构上。驱动器能够根据外界的设置调配对被测材料结构施加不同的激励，感知器能够感知外界环境变化以及结构的动态响应，并对不同的感知信号做出判断，做出决策完成任务动作，能够在无人值守的环境下实现自感知、自响应、自修复等功能。研究人员分析了基于智能材料的主动控制设计对叶片实行保护的方案，分析了多种控制方案对叶片的保护具有可行性。

5.2.1 智能传感器技术

智能传感器是具有信息处理功能的传感器。智能传感器带有微处理机，具有采集、处理、交换信息的能力，是传感器集成化与微处理机相结合的产物。与一般传感器相比，智能传感器具有三个优点：通过软件技术可实现高精度的信息采集，而且成本低；具有一定的编程自动化能力；功能多样化。一个良好的智能传感器是由微处理器驱动的传感器与仪表套装，并且具有通信与板载诊断等功能。智能传感器能将检测到的各种物理量储存起来，并按照指令处理这些数据，从而创造出新数据。智能传感器之间能进行信息交流，并能自我决定应该传送的数据，舍弃异常数据，完成分析和统计计算等。

随着风力清洁能源的快速发展，海上风电已经普及了兆瓦级叶片，叶片长度达到 60m以上，叶片受到风力等载荷的作用也越来越大。叶片是风电机组捕获风能的关键部件，其能否正常工作影响整个风电机组的发电效率与运行安全。叶片在运行时除了承受气动力作用外，还承受重力、离心力等的影响，再加上雨雪、沙尘、盐雾侵蚀、雷击等破坏，叶片基体及表面很容易受到损伤。这些损伤如未及时发现与维修会导致风电机组发电效率下降、停机，甚至发生损毁等事故。目前风机叶片材料主要为玻璃纤维增强环氧树脂复合材料，叶片内腔的检测方式主要依靠人工检测，迫切地需要一种自动化检测方法。随着智能材料与智能传感器技术的兴起，基于智能传感器技术的风电叶片损伤检测法已经越来越多地被应用到实际工程中。

压电材料将力学和电学结合起来，是一种能够将电能与机械能相互转换的智能材料，随着压电效应理论的发展，各个领域都开始研究并使用压电材料，应用较广的就是压电阻抗结构检测。压电材料主要有锆钛酸铅（PZT）、钛酸钡（BT）、偏铌酸铅、改性钛酸铅（PT）、铌酸铅钡锂（PBLN）等，其中锆钛酸铅压电陶瓷片 PZT 的驱动能力和感知能力都比较优异，是一种理想的智能驱动感知材料。被测材料结构产生的应变能够让压电陶瓷材料产生极化，使压电陶瓷材料内部的电荷重新排列，正负电荷分离至压电片的两端，从而形成电势差，宏观上为产生了电压信号，即压电材料的正压电效应，也能够通过给智能压电片加载外电场，利用其逆压电效应将电压谐波信号转换成压电片的机械振动，然后使耦合的材料结构产生应力。利用压电材料的正逆压电效应特性，可以与材料形成一个"压电、被测材料、压电"的状态自诊断传感系统。自诊断系统的原理是通过将压电片与待测材料结构耦合，对其中一个压电片施加一定频率的正弦信号，使其对材料结构产生一定应力，应力波会向材料周围扩散，另一种压电材料作为感知器，感知材料结构的应力变化，若在感知器与驱动器之间的被测结构存在刚度、阻尼、质量的变化，驱动器产生的应力波也会产生变化，也就是通过驱动器施加的应力信号携带有材料结构的状态信息。这样就能够通过这个压电传感器检测系统探测出材料结构的状态信息。

光纤传感器具有抗电磁干扰和质轻的优势，在航天、土木等领域结构健康监测方面广泛应用，光纤探冰技术在飞机和输电线上的研究相对较多，在风机叶片上的研究才刚刚起步。相关学者研制了基于光反射的探头式光纤结冰传感器，并经实验室验证测得人工冰层的厚度，这种单点探头式光纤传感器在叶片表面安装复杂。为了克服单点式的不足，Shajiee 等采用高精度分布式光频域反射技术（OFDR），对叶片人工覆冰探测和加热除冰进行了深入研究，实验表明分布式光纤能够检测叶片不同区域覆冰的有无以及冰型和覆冰厚度，给服役运行期间直接贴附在叶片表面测量结冰带来希望。

风电叶片运行时在外部载荷的作用下，正常叶片和含有损伤叶片在应变程度上存在明显的差异，当监测到的风电叶片局部应变值远大于其历史应变值时就可以判定该风电叶片部位产生了损伤。为了消除风电叶片尺寸的影响，需使用相对应变进行度量。目前主要有两种应变传感器可以对风电叶片进行应变监测，一种是电阻应变片，另一种是光栅布拉格传感器

（FBG）。电阻应变片的原理是基于金属导体的应变效应，金属导体在外力作用下发生机械变形时，其电阻值随所受机械变形的变化而发生变化。电阻应变片贴在风电叶片表面，当风电叶片表面变形时，电阻应变片内部电阻会发生变化，从而引起电压的变化，通过特殊的采集装置可以采集到这种变化并转换为风电叶片的应变值。光纤布拉格传感器的工作原理是在光纤上刻蚀一特定间距的图案，可以在不同的位置实现期望的折射特性。当光栅区域被外部载荷激发时，会引起变形，从而改变有效折射率。光纤布拉格传感器在使用时需嵌入到叶片内部，当叶片发生应变时，光栅布拉格传感器的折射率会发生改变，其反射回的反射光波长也会发生相应改变，可以通过特殊的测量装置检测出这种应变。由于光栅布拉格传感器抗干扰能力强、稳定性好、测量参数多等优点，不少学者进行了深入研究。张照辉等以高性能光纤传感技术为基础，充分利用其分布式高密度测量、准分布式动态测量的特点，获取风力发电机结构的真实应变响应分布，提出了一种基于准分布式光纤光栅传感数据的大型风力发电机叶片覆冰识别方法。Liu Zheng 等研究人员提出了一种基于应变传递定律的聚合物填充 FBG 传感器精度可靠性评估方法，建立了用于风电机组叶片结构试验的应变传递效率的计算模型。结果表明，交变负载的频率对 FBG 传感器的性能有重要影响，频率越高，应变传递效率和精度可靠性越高。

风电叶片的振动响应与其材料、结构特性（质量、阻尼、刚度）有关，叶片损伤（裂纹的出现或连接的松动）会引起叶片刚度降低，导致振动信号参数与模态特性变化，因此可利用振动信号参数与模态参数的变化来监测叶片结构中的损伤变化，一般情况下将加速度传感器安装在风电叶片表面来进行振动监测。随着技术的发展，振动测量也可以通过激光扫描和地基雷达实现，利用这些新技术可以方便地以非接触的方式测量运行中叶片的大振动。基于振动信号参数的监测方法有波形分析法、频谱分析法等。波形图是对振动信号在时域内进行处理，可从波形图上观察振动的形态和变化。频谱图显示振动信号中的各种频率成分及其幅值，不同的频率成分往往与一定的故障类别相关。基于模态的监测方法是通过提取不同状态下风电叶片的模态参数来进行风电叶片损伤识别的，风电叶片的结构特征随损伤的发生和扩展而变化，模态特性的变化可以用来揭示叶片的健康状况。

Josué Pacheco-Chérrez 等学者对加速度信号进行频域分解（FFD）以获得叶片模态参数，特别是固有频率和模式形状，并利用 MSD（振型差）检测叶片纵向出现的裂纹，该方法被证明能够正确地检测和定位损伤特征。Tcherniak 等利用中频振动提出了一种结构健康监测系统，能够检测风力涡轮机叶片的结构缺陷，如裂纹、前缘/后缘开口或分层。结果表明，即使小尺寸缺陷也可以在风电机组运行不停机的情况下远程检测。顾永强等对小型风力发电机叶片多种损伤工况的数值模拟进行模态分析，研究叶片损伤识别与定位的方法，提出通过自振频率的变化可判断叶片是否发生损伤。结果表明，无论叶片是否发生损伤，随着叶片转速的增大，其固有频率都会增大。张则荣等基于模态理论对受损前和受损后的风电机组叶片进行位移和应变模态分析，通过结构损伤前后模态频率、位移模态及应变模态参数的对比可以发现，在受损量不同的情况下，叶片模态频率损伤前、后变化较小，位移模态几乎没有产生变化；在受损区域应变模态及其差分曲线均有突变产生，裂纹的长度越大，突变越明显。

在外界条件（应力、温度）作用下，材料或构件的局部缺陷（损伤）部位因为应力集中而产生变形或开裂，以弹性波形式释放出应变能的现象称为声发射（acoustic emission，AE）。声发射传感器安装在风电叶片上，可以接收叶片结构发出的瞬态弹性波，这些瞬态弹性波可能是由于常见的叶片损伤（如裂纹扩展、分层）引起的，多个声发射传感器组合可以建立一个传感器网络，利用这些传感器可以很容易实现损伤检测和定位。声发射监测对微小结构变化十分敏感，可以监测风电叶片早期裂纹的产生并辨别损伤类别，如裂纹的扩展、叶片的脱粘、分层、冲击等。声发射监测原理是通过对声发射信号不同特征属性（频率、幅度、周期、能量）进行分析，可以判定风电叶片损伤位置及类型。随着叶片损伤的增加，声发射传感器会累积更多的声发射信号能量，可以监测损伤的程度，实现对风电叶片损伤的实时监测。但声发射信号易受环境的干扰，因此声发射传感器的安装布局与声发射信号的处理显得尤为重要。

近年来，国内外学者围绕将声发射技术应用于风电叶片损伤检测进行了大量、深入的研究。贾辉等基于声发射技术提出了一种主成分聚类分析与 BP 神经网络相结合的材料损伤识别模型，基于试验数据对识别网络进行测试训练。训练结果表明，识别模型对未知类型疲劳损伤的识别率均高于 90%。张亚楠等选取含分层缺陷的玻璃纤维复合材料作为试验材料并进行室温单调拉伸试验，利用声发射技术对受载过程进行动态监测。采用 K-均值聚类分析方法对声发射信号的幅值、峰值频率等特征参数进行损伤模式识别，借助 BP 神经网络识取失稳破坏前兆特征信号，并对失稳状态进行预测。研究结果表明，对声发射信号、参数进行聚类分析可得到各损伤模式的特征频率。Pan Xiang 等提出了一种利用声发射信号对受损风机叶片进行早期预警的时空处理框架，利用短时傅里叶变换（STFT）分析声发射信号的非平稳性。数值模拟表明，当叶片表面有孔时，声发射信号的固有频率趋于降低。此外，研究人员还利用声发射技术对疲劳载荷作用下的风机叶片进行全面健康监测，提出了基于快速搜索和查找的聚类方法（CFSFDP）识别损伤模式及检测异常值，并指出声不同频率发射信号对应叶片不同的损伤模式，各种损伤模式的出现与振动次数和声发射信号的频率特征表现出一定的周期性变化。

风电机组在运行过程中会产生大量的噪声，其中特定的噪声信号可以反映风电叶片的某些损伤。通过麦克风采集到这些噪声信号，对噪声信号进行处理，提取与叶片损伤相关的信息，从而实现对叶片健康状况监测。除了单个麦克风测量外，还可以将多个麦克风组装成一个麦克风阵列，以实现声源的定向测量。噪声监测可以分为被动噪声监测和主动噪声监测，被动噪声监测主要基于叶片结构运行时所产生的声音，如叶片开裂、腐蚀等结构变化产生的声音。主动噪声监测是在叶片内部放置扬声器，使之不断发出特定频率的声信号，麦克风接收该扬声器发出的声信号，通过对比接收的声信号与历史声信号的差异可以判定风电叶片的损伤。被动式风电叶片噪声监测所需设备简单，只需要麦克风就可以进行实施。主动式风电叶片噪声监测除了需要麦克风外还需要在叶片内部设置扬声器。这两种监测技术都需要较高的采样率，才能更准确地捕捉叶片损伤的声音信号。如何准确地识别和提取各种损伤类型，以及如何在复杂环境下实现噪声信号处理是研究的重点。董小泊等从时域与频域的角度分别对采集到的风电机组叶片音频进行特征提取，然后再进行无监督的基于密度的聚类算法（DBSCAN）分类，应用于后续叶片状态的感知判断。Poozesh 等提出了一种基于声学监测的非接触式测量技术，通过使用单个麦克风或波束形成阵列，观察声辐射检测结构内部的裂缝或损坏。

5.2.2　自修复材料

环氧树脂（EP）是风电叶片的基质材料，因其良好的力学性能，较高的电、热、化学和尺寸稳定性，优异的绝缘性，在涂料、胶黏剂、复合材料等领域被广泛应用。然而，环氧树脂固化后交联密度高、内应力大、韧性低和塑性差，并且在其作为结构材料使用的过程中，不可避免地会受到外部冲击挤压等机械力的作用或光热刺激，造成局部损伤和裂纹，这些损伤和裂纹极大地影响了环氧树脂材料的综合性能和使用寿命，甚至会引发严重的安全事故。如果能够赋予环氧树脂材料自修复能力以实现损伤和裂纹的自修复，不仅可以延长环氧树脂的使用寿命，还可进一步拓宽以环氧树脂为基体的复合材料的应用领域。

研究者们利用中空纤维、微胶囊、热塑性添加剂、热可逆反应，如 DA 反应、光可逆反应、酯交换反应、双硫键交换反应、亚胺键动态反应等，来实现环氧树脂材料内部损伤和裂纹的自修复，热可逆 DA 反应是其中极其重要的方法之一。DA 反应是二烯体与亲二烯体之间的环加成反应，是一种由温度控制的可逆反应，在 50～80℃生成 DA 加成物，在 110～140℃发生逆 DA 反应（r-DA 反应）。相关学者将呋喃和马来酰亚胺多聚体通过 DA 反应合成了高度交联的聚合材料，利用呋喃基团和双马来酰亚胺进行 DA 反应制备了两种自修复环氧树脂，并将制备的含呋喃基团的改性酚醛环氧树脂与双官能团马来酰亚胺进行 DA 化学反应交联，得到了一种可用于电子封装的自修复材料。通过呋喃封端的环氧基团单体与双马来酰亚胺进行 DA 反应，合成了具有良好自修复性能和再加工性能的环氧树脂材料。然而，这些材料都或多或少具有一定的脆性，而且修复效率都不高。

如何让自修复环氧树脂材料兼具较高的自修复效率和韧性是一个亟待解决的问题，研究者们选用液态橡胶、刚性纳米粒子、生物质、热塑性树脂、热致液晶、核壳聚合物，特别是高韧高弹的柔性聚合物链等物质来改善环氧树脂材料的韧性。Czifrák 等提出了基于呋喃和双马来酰亚胺体系 DA 反应的聚氨酯-环氧树脂交联网络的两种合成路线，含 DA 动态键的聚氨酯虽然改善了环氧树脂的韧性，但是由于环氧树脂本身不具备自修复性能，该体系的自修复效率仍有待提高。此外，有研究学者将热可逆聚氨酯引入基于 DA 反应的自修复环氧树脂，成功制备了热可逆聚氨酯改性自修复环氧树脂交联网络聚合物（FGE-DA-PU）。

热可逆聚氨酯柔性链对 FGE-DA-PU 力学性能有明显的影响，随着聚氨酯添加量的增加，FGE-DA-PU 的弯曲载荷逐渐降低而弯曲位移逐渐增大。当聚氨酯的添加量达到 20％后，FGE-DA-PU 的弯曲位移不再变化。FGE-DA-PU 的冲击强度随聚氨酯添加量的增加呈现出先增大后减小的趋势，相较于未添加聚氨酯的环氧树脂，引入聚氨酯后环氧树脂的冲击强度均明显升高，而当聚氨酯添加量为 20％时，改性得到的 FGE-DA-PU 具有最优的冲击强度。综上，当聚氨酯的添加量达到 20％后，改性环氧树脂可获得较优异的抗弯和抗冲击性能。这是因为聚氨酯柔性链与环氧树脂刚性分子通过 DA 键和氢键形成交联网状结构，再经四乙烯五胺固化后，FGE-DA-PU 分子中形成了柔性单元和刚性单元相间的交联网络聚合物结构，从而降低了环氧树脂的强度和脆性，改善了其韧性。当聚氨酯添加量为 20％时，体系中刚柔相间的结构最为紧密，FGE-DA-PU 获得了良好的力学性能，其弯曲载荷和冲击强度分别达到了 79.11N 和 6.30kJ/mm^2。因此，热可逆聚氨酯对自修复环氧树脂进行改性后，显著提高了材料的抗弯性能和冲击韧性。

图 5-1 所示为热可逆聚氨酯改性环氧树脂试样（聚氨酯添加量为 20％）经 130℃处理 12min 后再在 85℃条件下处理不同时间的 DSC（差示扫描量热测试）曲线。可以看出每条曲线在 120～140℃之间均出现了一个明显的吸热峰，最大吸热温度为 130℃，这是 FGE-DA-PU 中的 DA 键在这一温度区间发生 r-DA 反应解离，同时氢键在这个温度区间也发生解离吸热所致。因此，确定高温处理温度为 130℃。同时，每条曲线在 80～90℃

之间均出现了一个明显的放热峰，峰值在 85℃，这是 FGE-DA-PU 试样中在高温处理后已经断裂的 DA 键和氢键在这一温度区间重新生成所致。85℃热处理时间从 0h 延长到24h 时，130℃的吸热峰的面积逐渐增加，这是因为随着在 85℃条件下热处理时间的延长，更多的在高温处理时断裂的 DA 键在 85℃时发生 DA 反应而再次结合，从而生成了更多的 DA 键，同时氢键在此温度条件下也会再生。因此，再生的 DA 键和氢键在 120～140℃温度区间再次断裂时就需要吸收更多的热量。而与处理 24h 相比，85℃条件下处理36h 的 DSC 曲线中，120～140℃之间的吸热峰面积基本保持不变，表明在 130℃热处理时所有断裂的 DA 键和氢键经 85℃处理 24h 后均得以再次生成。因此，可以得出低温处理的最佳条件为 85℃处理 24h。

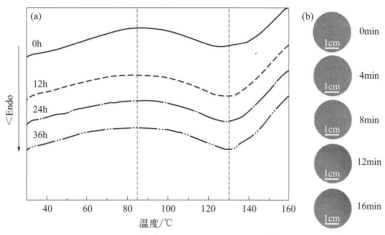

图 5-1　FGE-DA-PU 的 DSC 曲线图和在 130℃热处理不同时间的裂纹愈合过程

图 5-1 还展示了冲击试验产生裂纹的热可逆聚氨酯改性自修复环氧树脂试样在 130℃热处理不同时间的裂纹愈合过程照片。可以看出，随着热处理时间的延长，裂纹宽度逐渐变窄，深度逐渐变浅，表明热处理促使裂纹逐渐修复而愈合。其中，热处理 8min 后仍存在细微的裂纹，热处理 12min 后裂纹完全消失，而热处理 16min 与 12min 时效果相同。这表明随着 130℃热处理时间的延长，r-DA 反应更充分，DA 键断裂形成含二烯体和亲二烯体短链小分子的数量不断增加，同时氢键解离更完全，分子间的相互作用力减弱，分子链更容易在热作用下运动并迁移至裂纹、裂缝等破坏面，并对裂纹、裂缝等破坏处进行填充，从而使裂纹得以修复而愈合。因此，确定高温修复环节适宜的热处理温度和时间分别为 130℃和12min。由此可见，热可逆聚氨酯改性自修复环氧树脂（FGE-DA-PU）自修复工艺可确定为：130℃处理 12min，然后在 85℃处理 24h。

为了对比热可逆聚氨酯添加量对自修复环氧树脂修复行为的影响，制备了聚氨酯添加量分别为 0%、10%、20% 和 30% 的 FGE-DA-PU 试样，并对质量和厚度均相同的圆形试样进行冲击以制造裂纹。随后将试样在 130℃下热处理不同时间，观察冲击裂纹的愈合情况，如图 5-2 所示。

从图 5-2 可以看出，不同聚氨酯含量的 FGE-DA-PU 试样在 130℃处理过程中，随着热处理时间的延长，试样中的冲击裂纹均在逐渐愈合，表明这些试样均具有一定的修复性能。当聚氨酯添加量为 0% 时，经 16min 处理后 FGE-DA-PU（0%）试样中仍然有一些细小裂纹未得到修复；当聚氨酯添加量为 10% 时，FGE-DA-PU（10%）试样中的裂纹在 16min 得

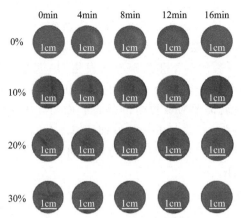

图 5-2　130℃ 热处理时不同聚氨酯添加量的 FGE-DA-PU 中裂纹愈合情况

到修复。当聚氨酯添加量继续增加至 20％ 和 30％ 时，FGE-DA-PU（20％）、FGE-DA-PU（30％）试样中的裂纹修复愈合时间依次进一步缩短，分别在 12min 和 8min 时裂纹完全得以修复。这表明随着聚氨酯引入量的增加，FGE-DA-PU 试样中的裂纹愈合速度逐渐加快，修复时间缩短。这是因为聚氨酯为柔性材料，其含量增加会使 FGE-DA-PU 试样中的分子链的流动性增强；同时其含量增加也会使 FGE-DA-PU 分子中的—NH 含量增加，并最终导致氢键含量增大，在高温热处理作用下，氢键发生解离，减小了分子间的相互作用力；此外其含量增加亦会使 FGE-DA-PU 中 DA 键的含量增大，在高温条件下发生 r-DA 反应，导致基体中短链分子和小分子含量增加，分子量降低，促进了分子的热运动。因此，热可逆聚氨酯的引入进一步加速了分子的热运动迁移，加快了分子链对裂纹的填充速度，提升了裂纹的愈合速度，提高了对裂纹、裂缝等破坏的修复效果。

　　研究人员进一步对各种聚氨酯添加量的 FGE-DA-PU 试样进行单次和多次弯曲损伤-热处理，探讨试样的定量自修复行为。其中损伤试样是将经三点弯曲测试完全断裂后的试样按断裂面对接固定后得到的具有缝隙的试样，热处理是采用前述研究中确定的最佳自修复工艺（即依次在 130℃ 处理 12min，85℃ 处理 24h）对损伤试样进行修复。自修复效率采用试样修复前后弯曲载荷的恢复率来衡量。图 5-3 为不同聚氨酯添加量的试样分别经过三次损伤-热

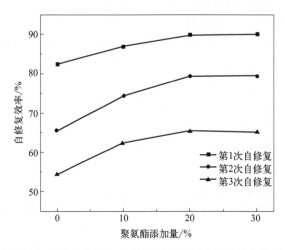

图 5-3　聚氨酯添加量对多次损伤-热处理后 FGE-DA-PU 的自修复效率的影响

处理后的自修复效率变化图。可以看出，聚氨酯添加量为 0%、10%、20% 和 30% 的损伤试样经一次热处理后，试样的修复效率分别达到了 82.4%、86.8%、89.7% 和 90.0%。结果表明，经热处理后，试样中的损伤得以修复并使试样的弯曲载荷得到极大程度的恢复。随着聚氨酯添加量的增大，试样的修复效率逐渐升高并最终基本保持不变，当聚氨酯添加量为 20% 时，材料的修复效率最大。

对经过一次损伤-修复后的试样再次进行同样的弯曲试验，再将弯曲断裂后的试样对接固定形成损伤试样，最后将损伤试样经过相同的热处理，即可得到二次、三次损伤-修复试样。其中二次损伤-修复后试样的修复效率分别达到了 65.4%、74.2%、79.2% 和 79.2%（聚氨酯添加量为 0%、10%、20%、30%），而三次损伤-修复后，修复效率也分别达到了 54.3%、62.4%、65.4% 和 65.2%。这表明采用热可逆聚氨酯可对自修复环氧树脂进行改性后制备的 FGE-DA-PU 实现多次损伤后的重复修复，而且试样在每次热处理后的修复效率均随聚氨酯添加量的增加而逐渐增大，并在聚氨酯添加量达到 20% 后基本保持稳定。这是因为聚氨酯链本身的柔性较大，分子链中的—NH 含量较多，所以分子间氢键含量较大，随着聚氨酯添加量的增大，柔性增强，同时 FGE-DA-PU 分子中的 DA 键和氢键含量增大，在热处理过程中氢键解离，分子间的相互作用力减弱，DA 键发生 r-DA 反应生成的短链分子和小分子更容易迁移，从而使得试样中的裂纹、裂缝等破坏面更容易被短链分子和小分子填充修复，试样的修复效率随聚氨酯添加量的增加而升高。当聚氨酯添加量达到一定程度（20%）后，分子的迁移程度达到最佳，因而修复效率趋于最大。然而，试样的修复效率随损伤-修复次数的增加而降低，这是因为随损伤-修复次数的增加，FGE-DA-PU 分子中的双马来酰亚胺分子发生自聚，DA 键有一定的损耗，使得 FGE-DA-PU 分子的分子量和分子中 DA 键的数量降低，最终导致修复后的 FGE-DA-PU 试样的弯曲载荷有所降低，修复效率亦有所降低。尽管如此，经过三次损伤-修复后，试样依然表现出较高的修复能力，其中聚氨酯添加量为 20% 的试样的修复效率仍然高达 65.4%。

通过以上研究可知，将热可逆聚氨酯引入自修复环氧树脂后，一方面显著提升了自修复环氧树脂的韧性；另一方面，又保证了改性材料具有重复自修复能力并保持了较高的修复效率。其中，当聚氨酯添加量为 20% 时，改性环氧树脂表现出最优的韧性和修复能力。热可逆聚氨酯改性自修复环氧树脂冲击韧性增强原理及其自修复机理如下所述。

热可逆聚氨酯预聚体（MPF）与自修复环氧树脂（FGE）通过 DA 键产生交联，并在四乙烯五胺的作用下交联固化形成热可逆聚氨酯改性自修复环氧树脂交联网络聚合物（FGE-DA-PU），该交联网络聚合物由聚氨酯柔性单元和环氧树脂刚性单元通过 DA 键和高密度氢键结合，从而降低了环氧树脂的脆性而赋予改性材料良好的韧性。当聚氨酯添加量为 20% 时，刚柔相间的交联网络结构最紧密，同时，FGE-DA-PU 分子中存在大量的氢键，提高了分子间的相互作用力，使材料呈现出优异的冲击强度和良好的韧性，体系的力学性能达到了最佳状态。

当热可逆聚氨酯改性自修复环氧树脂（FGE-DA-PU）由于外界因素作用而产生损伤出现裂纹、裂缝等时，可以通过在一定温度进行热处理使损伤得以修复。首先，FGE-DA-PU 试样分子链中大量的—NH 赋予其较强的氢键作用，而氢键破坏和再生的临界温度为 100℃ 左右，当温度高于 100℃ 时，氢键解离，由于氢键具有热可逆性，温度低于 100℃，氢键又重新形成。当将试样在 130℃ 处理 12min 时，试样分子内部发生 r-DA 反应导致 DA 键断裂而产生短链分子和小分子。产生的短链分子和小分子通过热运动向裂纹、裂缝等破坏面处迁移，与此同时，氢键解离，减小了分子间的相互作用力，促进了短链分子和小分子向裂纹、裂缝等破坏面的迁移，从而填充并初步修复了裂纹、裂缝等损伤。

随后将试样于85℃处理24h。在这一阶段，断裂的DA键和氢键会逐步重新结合生成新的DA键和氢键而使试样的强度逐步恢复。同时，分子链在加热过程中继续进行热运动并填充，使裂纹、裂缝等破坏面中分子链的排布更进一步趋于紧密，从而使裂纹裂缝愈合得更加充分完全，材料的力学性能便能得到更大程度的恢复。于是，通过热可逆DA反应、分子链的热运动，以及氢键的解离和再生这三种作用协同，便实现了材料损伤的修复，而且材料在多次损伤情况下可以通过多次热处理而实现修复。因此，热可逆聚氨酯改性自修复环氧树脂还表现出良好的重复自修复能力。

综上所述，热可逆聚氨酯改性一方面使自修复环氧树脂获得了优异的冲击强度及良好的韧性，另一方面改性材料本身表现出良好的自修复能力，从而获得了具有高冲击强度、良好韧性及损伤高效自修复能力的新型自修复环氧树脂材料。

环氧树脂除外，聚氨酯（PU）也是制造风电叶片的重要基质材料，其具有橡胶的高弹性、高韧性和优异的耐磨、耐油、耐低温等性能，但是其高温性能差、拉伸强度低且硬度较低。研究人员将E51环氧树脂引入基于DA反应的热可逆聚氨酯，制备出环氧树脂改性热可逆自修复聚氨酯材料（PU-DA-E51）。且通过引入环氧树脂，有效提高了改性热可逆聚氨酯的拉伸强度、弹性模量、冲击韧性和硬度，同时保持了较高的断裂伸长率。

研究发现，随着E51添加量的增加，PU-DA-E51的拉伸强度逐渐增大而断裂伸长率减小，冲击韧性和硬度均随E51添加量的增加而增大。与未添加环氧树脂的聚氨酯相比，引入环氧树脂改性后，聚氨酯的拉伸强度显著提高。E51添加量为0%、10%、20%、30%和40%的改性聚氨酯，其弹性模量分别达到3.85MPa、4.52MPa、5.42MPa、9.70MPa和13.41MPa。环氧树脂E51的添加量达到20%后，改性聚氨酯的拉伸强度、冲击韧性和邵氏硬度增加幅度减小，而断裂伸长率明显降低，其原因是：加入E51固化后形成的刚性相使聚氨酯弹性基体中出现了两个不同的相，两相相互缠结形成互穿聚合物网络结构（IPN），限制了柔性分子链的移动，产生"强迫互溶"和"协同效应"作用。当体系中E51的添加量较低时，部分环氧微区相被聚氨酯相溶解，剩余环氧微区相在黏弹性相分离过程中通过成核和生长机制分离为离散相，因此基体的断裂伸长率变化不大；随着E51添加量的增大，E51环氧微区相增多，两相互穿程度增大，限制了分子链的移动，使体系的拉伸强度、硬度和冲击韧性随之增大，而断裂伸长率降低。E51添加量为20%时，两相的互容性最佳，互穿程度最大。当E51添加过量时，固化后的环氧树脂网络阻碍柔性分子链的移动，使两相间的相容性降低并产生相分离，导致互穿程度降低，从而使体系的强度和刚度稍有增大，而断裂伸长率显著降低。这表明，E51的添加量不宜过高。E51添加量为20%的PU-DA-E51获得了良好的力学性能，其拉伸强度、断裂伸长率、弹性模量、冲击韧性、硬度分别达到了11.17MPa、286%、5.42MPa、1.22J/mm^{2}和80HA。

对环氧树脂改性聚氨酯的自修复行为，研究人员选用E51添加量为20%的PU-DA-E51试样并对其在同一位置进行单次及多次损伤-热处理，以研究试样的自修复行为。实验中将用0.5mm厚的手术刀刻划出深度为0.5mm裂缝的试样作为损伤试样，采用的自修复工艺为将带有裂缝的试样先在130℃处理20min，再在60℃处理24h。

图5-4所示为原始试样、刻划有裂缝的试样以及带有裂缝的试样在130℃处理20min后，再在60℃处理24h的代表性应力-应变曲线。可以看出，原始试样的拉伸强度和断裂伸

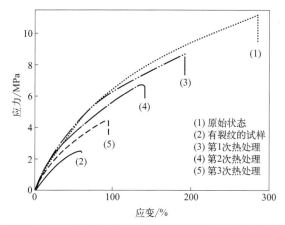

图 5-4　经多次损伤-热处理的 PU-DA-E51 的应力-应变曲线

长率分别能达到 11.17MPa 和 286%；刻划 0.5mm 深度裂缝后试样的拉伸强度和断裂伸长率均出现了极大的降低，分别仅为 2.54MPa 和 60%。与刻划有裂缝且未经热处理的试样相比，带有裂缝的试样在 130℃处理 20min 和 60℃处理 24h 后，其拉伸强度和断裂伸长率均极大提高，分别达到了 8.69MPa 和 193%，修复效率达到了 77.8%。这表明，热处理使裂缝修复而使试样的拉伸强度和断裂伸长率随之恢复。

经过一次损伤-热处理修复的试样在同一部位制造裂缝并经过类似的热处理后，得到的二次、三次损伤-修复试样，其拉伸强度分别为 6.78MPa 和 4.48MPa，断裂伸长率分别为 141% 和 95%，二次和三次修复效率分别达到了 60.6% 和 40.1%。这表明，环氧树脂对热可逆聚氨酯进行改性的 PU-DA-E51 可实现多次损伤和重复修复。但是，试样的拉伸强度、断裂伸长率和修复效率均随损伤-修复次数的增加而降低。这是因为随着损伤-修复次数的增加，PU-DA-E51 分子中的 DA 键会有一定的损耗，使 PU-DA-E51 分子的分子量和分子中 DA 键的数量降低，最终使 PU-DA-E51 试样的力学性能和修复效率随损伤-修复次数的增加而降低。尽管如此，经过三次损伤-修复后，试样的修复效率仍然高达 40.1%。

环氧树脂改性热可逆聚氨酯的多次重复自修复性能的机理，源于热可逆 DA 反应与分子链热运动的协同作用。当环氧树脂改性热可逆聚氨酯（PU-DA-E51）产生损伤出现裂纹裂缝后，在 130℃处理 20min，试样分子中的热可逆 DA 键发生 r-DA 反应而断裂，生成 BMI 和 MPF 短链分子。产生的小分子和短链分子热运动向裂纹裂缝处迁移，填充并初步修复了裂纹裂缝。同时，环氧树脂与聚氨酯形成的 IPN 结构在高温条件下重排，在互穿网络束缚下使材料的力学性能得到一定程度的恢复。随后将试样在 60℃处理 24h，断裂的 DA 键重新结合生成新的 DA 键。分子链在加热过程中填充裂纹裂缝，使裂纹裂缝中分子链的排布趋于紧密，从而使裂纹裂缝愈合得更加充分，使材料的力学性能更大程度地恢复。这表明，通过热可逆 DA 反应和分子链的热运动两种作用协同可实现材料损伤的修复。此外，材料的多次损伤可通过多次热处理而修复。

5.3　3D 打印技术在风机叶片中的应用

叶片作为风力机的关键部件，其良好的设计、可靠的质量和优越的性能保证了机组的正常运行，也决定了风机的发电性能和功率。叶片的设计与制造是风力机组的核心技术，不仅要求叶片具有高效的专用翼型，即合理的安装角、升阻比、叶尖速比和叶片扭角分布等，而且需通过复合工艺与材料保证其质量轻、结构强度高、抗疲劳等方面的要求。

一方面，由于空气动力的复杂性，叶片外形的精确设计非常困难。传统的水平轴风力机多采用正向设计，即先设计并完善叶片的几何外形结构直到满足相应的气动性能要求。但是正向设计要面临很多问题，比如确定所需的气动特性沿叶展的分布，所需的转子特性不能确定等。采用逆向设计则能克服正向设计的不足，通过三维建模与原始的叶片实体模型进行比对，实现叶片的设计验证，还可以缩短设计周期和降低制造成本。

另一方面，叶片的制造工艺也经历了从手糊成型到真空灌注成型、从开模成型到闭模成型的过程。外形简单的小型叶片通常采用模压成型的方法，但以低成本方式难以制造包含复杂几何形状以及多种材质的叶片，成为叶片制造行业的发展瓶颈。而 3D 打印技术具有生产周期短、制造材料丰富、可制造复杂形状模型等特点，在工业上得到了广泛应用。

3D 打印技术又称为增材制造技术，ISO/ASTM 国际标准组织 F42 增材制造技术委员会对其的定义为：根据三维模型数据，通过逐层堆积材料的方式进行加工，有别于传统减材制造和等材制造技术，通常采用喷头、喷嘴或其他打印技术进行材料堆积的一种制造加工方法。

3D 打印集新材料、计算机科学、光学、控制、机械等技术于一体，具有明显的数字化特征。该技术在材料加工方式上与传统减材制造和等材制造技术具有本质区别，具有自动化程度高、精度高、生产灵活、整体成型免装配、原材料利用率高、适合复杂结构快速制造、满足个性化定制需要、结构设计制造一体化等突出优点。3D 打印技术的有效应用将推动结构设计制造由"为制造而设计"向"为设计而制造"的理念转变，并有望与其他数字化生产模式共同推动新一轮工业革命的实现。在"中国制造 2025"国家规划中，3D 打印技术作为加快实现智能制造的重要手段，对于推动中国制造业由"中国制造"向"中国智造"转型升级具有十分重要的意义。

5.3.1 3D 打印纤维复合材料工艺特点与参数

常用的纤维增强复合材料 3D 打印成型工艺根据实现方法不同，主要分为材料挤出成型、液态沉积成型、光固化成型、粉末烧结成型和分层实体制造成型等。

材料挤出成型是采用喷嘴挤出熔融线材的一种成型方法，又称为熔融沉积成型或熔融线材制造（FFF）成型。FFF 是目前应用最为广泛的 3D 打印方法，具有成本低、打印速度快、材料选择范围广等优点，但其成型的尺寸稳定性一般偏低、打印制品的层间性能偏弱。利用 FFF 方法可直接采用含有短纤维的热塑性树脂线材代替纯树脂线材，打印制备短纤维增强热塑性复合材料。而连续纤维增强热塑性复合材料的 FFF 制备工艺则相对复杂，一般分为实时浸渍法和预浸丝法两类，实时浸渍法将熔融树脂与连续纤维在熔腔内实时浸渍后，通过挤出的方式进行逐层打印，进而获得连续纤维增强复合材料制品。预浸丝法采用独立进料的双喷嘴 3D 打印设备可将含有连续纤维的预浸丝和树脂分别在两个打印喷嘴中熔融并挤出，冷却后获得连续纤维增强复合材料制品。由于商业化的预浸丝质量稳定，其质量控制比实时浸渍方法更容易实现。

液态沉积成型技术（LDM）是在材料挤出成型方法上衍生出的一种新型 3D 打印成型方法。这种方法利用糊状或高黏度悬浮液进料的方式进行打印，适合纤维增强热固性复合材料的成型。当随机取向的短纤维溶液在喷嘴剪切力作用下，可获得具有一定纤维取向的纤维增强复合材料制品。Compton 等利用含有 SiC 的环氧基树脂通过 LDM 方法制备了复杂的复合材料结构。对于连续纤维增强复合材料 3D 打印，一些学者探索了采用热固性环氧树脂浸渍连续碳纤维成型碳纤维/环氧复合材料。Hao 等最早提出了连续碳纤维/环氧复合材料的 3D 打印方法，利用较高黏度的 E-54 环氧树脂在常温下打印获得连续碳纤维增强复合材料，在保证前期打印结构尺寸稳定性的基础上，通过二次固化方式获得了高强度碳纤维/环氧复合材料制品。Ming 等通过在 EP-671 环氧树脂中加入潜伏性固化剂，在 130℃温度下打印环氧浸渍连续碳纤维增强复合材料，定型后在真空袋中以 150℃使潜伏性固化剂固化，进而获得了力学性能优异的连续碳纤维增强热固性复合材料。与连续碳纤维增强热塑性复合材料相比，3D 打印连续碳纤维增强热固性复合材料一般需要采用后固化处理工艺，工艺流程相对复杂。

光固化 3D 打印是采用特定波长和强度的紫外光将液态光敏树脂固化从而实现复杂结构成型的一种 3D 打印技术，又被称为立体光固化（SLA）。光固化成型的复合材料制品表面精度较高，分辨率可达到 $25\mu m$，特别适用于成型复杂结构。有报道称采用光固化方法可以成型连续玻璃纤维增强复合材料，其拉伸强度比 3D 打印纯树脂材料提高了 2～3 倍。米兰理工大学的研究人员利用紫外光固化 3D 打印技术制备了连续玻璃纤维和碳纤维增强的复合材料机翼结构。美国 Continuous Composites 公司利用紫外光固化 3D 打印方法结合工业多轴机械臂，制备了大尺寸连续纤维增强热固性复合材料制件。然而，光固化 3D 打印技术由于紫外光对材料穿透性不足，其所能选择的材料有限，目前尚没有被广泛使用。此外，对于含短纤维的液态光敏树脂，还存在纤维沉降和树脂黏度高等问题，影响 3D 打印成型产品的质量。

粉末烧结成型是利用激光产生的热量选择性地熔结粉末的一种 3D 打印技术，也被称为选择性激光烧结（SLS）。这种方法具有分辨率高、材料选择范围宽、材料利用率高等优点。然而，选择性激光烧结方法制备的复合材料纤维尺寸有限、粉末制造成本高且制品表面精度低，仅适用于小长径比短纤维增强热塑性复合材料的成型。

分层实体制造成型是利用黏合剂或在高温下将具有一定形状的复合材料薄片熔融粘接成型的一种 3D 打印技术，主要包括叠层实体制造技术（LOM）和复合材料基增材制造技术（CBAM）。这种成型方法易获得高力学性能的复合材料制件，具有低成本、无需支撑结构等优点，但同时也存在材料利用率低、无法制备复杂内部腔体结构等缺点。相比 LOM 技术，CBAM 方法由于使用随机取向的非连续纤维薄板进行打印，因此，获得的复合材料制件的强度相对较低。

以上四种制备工艺均有各自不同的特点和适用的领域，其中 FFF 成型是目前 3D 打印纤维增强复合材料最常用的工艺，其材料选择多样化、成本低、可设计强。相比其他工艺，它的应用最成熟，但是其层间性能差的缺点阻碍它的进一步应用，需要结合其他工艺或技术来改善。

3D 打印纤维复合材料的力学性能与界面性能、纤维体积含量等密切相关。界面性能又与成型温度、压力密切相关，纤维体积含量主要由打印层厚度和扫描间距两个打印工艺参数决定。目前，针对 3D 打印复合材料力学性能影响因素的研究多集中于打印工艺参数的研究，这些工艺参数主要包括打印温度、纤维体积含量、打印层厚度、材料堆叠方式、材料填充模式、打印线材扫描间距等。不同打印工艺参数对复合材料最终力学性能的影响不尽相同，同时，实际打印过程也会受诸多客观因素的限制，很难保证各 3D 打印工艺参数均为最优值。因此，3D打印工艺参数的最终选取是多种因素综合考虑之后的折中结果。环境因素主要包括温度和湿度两个方面。不同的环境条件会对打印过程中树脂的黏性、表面张力、冷却速率和固化行为产生影响，从而最终影响打印结构的力学性能。

合理的打印温度对3D打印复合材料的有效制备至关重要。较低的打印温度将导致树脂黏性偏高、流动性较差，很难进行有效打印；较高的打印温度将导致树脂流动性过高甚至引起树脂材料分解，也不利于3D打印的精确成型。通常情况下，3D打印的打印温度选取范围是在打印树脂材料的玻璃化转变温度之上、热分解温度之下。

打印温度对连续纤维增强复合材料的力学性能产生影响的根本原因在于：打印温度会影响树脂基体的熔融流动性，随着树脂基体流动性的增强，在一定压力作用下树脂材料更容易流动到连续纤维束内部，浸渍程度的增加会促进纤维/基体界面结合性能的改善；同时，树脂基体流动性的增强也会改善3D打印过程中相邻铺层之间及相邻打印线材之间界面的结合性能，最终使打印结构的力学强度得到显著提升。

良好的界面性能对于复合材料的宏观力学性能至关重要。3D打印线材之间界面的形成过程包括打印线材表面相互接触、相邻线材之间的径向生长、分子链扩散和融合3个阶段。3D打印复合材料具有多界面的特征，可将其具体划分为纤维/基体界面、相邻打印线材之间的界面和相邻打印铺层之间的界面。这些界面性能都会不同程度地对复合材料宏观力学性能产生影响。通常情况下，合理的打印温度将有利于打印线材在相对较长的时间内保持在玻璃化转变温度之上，这一方面有利于树脂与纤维束之间的充分浸渍，从而获得性能良好的纤维/基体界面；另一方面也有利于打印线材接触表面附近分子链发生充分的扩散和融合，促进打印线材接触面附近的径向生长，最终形成性能良好的界面。

国内外研究人员对不同打印温度下3D打印连续纤维增强复合材料的力学性能进行了大量的分析研究。Tian等发现当打印温度偏低时（180℃），连续碳纤维增强PLA复合材料的界面性能较差，纤维与基体之间不能有效传递载荷，导致复合材料弯曲强度较低（110MPa），在其损伤断面上会观测到大量的纤维拔出和分层扩展。随着打印温度的升高（240℃），界面性能会显著改善，对应的弯曲强度较180℃打印条件下提高了40.9%（155MPa）。界面性能的改善也会对材料的破坏模式产生影响，此时主要发生纤维断裂。Liu等在后续的3D打印连续碳纤维增强尼龙复合材料研究中提出，不同纤维/基体界面强度下，3D打印复合材料的失效模式会存在差异，当界面性能较差时，复合材料在外载荷作用下会出现大量的纤维拔出；当界面强度过高时，主要发生纤维脆性断裂。这两种失效模式的单独出现对复合材料力学性能的有效提升都是不利的。Tian等认为仅当界面性能适中、复合材料在外载荷作用下同时发生纤维断裂和纤维拔出时，复合材料的力学性能才能达到最优。

Akasheh和Aglan通过对3D打印含口试验件的拉伸断面进行分析观测，认为优化打印温度可改善纤维/基体界面的结合情况，进而有效改善3D打印复合材料的力学性能。单忠德等在3D打印温度影响研究中同样发现，随打印温度提高，连续纤维增强复合材料的力学性能会得到显著改善；当打印温度由180℃升高到220℃时，复合材料的拉伸强度提高了19.7%（188MPa vs 225MPa），弯曲强度提高了8.0%。

打印温度对复合材料层间力学性能的影响更为显著。Young等采用热感摄像机对复合材料3D打印线材在沉积过程中的温度变化进行实时监控发现，打印线材温度在沉积过程中会迅速降低到玻璃化转变温度之下，从而限制打印线材界面附近分子链的充分扩散和融合，导致3D打印复合材料的层间断裂韧性远低于传统工艺制备复合材料的层间断裂韧性。研究人员对比分析了不同打印温度下 ABS 聚合物的层间断裂特性，发现随着打印温度的升高，3D 打印 ABS 的层间断裂韧性提升了 80.7%，其原因在于 ABS 树脂的黏性随打印温度的升高而下降，打印过程中 ABS 流动性的增强有利于相邻打印铺层之间孔隙缺陷的减少和界面结合情况的改善，最终使 3D 打印材料的层间断裂韧性得到显著提升。

明越科等学者提出了一种连续纤维增强热固性复合材料 3D 打印工艺，该工艺具体可以划分为打印线材制备、3D 打印预成型体和预成型体固化 3 个主要步骤。在对固化温度的影响研究中发现，当打印温度较低时，热固性树脂的聚合交联反应速率偏低；随着打印温度的升高，聚合交联反应速率加快，3D 打印复合材料的力学性能会得到显著改善。同时，特别指出固化温度过高会导致固化剂颗粒扩散速率与热固性树脂基体聚合交联反应速率之间不匹配，从而引起材料内应力偏高，最终对材料的力学性能产生不利影响。

以上研究充分表明，打印温度对复合材料的宏观力学性能有显著影响。在综合考虑打印材料自身性能基础上，打印温度的选取是一个不断优化折中的过程。在合理的打印温度条件下，复合材料中不同界面应当具有合理的强度/刚度匹配特性，从而使复合材料的宏观力学性能达到最优。一般情况下，较高的打印温度将有助于提高复合材料的界面性能、减小材料孔隙率，进而获得力学性能更优的复合材料；但过高的打印温度也会导致打印材料流动性过高或发生热分解，影响结构的成型精度和性能。

打印层厚度对 FDM 打印复合材料的制造精度、打印效率和力学性能都会产生影响。打印层厚度决定了打印喷头与先前打印沉积材料之间的空间距离。一方面，较小的打印层厚度有利于增强打印喷头在打印过程中对材料的压实作用，从而促进处于熔融状态树脂基体更好地对增强纤维进行浸渍，改善纤维/基体界面性能；另一方面，压实作用也有利于改善相邻打印线材之间及相邻打印铺层之间界面的结合性能。同时，打印层厚度也会对材料中的纤维体积含量及孔隙率产生影响。随着打印层厚度的降低，材料的纤维体积含量呈上升趋势，对应的孔隙率呈下降趋势。

单忠德等研究发现，随着打印层厚度由 0.8mm 升到 1.2mm，3D 打印复合材料的拉伸强度和弯曲强度分别下降了 33.82% 和 37.17%。Tian 等在打印层厚度为 0.3～0.8mm 范围内详细讨论了 3D 打印连续碳纤维增强 PLA 复合材料弯曲强度、弯曲模量的变化规律，随着打印层厚度的提高，复合材料的弯曲强度和弯曲模量分别下降了 58.9% 和 66.3%。综合考虑复合材料的力学性能和打印效率，Tian 等建议单层打印厚度选取范围为 0.4～0.6mm；特别当打印层厚度为 0.5mm 时，复合材料的弯曲强度和弯曲模量分别达到了 176MPa 和 10.8GPa。此外，打印层厚度的不同也会对 3D 打印碳纤维增强 PLA 复合材料的弯曲失效模式产生影响。当打印层厚度较低时，复合材料的界面结合性能较好，损伤断面上观测不到显著的分层扩展；当打印层厚度较高时，复合材料的界面结合性能变差，损伤断面上会出现明显的分层扩展和纤维拔出现象。Tian 等在打印层厚度对复合材料波纹夹芯板力学性能影响研究中同样发现，随着打印层厚度的降低，复合材料力学性能会有所改善，其主要原因在于 3D 打印复合材料的纤维体积含量随打印层厚度的降低而升高。Hu 等在不同打印参数影响研究中发现，打印层厚度对复合材料弯曲性能的影响最为显著，随着打印层厚度的降低，3D 打印连续纤维增强复合材料的弯曲强度和弯曲模量最高可以达到 610.1MPa 和 40.1GPa；材料中孔隙缺陷减少和纤维体积含量增加是导致复合材料弯曲性能显著改善的主要原因。Ning 等在 FDM 打印参数影响研究中同样发现，打印层厚度的降低会降低复合材料的孔隙率，从而改善材料的力学性能。Chacon 等在尼龙材料的 3D 打印研究中发现，打印层厚度对材料力学性能的影响还与具体的材料堆叠方式和载荷作用形式相关。

研究人员对 3D 打印连续纤维增强热固性复合材料的工艺参数影响研究中发现，当打印层厚度较大时，较弱的压实作用将导致相邻铺层之间界面结合性能较差。但当打印层厚度过小时，过强的压实作用又会导致纤维断裂和打印喷嘴阻塞，只有当打印层厚度选取合理时，3D 打印连续纤维增强热固性复合材料的表面才会比较平整，材料中纤维连续性较好、孔隙率较低，复合材料的力学性能才能达到最佳。

上述研究表明，通过降低打印层厚度可实现 3D 打印纤维增强复合材料力学性能和打印精度的改善。但需要注意的是，较低的打印层厚度在引起结构打印时间显著增加、打印效率显著降低的同时，也会导致纤维在打印过程中易于发生磨损和断裂，进而对复合材料的力学性能产生不利影响。因此，在选取打印层厚度时，必须综合考虑材料力学性能、打印精度与打印效率之间的关系，进行折中处理。

3D 打印在结构制造方面具有很高的灵活性，根据结构的几何形状特征，可以采用不同的方式进行材料逐层堆叠累积。打印材料的逐层堆叠方式也是影响复合材料力学性能的一个重要因素。对于具有相同几何外形的试验件，可采用不同的材料堆叠方式进行打印。不同堆叠方式下，3D 打印试验件的微观组织结构形式将存在显著差异，外载荷作用下打印线材的具体受力情况也不尽相同，最终会对其宏观力学性能及损伤破坏模式产生重要影响。

当前针对堆叠方式的影响研究大多以试验测试为基础，结合损伤机制分析在一定程度上揭示堆叠方式对 3D 打印复合材料力学性能产生影响的原因。Chacón 等系统研究了 3 种材料堆叠方式，即沿水平方向堆叠（flat）、沿侧边方向堆叠（on-edge）和沿垂直方向堆叠（upright），对复合材料力学性能的影响。对纯 PLA 树脂的 3D 打印研究表明，沿水平方向和沿侧边方向堆叠试验件的力学性能较好，而沿垂直方向堆叠试验件的力学性能较差。损伤机制分析表明，不同堆叠方式会对材料的拉伸失效模式产生影响，沿垂直方向堆叠试验件在拉伸载荷作用下主要发生相邻打印线材界面脱粘失效，此时界面性能会对材料的拉伸性能产生决定性影响。沿侧边方向和沿水平方向堆叠情况下，打印线材的打印路径方向与拉伸载荷作用方向相同，拉伸载荷作用下打印线材能够有效承载，此时材料主要发生层内失效。

研究学者对 3D 打印碳纤维增强尼龙复合材料在不同堆叠方式下的冲击断面进行扫描电镜（SEM）分析观测发现，不同堆叠方式下，复合材料在冲击载荷作用下的失效模式存在显著差异。水平堆叠方式下，相邻铺层之间的界面性能决定了复合材料冲击性能的优劣；沿侧边堆叠方式下，纤维是主要的承载相，此时在损伤断面上会观测到较多的纤维断裂。因此，沿侧边方向堆叠复合材料较沿水平方向堆叠复合材料能获得更优的抗冲击性能。但 Chacón 等在 3D 打印复合材料堆叠方式影响研究中得到的结论与上述研究所得结论不同，定性分析认为，与沿侧边堆叠方向相比，水平堆叠方向情况下复合材料纤维体积含量更高是导致其拉伸性能和弯曲性能更好的原因。现存文献在对沿水平方向和沿垂直方向堆叠的碳纤维增强 PA6 复合材料的弯曲性能研究中，同样发现水平方向堆叠复合材料具有更好的力学性能。对采用选择性激光烧结技术制备的复合材料进行研究发现，材料中的孔隙缺陷通常集中于相邻铺层之间的区域，不同堆叠方式材料内部孔隙缺陷数量会存在一定程度差异。但对于采用 FDM 工艺打印制备的纤维增强复合材料，不同堆叠方式下孔隙缺陷多少是否存在差异还鲜见公开发表的文献。

以上研究表明，3D 打印复合材料的具体堆叠方式对其宏观力学性能会产生显著影响。值得注意的是，不同载荷下堆叠方式对复合材料力学性能的影响不尽相同。其原因可以概括为以下 3 个方面：不同堆叠方式复合材料的微观结构形式会存在差异，导致其在不同载荷作用下的承载特性和损伤失效机制显著不同；不同堆叠方式也会对复合材料的纤维体积含量产生影响；堆叠方式不同也可能导致复合材料的孔隙率存在差异。

扫描间距是指相邻打印线材之间的中心距离，为保证相邻打印线材之间的充分接触，打印线材之间需要有一定的重叠。扫描间距不同会导致打印过程中成型压力不同，进而对纤维浸渍程度、相邻打印线材之间和相邻打印铺层之间的界面性能产生影响。当扫描间距过小、重叠搭接部分比例过高时，打印结构中会出现纤维磨损和断裂现象；扫描间距过大则会导致相邻打印线材之间无重叠搭接而出现明显的孔隙缺陷。同时，扫描间距的不同也会对复合材料的纤维体积含量产生影响。

单忠德等在 PLA/连续碳纤维增强复合材料 3D 打印研究中发现，随着扫描间距由 0.50mm 上升到 1.10mm，3D 打印复合材料的拉伸强度和弯曲强度均呈现先上升后下降的变化规律。当扫描间距为 0.65mm 时，3D 打印复合材料的力学性能最佳；当扫描间距过小（如 0.50mm、0.55mm、0.60mm）时，打印过程中会发生纤维磨损断裂和翘曲现象，导致打印试验件的力学性能较差；当扫描间距大于 0.65mm 时，扫描间距的增加在引起纤维体积含量下降的同时，也会降低纤维的浸渍程度，从而导致复合材料的力学强度随扫描间距的增加而下降。Tian 等在 0.40~1.80mm 范围内详细讨论了扫描间距对 3D 打印复合材料弯曲性能的影响，发现随扫描间距的增加，复合材料的弯曲强度和弯曲模量分别下降了 60.7% 和 79.3%；较小的扫描间距有利于改善 3D 打印复合材料的界面结合性能，从而获得力学性能更为优异的复合材料结构。

由以上研究可以看出，扫描间距对复合材料的力学性能有显著影响。当扫描间距过小时，打印过程中除了会出现纤维磨损和断裂现象之外，相邻打印线材的过度重叠也将导致打印铺层表面出现明显的不平整，引起打印喷嘴与已沉积材料在打印相邻铺层材料时发生剐蹭。扫描间距过大会导致 3D 打印复合材料纤维体积含量降低、界面性能劣化、孔隙率升高，这都将对复合材料的力学性能产生不利影响。

5.3.2　3D 打印叶片材料选择

当前复合材料 3D 打印研究中，针对纤维类型的影响研究主要集中在以下 3 种连续纤维，连续碳纤维线材（carbon fiber filaments，CFF）、连续玻璃纤维线材（glass fiber filaments，GFF）和连续芳纶纤维线材（kevlar fiber filaments，KFF）。选取不同类型的增强纤维进行 3D 打印，对应复合材料的力学性能会存在显著差异。这一方面与增强纤维自身的力学性能密切相关。另一方面，不同纤维与树脂基体之间的界面性能差异也会对复合材料的宏观力学性能产生影响。

在相同的纤维体积含量下，碳纤维增强尼龙复合材料的强度最高，随着纤维体积含量的增加，碳纤维增强尼龙复合材料的拉伸强度最高可以达到 600MPa，超过了典型航空铝合金材料的拉伸强度。Dickson 等对比分析了采用连续碳纤维、连续玻璃纤维和连续芳纶纤维作为增强相时，3D 打印复合材料拉伸性能和弯曲性能的异同。研究表明碳纤维增强复合材料的力学性能最好，玻璃纤维增强复合材料的力学性能次之，芳纶纤维增强复合材料的力学性能最差。除了纤维自身性能的差异之外，Dickson 等认为芳纶纤维与尼龙基体之间界面结合性能较差也是导致其力学性能偏差的一个重要原因。Caminero 等在不同纤维增强 3D 打印复合材料层间力学性能研究中同样认为，芳纶纤维与尼龙基体之间界面结合性能较差是导致其层间剪切强度偏低的原因。

Goh 等在 3D 打印碳纤维增强复合材料和玻璃纤维增强复合材料研究中发现，两种复合材料在拉伸载荷作用下的损伤破坏机制相似，主要发生纤维断裂、基体剪切失效、分层扩展和相邻打印线材之间的劈裂；但两种复合材料在弯曲载荷作用下的损伤破坏机制存在显著差异，碳纤维增强复合材料在弯曲载荷作用下的初始损伤发生在试验件受压一侧，当受拉一侧发生纤维断裂时，试验件发生最终破坏。玻璃纤维增强复合材料的初始损伤发生在试验件受拉一侧，其最终破坏是由于试验件受压一侧发生纤维屈曲和分层损伤扩展所致，损伤演化机制的不同将导致两种复合材料的弯曲载荷位移曲线显著不同。Oztan 等采用碳纤维和芳纶纤维对尼龙基体进行增强后，发现 3D 打印复合材料的拉伸强度提高了 2～11 倍，拉伸强度最高达到航空铝合金的强度水平。不同纤维增强复合材料的破坏模式存在差异，碳纤维增强复合材料呈现脆性断裂特征，而采用±45°芳纶纤维增强的复合材料则表现出基体失效占主导的破坏模式。

上述表明，纤维自身力学性能和纤维/基体界面结合性能的差异将对 3D 打印复合材料的宏观力学性能及损伤破坏模式产生显著影响。通常情况下，3D 打印碳纤维增强复合材料的宏观力学性能最好，玻璃纤维增强复合材料的宏观力学性能次之，芳纶纤维增强复合材料的宏观力学性能最差。

目前用于纤维增强复合材料 3D 打印的树脂基体主要分为热塑性树脂和热固性树脂两类。热塑性树脂是一类可通过加热熔融并冷却固化成型的树脂，在成型过程中不发生化学反应，具有存储方便、储存期限长和可反复加工等优点。其制备的复合材料具有韧性好、损伤容限大的特点。用于 FFF 打印线材的热塑性树脂主要包括苯乙烯-丙烯腈-聚丁二烯共聚物（ABS）、聚乳酸（PLA）、聚己内酯（PCL）、尼龙、聚丙烯（PP）、聚碳酸酯（PC）等。在纤维增强复合材料 3D 打印中应用最为广泛的是 ABS、PLA 和尼龙等材料。ABS 是一种由苯乙烯、丙烯腈和聚丁二烯组成的三元共聚物，是一种兼具强度和韧性的无定型树脂，具有抗冲击性能好、耐腐蚀、电绝缘性能好、表面光泽性好、易于着色等特点。但 ABS 在温度变化时尺寸收缩明显，容易发生翘曲变形，在高温熔融时会产生难闻气味。PLA 是一种具有完整碳循环的半结晶热塑性树脂，具有生物相容性好、原材料来源广泛和可生物降解等优点。但 PLA 是一种脆性材料，一般需要增韧改性后使用。PLA 用于 FFF 打印时，打印温度一般为 190～200℃，低于 ABS 的平均打印温度（230～260℃），同时 PLA 熔融时气味小，特别适合耐温性不高的植物纤维增强复合材料的 3D 打印。尼龙是分子主链上含有重复酰胺基团的一类结晶热塑性树脂的总称，其吸水率和收缩率较高。

由于尼龙分子间存在大量的氢键，使其具有良好的力学性能、抗腐蚀性和耐磨性。尼龙相比 ABS 和 PLA 树脂，具有更好的韧性和耐温性，并具有一定的阻燃特性。在 3D 打印中主要使用的尼龙有尼龙 6 和尼龙 12。除了上述三种热塑性高分子材料外，国内外还针对连续碳纤维增强复合材料的 3D 打印开发了一些特种高分子材料的线材，能赋予连续碳纤维增强复合材料更优异的力学性能和耐热性能。Yang 等利用等离子体处理碳纤维表面，与聚醚醚酮（PEEK）线材共挤出进行 3D 打印，获得了具有高层间剪切强度的连续碳纤维/PEEK 复合材料制品。美国 Arevo 公司利用具有优异力学性能和耐高温性能的 PEEK、聚芳醚酮（PAEK）、聚醚酰亚胺（PEI）和聚苯硫醚（PPS）树脂打印获得连续碳纤维增强复合材料制品，具有优异的耐高温性能和力学性能。

热固性树脂是一类通过化学反应形成三维交联网络结构的高分子材料，具有耐热性好、力学性能优异、抗腐蚀性好等优点。然而，相比于热塑性树脂，热固性树脂具有不可再加工、存储期限短且需要低温保存等缺点。当前，3D 打印用热固性树脂主要包括光固化热固性树脂（简称光固化树脂或光敏树脂）和热固化热固性树脂（简称热固化树脂）。光固化树脂主要由树脂单体、预聚体、光引发剂和其他助剂组成，树脂单体主要是含碳碳双键的丙烯酸类树脂和含环氧基团的环氧树脂。光固化树脂由光引发剂引发树脂单体的聚合反应成型，生产效率相比传统热引发的热固化树脂更高，用于 SLA 成型的光固化树脂主要有酚醛、环氧、氨基、不饱和聚酯等类型。由于碳纤维透光性差，目前 3D 打印连续纤维增强热固性复合材料一般采用热固化树脂而非光固化树脂。低黏度的热固化树脂具有良好的流动性，因此对连续纤维的浸渍性更好，获得的制品孔隙率比热塑性树脂的更低。对于热固化树脂，Shi 等基于毛细效应设计了一种依靠热梯度驱动的碳纤维增强环氧树脂复合材料的制备方法，纤维体积分数可高达 58.6%，并在 170℃高温时复合材料仍具有较高的力学性能。

可用于打印的树脂基体类型有限，选择时需要考虑树脂在打印时的流变性能和热性能对最终制品力学性能的影响。此外，潮湿高温环境易导致某些树脂发生降解和吸湿，需要注意基材的存储条件。

5.3.3　3D 打印叶片设计与制造

风电叶片 3D 打印系统性高效制造流程如图 5-5 所示。首先利用三维激光扫描机对目标叶片进行逆向扫描，获得三维模型并取得特征参数；然后通过有限元仿真，分析在特定载荷环境中叶片的失效情况，从而进行特征参数的修正，使其满足使用要求；最终利用优化的几何模型通过 3D 打印技术制造成为实体。

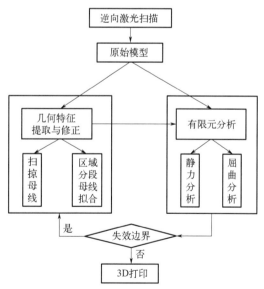

图 5-5　风电叶片 3D 打印制造流程

美国 Orbital Composites 复材公司与美国橡树岭国家实验室（Oak Ridge National Laboratory，ORNL）及美国缅因大学（The University of Maine，UMaine）合作，开展对大尺寸连续纤维风电叶片现场增材制造技术的研究，特别是利用 Orbital Composites 复材公司的集装箱式 3D 打印机器人进行叶片增材制造的演示和验证。此前，Orbital Composites 复材公司与 ORNL 合作制造了 3D 打印风电叶片模具，也与 UMaine 联合研发了长 120ft（1ft＝0.3048m）的 3D 打印机。Orbital Composites 复材公司在移动机器人增材制造领域持续创新，首创使用 12 轴机械臂实现非平面增材制造的模块化平台，该平台系统的 ORBOS 指令软件现已支持多机器人协作。在多个连续碳纤维和玻璃纤维增强热塑性/热固性复合材料增材制造成功后，该公司希望最终实现长度超过 100m 的大型风电叶片的整体增材制造。

与传统叶片制造工艺相比，Orbital Composites 复材公司的创新增材制造工艺提案可将制造和运输成本降低 25％以上，在提高生产速度及减少人工的同时，可使新型叶片设计周期缩短 50％以上，使厂商能够以更高的效率和更低的能源成本制造出经过现场优化的风电叶片。该公司认为，这一技术的应用将会大大增加风电叶片的长度。在不久的将来，除了风电行业，长 100m 的连续纤维结构甚至可能对包括火箭在内的其他领域产生重大影响。

2021 年，美国通用电气公司（GE）与美国能源部建立合作，研究使用 3D 打印制造风机叶片。这个为期 25 个月、耗资 670 万美元的项目将重点研究如何通过低成本的热塑性材料和 3D 打印技术制造一套风机叶片的叶尖部分。完成后，GE 团队及其合作伙伴——橡树岭国家实验室和美国国家可再生能源实验室将对产品的结构特性进行测试，并将三套叶尖安装到风机上。叶尖是叶片工艺难度最大的部分，长 10～15m，转速约为 85m/s，接近音速的1/4，能捕捉风机旋转所需能量的 40％。对于技术创新的不断追求促使 GE 一直在寻求改良叶片生产制造的方式，包括将 3D 打印技术与热成型、自动化和热塑性材料等先进工艺结合起来。叶尖部分完成后，GE 团队接下来还会将 3D 打印技术应用于风机叶片的其他部分，通过合作伙伴的共同努力，把更先进的材料技术应用于风机叶片中，以降低风电度电成本，提高性能，并持续推动行业的绿色低碳发展。

第**6**章

对风机叶片技术未来的展望与思考

6.1　现有技术的局限性及解决方案

风力发电作为清洁能源的代表，取得了显著的发展成就，然而其材料技术仍然面临一系列的挑战和局限性。本节将重点探讨当前风力发电材料技术的局限性，并提出相应的解决方案，以推动风力发电材料技术的进一步创新。

6.1.1　材料强度与耐久性的平衡

在风力发电领域，风机叶片作为核心组件承载着巨大的力学载荷，因此其材料强度和耐久性之间的平衡显得尤为关键。材料强度是指材料在外力作用下的抵抗能力，而耐久性则是指材料在长时间使用和极端环境条件下的稳定性。材料的强度与耐久性之间的平衡是一个复杂而关键的问题，本节将从多个角度探讨这一问题。

（1）强度与耐久性的矛盾

在风力发电领域，风机叶片作为核心组件，其材料需要在极端的气候条件下承受巨大的机械载荷和疲劳循环，因此，材料的强度和耐久性之间的平衡成为一个重要而复杂的挑战。强度与耐久性之间存在着一定的矛盾，材料的强度提高可能会导致其耐久性下降，而提高耐久性可能会牺牲一部分强度，这种矛盾使材料选择和设计变得更加复杂。

① 强度提升与脆性风险。材料的强度提升通常是通过优化晶体结构、添加合金元素或采用先进的热处理工艺来实现的。然而，随着强度的增加，一些材料可能变得更加脆，即容易发生断裂，这在风力发电叶片中可能产生严重后果，因为叶片在运行中会受到不断变化的力加载，而突然的断裂可能导致严重事故。

② 耐久性与疲劳问题。耐久性是指材料在长时间使用中不会发生劣化或失效。在风力发电叶片中，由于受到风的不断吹拂和机械载荷的作用，材料可能会经历数百万次的循环载荷，这种疲劳循环容易导致材料的微小缺陷逐渐扩展，最终引发裂纹和断裂，从而降低叶片的寿命。

③ 环境因素的影响。风力发电叶片经常置于恶劣的气候条件下，如高湿度、低温和紫外线辐射等。这些环境因素可能加速材料老化和劣化，从而降低叶片的耐久性。例如，湿热环境可能引起材料的层间剥离和腐蚀，而低温可能导致材料的脆性增加。

④ 制造和设计的挑战。风机叶片的制造和设计也会对强度和耐久性之间的平衡产生影响。复杂的叶片结构和曲线形状可能导致应力集中，从而增加断裂风险。同时，制造过程中

的不均匀性和缺陷也可能影响叶片的性能和寿命。

（2）材料特性

材料特性是决定材料性能和行为的关键因素之一，它们对风机叶片材料的强度、耐久性、疲劳性能以及整体性能产生重要影响。不同材料的晶体结构、缺陷分布、晶界特性等方面的差异，都会对叶片的性能和寿命产生显著影响。理解和优化材料特性对于实现风机叶片的高性能和可靠性至关重要。

① 晶体结构与性能。材料的晶体结构是其基本特性之一，直接影响其力学、热学和电学性能。晶体结构的排列和稳定性决定了材料的强度、硬度和耐久性。在风机叶片材料中，晶体结构的优化可以增强材料的抗变形性能，从而提高叶片的承载能力。

② 缺陷与强度。材料中的缺陷，如裂纹、夹杂和空隙，可能会降低材料的强度和耐久性。在风机叶片中，受到循环载荷的影响，这些微小缺陷可能会扩展并导致疲劳断裂。因此，减少材料中的缺陷，尤其是在制造过程中的控制，对于提高叶片的寿命至关重要。

③ 晶界与耐久性。晶界是晶体之间的边界，其特性对材料的耐久性和塑性变形有重要影响。弱化晶界可能会导致层间剥离、晶界断裂等问题。在风机叶片中，晶界的控制和优化可以提高叶片的抗疲劳性能和耐久性。

④ 金属合金与复合材料特性。风机叶片材料通常可以分为金属合金和复合材料两大类。金属合金材料通常具有较高的导热性和导电性，但受限于其结晶结构，容易受到疲劳和腐蚀的影响。复合材料则由多种组分组合而成，可以针对不同方向的应力进行优化设计，从而提高其强度和耐久性。

⑤ 界面与复合材料。在复合材料中，界面是不同组分之间的连接界面。界面的特性影响着复合材料的力学性能和耐久性。界面的结合强度和界面层的性质可以影响复合材料的层间剥离、断裂和疲劳性能。

⑥ 纳米结构与强度。近年来，纳米技术的应用为材料特性的调控提供了新的可能性。纳米材料的晶粒尺寸通常在纳米级别，其具有高比表面积和特殊的力学特性，可以显著提高材料的强度和耐久性。通过纳米结构的引入，风机叶片的性能可以得到有效提升。

材料的特性在决定强度和耐久性之间的平衡中起着关键作用。不同材料的晶体结构、缺陷分布、晶界特性等因素都会对材料的强度和耐久性产生影响。例如，金属材料通常具有较高的强度，但在循环载荷作用下容易产生疲劳裂纹。复合材料虽然具备较高的强度与轻质性能，但其在湿热环境下易发生层间剥离等问题。

（3）环境因素

风力发电作为一种清洁可再生能源形式，对环境的影响较小，但其材料的选择和应用仍需要充分考虑环境因素。在风机叶片的材料选择、生产、使用和废弃过程中，环境因素的考虑不仅有助于减少生态足迹，还有助于实现可持续发展目标。在这个过程中，涉及的方面有材料的生产、运输、使用和处理等多个环节。

① 生产过程的环境影响。风机叶片的生产过程涉及原材料的采集、材料的加工和制造工艺等。在这些环节中，资源的消耗、能源的使用和排放物的产生都可能对环境造成影响。因此，在材料的选择和加工过程中，应优先选择可再生材料、低能耗工艺以及减少环境排放的方法，以降低生产过程对环境的不良影响。

② 材料的循环利用与回收。风机叶片的寿命可能长达数十年，但在某些情况下，叶片可能需要更换或废弃。如何处理废弃的风机叶片材料对环境保护至关重要。可持续的做法是

推动材料的循环利用和回收。例如，废旧叶片可以作为再生材料，用于制造其他产品，从而减少对新原材料的需求，降低资源消耗。

③ 耐候性与环境适应性。风机叶片暴露在恶劣的户外环境中，受到紫外线、温度变化、风力和潮湿等因素的影响。因此，材料的耐候性和环境适应性成为关键的考虑因素。选择能够长时间稳定性能的材料，可以减少叶片因环境因素而劣化的速度，延长其使用寿命。

④ 生命周期分析与环境评估。在考虑环境因素时，常常使用生命周期分析（LCA）和环境评估来评估材料的整体环境影响。LCA 涵盖了材料的采集、生产、运输、使用和处理等多个阶段，可以全面评估材料的环境足迹。通过对比不同材料的 LCA 结果，可以更好地选择环保的材料。

⑤ 绿色技术的应用。随着科技的发展，一些绿色技术逐渐应用于风机叶片的制造和使用中。例如，水基胶黏剂的应用可以减少有机溶剂的排放，低能耗生产工艺可以减少能源消耗。绿色技术的应用有助于降低制造过程中的环境影响。

⑥ 环境监测与可持续性认证。在风力发电项目中，环境监测和可持续性认证是常见的实践。通过对项目的环境影响进行监测和评估，可以及早发现问题并采取措施进行纠正。可持续性认证则可以为项目的环境友好性提供认可，促进环保意识的传播。

风机叶片在使用过程中经常会受到多种环境因素的影响，如湿度、温度变化、紫外线辐射等。这些因素会引起材料的膨胀、收缩、腐蚀等现象，从而影响材料的强度和耐久性。特别是在海上风电场，海水的腐蚀作用会加剧风机叶片材料的老化。

（4）制造和设计挑战

风机叶片作为风力发电系统的核心组件，其制造和设计面临着多种挑战。这些挑战涉及材料选择、制造工艺、设计优化等多个方面，对于实现高性能、可靠性和经济性的风机叶片至关重要。

① 复杂的几何结构。风机叶片的几何结构通常是复杂的，需要满足一系列的性能要求，如气动效率、强度、稳定性等。设计复杂的曲线和形状，以及满足不同风况下的性能要求，都需要精确的数值模拟和优化，增加了设计的挑战性。

② 材料选择和性能平衡。在制造风机叶片时，需要权衡不同材料的性能，如强度、耐久性、重量和成本等。选择合适的材料，同时满足叶片的性能和可靠性要求，是一个复杂的问题。在材料选择中，还要考虑材料的环境适应性和可持续性。

③ 大型结构制造。风机叶片通常是大型薄壁结构，其制造需要考虑尺寸的精度、装配的困难以及材料的一致性。制造大型叶片可能涉及特殊的工艺和设备，如模具制造、复合材料层叠和热处理等，对制造工艺提出了更高的要求。

④ 复合材料的处理。随着风机叶片材料从金属向复合材料的转变，复合材料的处理和加工也带来了一系列的挑战。复合材料的层叠和固化过程可能涉及温度控制、树脂浸润和气泡排除等问题，需要精细的工艺控制。

⑤ 损伤和疲劳分析。由于风机叶片长时间暴露在恶劣环境下，其受到的载荷和风力变化可能导致损伤和疲劳。因此，需要对风机叶片进行损伤和疲劳分析，以预测材料的寿命和性能退化。

⑥ 智能化和数字化制造。随着制造技术的发展，智能化和数字化制造逐渐应用于风机叶片的制造中。例如，使用传感器监测材料性能、运行状态和损伤情况，以实现预测性维护和性能优化。

⑦ 环保和可持续制造。在制造过程中，环保和可持续制造是一个重要的考虑因素。选择环保材料、低能耗工艺和循环利用的方法，可以减少制造过程对环境的不良影响。

⑧ 集成和系统优化。风机叶片是风力发电系统的一部分，其性能需要与整个系统相匹配。因此，在设计和制造过程中需要考虑叶片与其他组件之间的集成和协调，以实现整体性能的优化。

风机叶片的制造和设计也会对材料强度和耐久性的平衡产生影响。大型风机叶片的制造往往涉及复杂的结构和工艺，如果材料强度不足，可能会导致制造中的破损和损失。另外，设计中的几何形状和连接方式也会影响叶片的应力分布，从而对强度和耐久性的要求产生影响。

(5) 其他因素

随着对风力发电材料的深入研究和技术的不断进步，许多解决方案已经提出并在实践中得到应用，同时也有一系列的前景在未来呈现。这些解决方案和前景涵盖了风机叶片材料的性能提升、制造工艺创新、可持续性发展以及更广泛的应用领域等方面，都对风力发电行业的未来发展起到了积极的推动作用。

① 材料性能的提升。为了满足越来越高的风力发电要求，材料的性能提升是重要的解决方案之一。材料科学的不断进步和材料工程的创新，使新型材料的研发和应用成为可能。例如，通过改进材料的组成和结构，优化其物理、化学和力学性能，可以实现风机叶片在更恶劣环境下的长时间运行。

② 先进制造工艺的应用。随着制造技术的不断发展，先进制造工艺在风机叶片制造中的应用将会持续推进。3D打印、自动化生产线、智能制造等技术的应用，可以提高制造效率、减少成本，并保证叶片的质量和一致性。这些工艺的引入有助于实现更快速、更精确的叶片制造。

③ 智能化与数字化。随着物联网、大数据和人工智能等技术的发展，风机叶片的智能化和数字化将会成为未来的一个重要趋势。通过在叶片中嵌入传感器，可以实时监测叶片的运行状态、损伤情况和性能变化。基于这些数据，可以实现预测性维护，提前发现问题并采取措施修复，从而减少停机时间和维护成本。

④ 可持续性与环保导向。可持续性发展已成为全球关注的焦点，风力发电作为一种清洁能源形式，需要在材料选择、制造工艺和运营管理等方面充分考虑环境因素。选择环保材料、低能耗工艺、循环利用和废弃物处理等方法，可以减少风机叶片对环境的不良影响，实现可持续性发展。

⑤ 多领域的合作。解决风机叶片材料相关的复杂问题需要跨足多个领域的合作。材料科学家、工程师、设计师、环保专家、政策制定者等各个领域的专业人士之间的合作，可以促进技术的创新和应用，实现全方位的性能提升和可持续发展。

⑥ 新型材料的涌现。材料科学和工程领域不断涌现新的材料，这些材料具有出色的性能和应用潜力。例如，新型金属基复合材料、生物基复合材料、可降解材料等都有望应用于风机叶片，为其性能提升和环境友好性做出贡献。

⑦ 集成设计和系统优化。风机叶片作为风力发电系统的核心组成部分，其性能需要与整个系统协调一致。在设计和制造过程中，将风机叶片与其他组件进行集成设计，通过系统优化，可以实现整体性能的提升。

⑧ 国际合作和标准制定。风力发电是国际性的产业，不同国家和地区都在积极开展相

关研究和开发。国际合作可以促进技术的共享和创新，推动行业的发展。同时，制定统一的标准和规范，有助于确保风机叶片的质量和性能。

　　风力发电作为清洁能源的代表，在未来的能源格局中将扮演着愈发重要的角色。随着技术的不断进步和全球对可持续发展的呼唤，风力发电行业将呈现出多个潜在的未来展望。这些展望涵盖了从技术创新到市场应用，从环保发展到全球合作的各个方面。

　　① 技术创新与飞跃。未来，风力发电领域将继续致力于技术创新和突破。从风机叶片材料的改进到风机设计的创新，从风电场布局的优化到智能化运维的实现，各个环节都将迎来更大规模的技术飞跃。特别是在材料领域，新材料的研发将进一步提高风机叶片的性能、可靠性和耐久性，从而实现更高效的风力发电。

　　② 智能化与数字化。随着物联网、大数据和人工智能等技术的快速发展，风力发电领域将迎来智能化和数字化的时代。通过在风机叶片、塔筒、机舱等部位嵌入传感器，实现对风机运行状态、温度、损伤情况等的实时监测，从而实现预测性维护和优化运营。大数据分析可以帮助优化风电场的布局和运营策略，提高发电效率。

　　③ 多能源互补。未来能源体系将更加多样化，风力发电将与太阳能、储能等其他能源形式相互互补，构建更为稳定和可靠的能源供应。在多能源互补下，可以实现能源的平衡分配和更高效的能源利用，提高能源系统的适应能力和韧性。

　　④ 可持续性与环保导向。随着全球对环境问题的关注不断升温，风力发电将更加注重可持续性和环保导向。从材料选择到生产工艺，从运营管理到废弃物处理，都将更加注重降低环境影响。通过推动环保制造、节能减排等措施，风力发电将进一步提升其在清洁能源领域的地位。

　　⑤ 国际合作与标准制定。风力发电作为国际性产业，不同国家和地区的合作将更加紧密。在技术创新、市场开拓、政策制定等方面，国际合作将发挥积极作用，加速技术的传播和应用。同时，制定统一的标准和规范有助于确保风力发电的质量和可靠性，促进行业的健康发展。

　　⑥ 逐步实现碳中和目标。全球范围内逐步实现碳中和成为趋势，而风力发电作为一种低碳能源形式，将在这一过程中扮演着重要角色。未来，风力发电将继续提高能源利用效率，减少碳排放，为实现碳中和目标作出贡献。

　　⑦ 电力系统升级与改造。随着风力发电容量的不断增加，电力系统也需要相应的升级与改造。智能电网的建设将更好地实现风力发电的接入和调度，提高电力系统的灵活性和稳定性。同时，储能技术的发展将帮助解决风力波动性大的问题，提供稳定的电力输出。

　　⑧ 基础设施建设和普及。在一些地区，尤其是偏远地区和发展中国家，风力发电的基础设施建设和普及仍面临一定的挑战。未来，随着技术成本的下降和政策支持的增加，风力发电将逐步在更广泛的地区得到推广和应用，为全球能源转型做出更大贡献。

　　⑨ 社会共识与推动。随着环保意识的提升和可持续发展的呼声，社会对于清洁能源的需求和支持将不断增加。未来，风力发电将成为广大公众认可的重要能源形式，社会共识的形成将进一步推动其发展。

　　综上所述，风力发电作为一种可持续的清洁能源形式，充满了无限的潜力和机遇。在不断的技术创新、政策支持和国际合作的推动下，风力发电行业将迎来更加辉煌的未来，为人类的绿色发展做出更大的贡献。

6.1.2 可再生材料的性能挑战

风力发电作为清洁能源的代表，已经在全球范围内得到了广泛应用和发展。在风力涡轮机的制造和运维过程中，材料的选择和性能仍然是一个重要的议题。随着可持续发展的追求，风力发电逐渐开始探索可再生材料在叶片制造等方面的应用，以降低环境影响并提高资源的可持续利用。然而，风力发电用可再生材料面临着一系列性能挑战，需要在技术和研发上寻求创新的解决方案。

（1）力学性能的挑战

为了满足日益增长的能源需求和减少对环境的影响，研究人员和工程师们正在不断探索新型的可再生材料，以提高风力涡轮机叶片的力学性能。然而，风力发电用可再生材料在力学性能方面面临着一系列挑战，这些挑战不仅影响着叶片的安全性和可靠性，还直接关系到清洁能源的可持续发展。

① 强度与刚度平衡的挑战。风力涡轮机叶片在运行中需要承受来自风载荷、惯性载荷等多种复杂载荷的作用，因此需要具备足够的强度和刚度来保证其结构的稳定性。然而，大部分可再生材料相对于传统的金属材料而言，其强度和刚度较低，这使得在使用可再生材料制造叶片时，必须在强度和刚度之间寻找平衡，以确保叶片的安全性和性能。

② 疲劳寿命和耐久性挑战。风力涡轮机叶片在运行过程中会面临反复的载荷循环，可能引发疲劳损伤、裂纹扩展等问题，从而降低叶片的寿命和性能。可再生材料通常具有复杂的结构和组织，因此其疲劳行为和耐久性难以预测。解决这一挑战需要对可再生材料的疲劳机制进行深入研究，开发适用于不同工况的耐久性测试方法，并通过材料改性等手段提高其疲劳寿命。

③ 温度和湿度的影响挑战。风力涡轮机运行环境复杂多变，叶片会受到不同温度和湿度等环境因素的影响。这可能导致可再生材料的力学性能发生变化，从而影响叶片的安全性和可靠性。一些可再生材料可能在高温下失去强度，或者在湿度环境下容易发生腐蚀。因此，研究材料在不同环境条件下的性能变化规律，并开发适应性强的可再生材料，是一个重要的挑战。

④ 多尺度效应和异质性挑战。可再生材料常常具有多尺度的结构特征，如纤维增强复合材料中纤维与基体之间的界面效应等。这些多尺度效应可能导致材料的非均匀性和异质性，从而影响整体性能。在风力发电用可再生材料中，多尺度效应对材料的性能具有重要影响，解决这一挑战需要通过多尺度建模和实验研究，深入了解材料的结构-性能关系，为材料设计和优化提供科学依据。

⑤ 材料失效机制和预测挑战。风力涡轮机叶片可能发生破裂、断裂、剥离等失效现象，这可能是由于材料内部的缺陷、应力集中等引起的。可再生材料的失效机制往往复杂多样，难以准确预测。了解这些失效机制，开发可靠的失效预测模型和方法，对于提高风力发电用可再生材料的性能和可靠性至关重要。

⑥ 可再生材料的标准化和认证挑战。随着风力发电用可再生材料的应用增加，对其性能、质量和可靠性的要求也在不断提升。然而，目前缺乏统一的材料标准和认证体系，使得材料的评估和比较变得困难。解决这一挑战需要建立适用于风力发电用可再生材料的测试方法和性能评估标准，以保证材料的一致性和可比性。

综上所述，风力发电用可再生材料力学性能的挑战涉及强度与刚度平衡、疲劳寿命和耐久性、温度和湿度的影响、多尺度效应和异质性、材料失效机制和预测以及可再生材料的标准化和认证等多个方面。解决这些挑战需要跨学科的合作，结合材料科学、力学、工程设计等领域的知识，通过实验、数值模拟和材料设计等手段，不断提升风力发电用可再生材料的性能，推动清洁能源的可持续发展。同时，这些挑战也代表着机遇，通过创新和合作，我们有信心克服这些难题，为风力发电的未来发展开辟新的道路。

（2）热稳定性和燃烧性挑战

热稳定性和燃烧性是风力发电用可再生材料力学性能面临的重要挑战之一。在风力发电系统中，由于风力涡轮机叶片长时间暴露在户外环境中，会受到日照、高温等因素的影响，因此材料的热稳定性是确保叶片性能和寿命的关键。与此同时，叶片的燃烧性直接关系到系统的安全性，叶片一旦失火，不仅会损害风力涡轮机本身，还可能引发严重的环境和人员安全问题。

热稳定性挑战：风力涡轮机叶片在运行中会暴露在高温环境下，尤其是夏季或炎热地区。这可能导致可再生材料的分子结构发生变化，从而影响材料的力学性能。一些可再生材料可能会发生软化、失去强度、甚至发生脆化等现象。此外，热膨胀系数不同的材料在温度变化下可能会出现微小的变形，进而影响叶片的结构稳定性。因此，如何提高风力发电用可再生材料的热稳定性，使其能够在高温环境下保持稳定的性能，是一个重要的挑战。

燃烧性挑战：风力发电系统通常建在广阔的草原或丘陵地区，叶片长时间暴露在自然环境中。如果材料的燃烧性能不达标，一旦叶片发生火灾，可能会引发严重的火灾事故，造成巨大的经济和生态损失。因此，风力涡轮机叶片的燃烧性能是系统安全性的重要考虑因素之一。然而，由于可再生材料的组成和结构复杂，其燃烧性能难以预测。一些材料可能会产生有毒气体或高温高能量的燃烧产物，增加了火灾事故的风险。因此，如何提高风力发电用可再生材料的燃烧安全性，降低火灾风险，是一个重要的挑战。

材料选择和改性：为了提高风力发电用可再生材料的热稳定性和燃烧性能，可以从材料的选择和改性入手。一方面，选择具有较高热稳定性和抗燃烧性能的材料，如高温稳定性较好的高分子聚合物或陶瓷材料。另一方面，通过添加阻燃剂、抗氧化剂等改性手段，提高材料的抗燃烧性能和热稳定性。

结构设计和优化：叶片的结构设计和优化也可以影响其热稳定性和燃烧性能。合理的结构设计可以减少叶片在高温环境下的热应力，从而降低材料的软化和失稳风险。此外，考虑到燃烧安全性，可以在叶片的设计中考虑隔离防火层、排烟通道等措施，以降低火灾蔓延的风险。

阻燃涂层和防火材料：可以在叶片表面涂覆一层阻燃涂层，以提高其抗燃烧性能。这种阻燃涂层可以在受热时释放出阻燃气体，形成保护层，减缓燃烧的速度。另外，开发具有良好防火性能的材料也是一种解决方案。

模拟和测试技术：利用数值模拟和实验测试等手段，深入研究可再生材料的热稳定性和燃烧性能，了解其在高温、高能量环境下的行为。这可以为材料设计和优化提供科学依据，指导材料的合理选择和改性。

综上所述，风力发电用可再生材料热稳定性和燃烧性的挑战涉及材料的选择、结构设计、改性、防火措施等多个方面。解决这些挑战需要跨学科的合作，结合材料科学、力学、防火技术等领域的知识，通过实验、数值模拟和材料设计等手段，不断提升风力发电用可再生材料的性能，确保系统的安全性和可靠性。同时，这些挑战也代表着机遇，通过创新和合作，我们有信心克服这些难题，为风力发电的可持续发展提供有力支持。

（3）加工性能挑战

风力发电作为清洁能源的重要来源，不断发展壮大，然而其背后也存在着许多技术挑战，其中之一便是风电材料的加工性能问题。风电材料的加工性能在整个风力发电设备的制造过程中起着关键作用，涉及材料的成型、加工、连接等多个方面。下面将深入探讨风电材料加工性能所面临的挑战，以及如何应对这些挑战以推动风力发电技术的发展。

复杂的几何形状：风电叶片等部件往往具有复杂的几何形状，其加工需要精确的控制和高精度的加工工艺。例如，叶片的翼型和曲率要求严格，而且不同部位的要求也不同，这就需要加工工艺能够满足不同形状的加工需求。如何实现复杂形状的高精度加工，是一个技术难题。

材料的异质性：风电材料常常是复合材料，具有异质性。不同部位的材料性能可能不同，加工过程中容易产生各种不均匀性。例如，复合材料的纤维方向性会影响其力学性能，在加工过程中可能导致纤维断裂、分布不均等问题。如何在加工过程中保持材料的均匀性和一致性，是一个需要解决的挑战。

加工过程的影响：材料的加工过程可能会影响其性能和耐久性。例如，高温的加工过程可能导致材料的热稳定性降低，造成材料老化。加工过程中也可能会引入缺陷，如孔洞、裂纹等，进而影响材料的强度和耐久性。如何在加工过程中避免对材料性能的不利影响，是一个需要研究的问题。

加工工艺的选择：风电材料的加工工艺选择直接影响着材料的性能和成本。不同的加工工艺可能会对材料产生不同的影响，如热压、注塑、纺织等工艺。选择合适的加工工艺需要综合考虑材料的性能要求、制造效率、成本等因素。如何在多种加工工艺中选择合适的工艺，是一个需要技术判断的问题。

集成和连接技术：风力发电设备通常由多个组件和部件组成，如叶片、塔筒、齿轮箱等。这些部件需要进行集成和连接，而连接处常常是材料的薄弱点。选择合适的连接技术，使得各个部件能够在复杂的气象条件下保持稳定性和可靠性，是一个具有挑战性的问题。

高强度与加工性的平衡：风电材料通常需要具备高强度、高刚度等性能，以应对复杂的气动和机械载荷。然而，高强度材料往往具有较差的加工性能，如易碎、难加工等问题。如何在高强度和良好加工性之间找到平衡，以满足叶片等部件的性能要求，同时又能够实现有效的加工，是一个需要解决的难题。

加工效率与质量控制：风电材料的加工过程需要保证高效率和高质量。然而，提高加工效率可能会影响材料的质量和稳定性。同时，风电设备通常需要长期运行，要求材料具有较好的耐久性和稳定性。如何在保证加工效率的同时保证产品的质量和性能，是一个需要解决的问题。

综上所述，风电材料的加工性能问题涉及复杂的几何形状、材料的异质性、加工过程的影响、加工工艺的选择、集成和连接技术、高强度与加工性的平衡、加工效率与质量控制等多个方面。解决这些问题需要综合运用材料科学、工程技术、加工技术等多个领域的知识，通过实验、模拟、设计和创新等手段，不断优化风电材料的加工性能，推动风力发电技术的发展。

（4）经济成本和可持续供应挑战

风力发电作为一种清洁、可再生的能源形式，在应对气候变化和能源安全等全球性问题上发挥着重要作用。然而，风力发电技术的推广和应用也面临着一系列的挑战，其中之一就是经济成本与可持续供应的问题。

起始投资成本：风力发电项目的起始投资成本包括了设备购置、基础设施建设、土地采购等多个方面。虽然风力技术在近年来得到了显著的降低，但仍然需要大量资金投入。特别是对于新兴市场和边远地区，起始投资成本可能成为限制风力发电推广的主要因素之一。

运维成本：风力发电设备的运营和维护成本也是一个重要的经济考量。风力设备需要定期检修、维护，以保证其正常运行和性能稳定。这涉及人力成本、设备维护费用等，对于风力发电项目的经济可行性产生影响。

不确定性的电价：风力发电的电价可能受到市场变化和政策影响，从而影响项目的盈利能力。特别是在没有固定的电价政策支持下，风力发电项目可能面临较大的风险。此外，电力市场的竞争也可能影响风力发电的市场地位和收益。

材料供应链：风力发电设备的制造涉及大量的材料，如钢铁、塑料、纤维等。然而，这些材料的供应链可能受到限制，影响风力设备的生产。特别是对于稀缺材料或依赖特定地区供应的材料，供应不足可能导致生产困难，进而影响风力发电的可持续供应。

电网接入：风力发电需要将电能输送到电网中，但电网的接入可能存在一些挑战。尤其是在偏远地区或电网负荷较低的地方，电网可能需要升级才能接纳大规模的风力发电装置。这可能需要额外的投资，并可能影响到风力发电项目的可行性。

储能技术的应用：风力发电受天气条件影响较大，可能出现不稳定的发电情况。为了实现可持续供应，需要考虑储能技术的应用，以便在风力较弱或停风时提供稳定的电力输出。然而，储能技术目前还面临着成本高、效率低等问题。

地方社会和环境影响：风力发电项目的建设和运营可能会对当地社会和环境产生影响。例如，项目的建设可能需要占用土地、改变景观，可能引起当地居民的反对。此外，风力发电涉及鸟类迁徙等生态问题，需要进行环境评估和保护。

目前，风力发电用可再生材料的生产成本往往较高，主要是由原材料成本和生产工艺等因素导致的。这可能限制了可再生材料在风力发电领域的广泛应用。同时，可再生材料的供应链也可能受到影响，由于可再生材料往往依赖于农作物或生物质的种植，存在着可持续供应的问题。如何在降低经济成本的同时保障可再生材料的可持续供应，是一个需要深入研究的议题。

6.1.3　制造和加工技术的限制

制造和加工技术在风力发电领域起着关键作用，直接影响风力设备的性能、质量和可靠性。然而，制造和加工技术也面临一系列的限制和挑战，这些限制可能影响风力发电技术的进一步发展和应用。下面将深入探讨制造和加工技术在风力发电中所面临的限制，以及如何应对这些限制以推动风力发电技术的持续创新和进步。

（1）复杂几何形状的加工难题

在风力发电领域，风力涡轮机的叶片是其中最重要的组成部分之一。叶片的设计不仅关系到风力涡轮机的性能，还影响到其能量转换效率和稳定性。为了实现更高的能量捕获和更稳定地运行，叶片往往采用了复杂的几何形状，如翼型的变化、弯曲和扭转等。然而，复杂几何形状的叶片也给制造和加工带来了一系列的挑战，这些挑战可能影响到叶片的质量、性能和可靠性。

加工精度的要求：复杂几何形状的叶片需要在加工过程中保持精确的尺寸和形状，以确保其性能和气动效率。尤其是叶片的翼型、弯曲和扭转等特征需要在制造过程中得到准确保持。然而，加工精度的要求可能超出了传统加工技术的能力范围，需要开发更精确的工艺和设备。

制造工艺的复杂性：复杂几何形状的叶片需要采用多步骤的制造工艺，包括模具制造、叶片成型、修整和装配等。不同步骤之间的协调和控制可能较为复杂，要求高度的工艺管理和协同。制造过程的复杂性可能增加了制造成本和风险。

材料选择和适应性：复杂几何形状的叶片往往需要采用特定的材料，如复合材料，以满足强度、刚度和轻量化等要求。然而，材料的特性和适应性可能对制造和加工产生影响。复合材料的加工工艺需要考虑纤维方向性、树脂浸润等因素，这可能影响叶片的质量和性能。

加工工具和设备的要求：制造复杂几何形状的叶片需要适应性强的加工工具和设备。例如，叶片的翼型可能会在不同部位有变化，需要能够调整加工路径和工艺参数。这就需要具备灵活性和自适应性的加工设备，以满足不同形状的加工需求。

加工效率和周期的平衡：复杂几何形状的叶片制造过程可能较为复杂，涉及多个步骤和工序。如何在保证加工质量的前提下提高加工效率，降低制造成本，是一个需要平衡的问题。加工周期的延长可能影响项目的进度和经济性。

质量控制和检测的挑战：复杂几何形状的叶片可能存在隐蔽的缺陷和问题，如内部裂纹、纤维分层等。这就对质量控制和检测提出了更高的要求。如何在制造过程中实现叶片质量的实时监控和检测，是一个需要解决的难题。

制造成本和可持续性考量：复杂几何形状的叶片制造往往需要特殊的工艺和设备，可能导致制造成本的增加。如何在保证制造质量的前提下降低制造成本，提高可持续性，是一个需要平衡的问题。

综上所述，复杂几何形状的叶片在风力发电领域中具有重要的意义，但也带来了制造和加工方面的一系列挑战。如何应对这些挑战，开发适应性强的制造工艺和设备，提高加工精度和效率，是推动风力涡轮机叶片制造技术的关键。通过不断的研究和创新，可以克服这些限制，推动风力发电技术的发展和进步。

（2）复合材料的加工挑战

复合材料作为一种多组分复合结构材料，由纤维增强物和基体材料组成，具有轻质、高强度、优异的耐腐蚀性和疲劳寿命等优点，在风力发电领域中得到了广泛应用，尤其是风力涡轮机叶片制造中。然而，复合材料的加工过程面临着一系列的挑战，这些挑战直接影响叶片的性能、质量和可靠性。

纤维方向性的影响：复合材料的性能通常取决于纤维的方向性。在加工过程中，纤维的方向可能发生变化，从而影响材料的性能和质量。特别是叶片等大型结构中，纤维的方向可能会受到外界力和热影响，导致方向变化，因此如何保持纤维方向的一致性是一个挑战。

纤维分布的均匀性：复合材料中纤维的分布均匀性对材料的性能有重要影响。在加工过程中，纤维可能出现分层、聚集等问题，导致材料性能的不均匀性。这可能影响叶片的强度、刚度等性能。

树脂浸润的控制：复合材料的性能还与树脂的浸润情况有关。树脂浸润不均匀可能导致材料的强度和耐久性下降。在大尺寸叶片的制造中，树脂浸润的控制可能较为困难，需要开发适应性强的工艺来保证树脂的均匀分布。

复杂几何形状的加工难题：叶片等风力设备往往具有复杂的几何形状，复合材料在这些形状下的加工工艺可能比较复杂。例如，复合材料的剪切和折弯等工艺可能需要更复杂的设备和工艺控制，以满足复杂形状的加工需求。

纤维断裂和损伤：复合材料中的纤维可能在加工过程中发生断裂和损伤，导致材料的强度下降。特别是在机械加工过程中，纤维的断裂可能导致局部性能下降，从而影响叶片的整体性能。

工艺适应性和灵活性：不同形状和尺寸的叶片可能需要适应性强的加工工艺，以满足不同加工需求。然而，现有的加工工艺可能难以适应各种形状和尺寸的叶片，需要开发更具灵活性的工艺来满足多样化的加工需求。

加工工具和设备的要求：复合材料的加工可能需要专用的工具和设备，如复合材料切割工具、加工设备等。这些工具和设备可能需要适应不同材料和形状的加工需求，提高了制造成本和难度。

环境因素的影响：复合材料的加工过程可能受到环境因素的影响，如温度、湿度等。环境因素的变化可能影响到材料的性能和加工工艺，需要考虑如何在不同环境条件下保持加工的稳定性和一致性。

综上所述，复合材料的加工在风力发电领域中面临着多种挑战，包括纤维方向性的影响、纤维分布的均匀性、树脂浸润的控制、复杂几何形状的加工难题等。克服这些挑战需要在材料选择、工艺开发和设备设计等方面进行深入研究和创新，以提高复合材料的加工质量和效率，推动风力发电技术的发展和进步。

（3）尺寸限制的影响

风力发电作为可再生能源领域的关键技术之一，不仅为清洁能源的发展做出了重要贡献，也在能源结构转型和环境保护方面发挥了重要作用。然而，在风力发电技术的应用和推广过程中，一直存在着尺寸限制的影响，这种限制可能涉及风力涡轮机的叶片、塔筒、机舱以及整体系统等方面。尺寸限制既与工程技术的发展有关，也与风能资源、环境因素以及制造工艺等多个方面相互作用。

风能资源的局限性：风力发电的效率和性能受限于地理环境和风能资源的分布。在一些地区，由于地形、地貌等因素，风能资源可能不够丰富，导致风力发电项目的容量受到限制。同时，风能资源的分布不均匀性也可能影响到风力涡轮机的布局和规模。

基础设施的承载能力：风力涡轮机需要建立在稳固的基础设施上，如塔筒、机舱等。然而，基础设施的承载能力可能受到地质条件、土壤性质等因素的限制，影响到风力涡轮机的尺寸和容量。在一些软弱地基条件下，增加风力涡轮机的尺寸可能会导致基础设施的安全性问题。

输电和连接设施的限制：风力发电项目需要将产生的电能输送到电网，这就需要建立输电线路和连接设施。然而，输电线路的容量和距离可能会受到限制，特别是在远离电网的地区。这就可能限制了风力发电项目的规模和尺寸。

制造和运输的挑战：风力涡轮机的尺寸越大，制造和运输过程中的挑战就越大。大型叶片、塔筒等构件可能需要特殊的制造工艺和设备，而运输过程中可能需要面对交通限制、道路条件等问题，增加了制造和运输的难度和成本。

环境影响和社会接受度：在一些地区，大型风力涡轮机的建设可能引发环境影响和社会接受度问题。例如，高大的风力涡轮机可能对风景和生态环境产生影响，引发环保争议。这就可能限制了风力涡轮机的尺寸和规模。

经济性和投资回报：风力发电项目的投资和建设成本与其规模和尺寸密切相关。尽管大型风力涡轮机在一定程度上可以提高发电效率，但其建设成本可能更高，从而影响到项目的经济性和投资回报。

空域和安全限制：风力涡轮机的尺寸可能受到空域和安全限制的影响。在一些地区，空中交通和飞行安全等因素可能限制风力涡轮机的高度和布局，从而影响到尺寸的设计。

技术发展和创新：随着风力发电技术的不断发展和创新，一些尺寸限制可能会得到缓解。新的材料、制造工艺、设备技术等可能使得风力涡轮机的尺寸设计更加灵活，同时满足性能和可靠性的要求。

综上所述，尺寸限制是影响风力发电技术应用和推广的一个重要因素。尽管存在一些限制和挑战，但随着技术的不断创新和突破，可以预期风力发电技术在未来会克服这些限制，实现更大规模、更高效率的发展。同时，政府、产业界以及科研机构的合作也将在解决尺寸限制方面发挥重要作用，推动风力发电的可持续发展。

（4）材料性能与制造工艺的匹配

在风力发电领域，风力涡轮机叶片作为关键组件之一，其材料性能与制造工艺之间的匹配具有重要意义。材料性能和制造工艺之间的协调关系直接影响叶片的性能、质量、可靠性以及整体风力发电系统的效率。因此，在材料选择、工艺设计和生产过程中，实现材料性能与制造工艺的匹配成了一个至关重要的问题。

材料性能对制造工艺的影响：不同的材料具有不同的性能特点，如强度、刚度、耐腐蚀性等。这些性能直接影响到叶片在运行过程中的承载能力、稳定性以及抗疲劳性能。因此，在制造工艺的选择过程中，需要考虑材料的性能特点，以确保叶片在各种工作条件下的可靠性和稳定性。

材料性能与风能资源的匹配：风力涡轮机叶片在运行过程中需要承受不同强度的风载荷。不同地区的风能资源差异较大，因此叶片材料的性能应该与当地的风能资源相匹配。材料的强度、韧性等性能特点需要能够适应不同风能资源下的叶片工作状态，以充分发挥叶片的性能。

制造工艺对材料性能的要求：制造工艺的选择和优化需要考虑到材料的性能特点。例如，复合材料的制造过程中，需要确保纤维的方向性、树脂的浸润性等，以充分发挥复合材料的性能。不同材料可能需要不同的加工工艺和工艺参数，以实现最佳的制造效果。

材料性能与叶片设计的匹配：叶片的设计需要考虑叶片的结构和形状，以及所需的性能指标。不同的设计要求可能需要不同的材料性能来满足，如强度要求、刚度要求等。因此，在叶片设计阶段需要充分考虑材料的性能特点，确保设计与材料之间的匹配性。

制造工艺对材料性能的影响：制造工艺可能会对材料的性能产生影响。例如，高温热处理、成型过程等可能会改变材料的晶体结构和性能特点。因此，在制造工艺的选择和控制过程中，需要考虑材料性能的变化，以避免影响到叶片的性能。

材料性能与环境适应性的匹配：风力涡轮机叶片在运行过程中会受到多种环境因素的影响，如温度、湿度、风沙等。不同材料的性能可能在不同环境条件下表现出不同的特点。因此，材料的选择需要考虑到环境适应性，以确保叶片在各种环境条件下能够保持稳定的性能。

材料性能与可持续性的匹配：风力发电作为可持续能源的代表，叶片材料的选择也应与可持续性理念相匹配。选择具有良好可再生性和环保性能的材料可以降低能源的消耗和环境的影响。

材料性能与制造成本的平衡：不同材料的成本和性能之间存在着平衡关系。高性能材料可能会带来更好的叶片性能，但也可能导致制造成本的增加。因此，在材料选择和工艺设计过程中需要权衡材料性能和制造成本，以实现最优的匹配。

综上所述，材料性能与制造工艺的匹配在风力发电领域中具有重要意义。通过合理选择材料、优化制造工艺，可以实现叶片的最佳性能和可靠性，推动风力发电技术的持续发展和进步。同时，随着材料科学和制造技术的不断创新，材料性能与制造工艺的匹配也将不断得到优化和提升，为风力发电领域的可持续发展提供更坚实的基础。

（5）工艺可重复性与稳定性

风力发电作为可再生能源领域的关键技术之一，风力涡轮机作为其核心设备，其性能和可靠性受到制造工艺的影响。在风力涡轮机的制造过程中，工艺可重复性和稳定性是重要的考量因素。这两个因素直接影响风力涡轮机的质量、性能和可靠性，对于保障风力发电系统的运行效率和寿命具有重要意义。

工艺可重复性的重要性：工艺可重复性是指在多次制造过程中获得相同产品的性能、质量和尺寸特征的能力。对于风力涡轮机而言，由于其大型、复杂的结构，工艺可重复性尤为重要。只有在制造过程中能够保持稳定的工艺参数和工艺流程，才能确保每一台风力涡轮机都能获得一致的性能和质量，从而降低批次之间的差异性，提高产品的可靠性和稳定性。

工艺可重复性的挑战：在风力涡轮机制造过程中，工艺可重复性可能会受到多种因素的影响。材料特性的变化、工艺设备的磨损、操作人员的技能水平等都可能导致工艺参数的变化，从而影响产品的一致性。此外，大型风力涡轮机的制造过程通常涉及多个环节和多个供应商，不同环节和供应商之间的协调和沟通也可能影响工艺可重复性。

解决工艺可重复性的方法：解决工艺可重复性问题需要从多个方面入手。首先，需要建立完善的工艺控制体系，明确每个环节的工艺参数和工艺流程，确保每一步都能够得到严格的控制。其次，可以借助先进的监测和检测技术，对关键工艺参数进行实时监测和调整，及时发现并纠正工艺偏差。此外，加强操作人员的培训和技能提升也可以提高工艺可重复性，确保操作的一致性和稳定性。

制造工艺的稳定性：制造工艺的稳定性是指在长时间内保持相对一致的工艺参数和工艺流程的能力。与工艺可重复性类似，制造工艺的稳定性也对风力涡轮机的质量和性能产生重要影响。稳定的制造工艺可以降低制造过程中的变异性，提高产品的稳定性和可靠性。

制造工艺稳定性的挑战：制造工艺的稳定性可能会受到多种因素的影响。不同材料的特性、设备的性能、环境的变化等都可能影响制造工艺的稳定性。此外，长时间运行中的设备磨损、老化等也可能导致工艺参数的变化，从而影响制造工艺的稳定性。

解决制造工艺稳定性的方法：解决制造工艺稳定性问题需要综合考虑材料、设备、环境等多个因素。首先，需要建立稳定的工艺控制体系，明确每个环节的工艺参数范围和工艺流程，确保在这些范围内能够保持稳定的制造工艺。其次，可以借助先进的监测和检测技术，实时监测工艺参数的变化，并及时采取措施进行调整。此外，定期的设备维护和保养也可以减少设备磨损和老化对制造工艺的影响。

工艺可重复性和稳定性的影响：工艺可重复性和稳定性的不足可能导致风力涡轮机制造过程中的变异性增加，从而影响产品的一致性和质量。不稳定的工艺可能会导致产品性能的波动，甚至可能影响产品的安全性和可靠性。因此，工艺可重复性和稳定性的问题必须得到有效解决，以确保风力涡轮机制造过程的稳定性和可靠性。

6.1.4 可持续性与环保需求

与传统化石燃料能源相比，风力发电不仅可以减少温室气体排放，降低环境污染，还能够实现能源的可持续利用。然而，尽管风力发电在能源领域取得了显著进展，其材料的选择和使用也面临着一系列的挑战，其中可持续性和环保要求是至关重要的考虑因素。

① 可持续性的重要性：可持续性是指在满足当前需求的前提下，不损害未来世代满足自身需求的能力。在能源领域，可持续性意味着能源的生产和消耗应该是可持续的，不应该对环境造成不可逆的损害。风力发电作为一种清洁能源，其可持续性在材料选择和利用方面至关重要，确保能够实现长期的环保能源供应。

② 材料的可持续性：风力发电系统由多种材料组成，包括风机叶片、塔架、基础等。在材料选择方面，需要考虑其资源的可再生性、能耗、生命周期成本等因素。例如，风机叶片材料应当具备较高的强度和耐久性，同时要考虑其制造过程的能耗和环境影响。材料的可持续性不仅涉及其在生产和使用阶段的性能，还包括其回收利用和废弃物处理方面的影响。

③ 环保要求的挑战：风力发电虽然是清洁能源，但其制造和运营过程中也会产生一定的环境影响。例如，风机叶片制造涉及材料的开采、加工和运输，这些过程可能会消耗大量能源，产生一定的排放物。此外，风力发电设备在使用过程中也会产生噪声和电磁辐射等环境问题。因此，在风力发电材料的选择和使用中，需要考虑如何减少对环境的负面影响，降低环境污染。

④ 解决可持续性和环保要求的方法：要解决风力发电材料的可持续性和环保要求，可以采取多种方法。首先，需要加强对材料的研发，开发更加环保和可持续的材料，降低其生产过程中的能耗和环境影响。其次，要优化风力发电系统的设计和制造工艺，减少资源的浪费和能源的消耗。此外，可以借鉴循环经济的理念，提高材料的回收利用率，减少废弃物的产生。

⑤ 可持续性认证和标准：为了确保风力发电材料的可持续性和环保要求得到满足，一些国际和国内的认证机构推出了相应的认证标准。例如，国际电工委员会（IEC）发布了关于风力涡轮机的标准，包括材料性能、制造工艺、环境影响等方面的要求。通过符合这些认证标准，可以确保风力发电系统在可持续性和环保方面达到一定的要求。

⑥ 合作与创新：在解决风力发电材料的可持续性和环保要求方面，合作与创新也是关键。各个领域的科研机构、企业和政府部门可以加强合作，共同研发和推广符合可持续性和环保要求的新材料和新技术。同时，也需要鼓励企业进行创新，开发更加环保和可持续的制造工艺，降低对环境的影响。

综上所述，风力发电材料的可持续性和环保要求是风力发电领域的重要议题。通过合理选择材料、优化制造工艺、加强环保要求的监管等方法，实现风力发电的可持续发展，为全球能源转型做出贡献。同时，也需要各界共同努力，推动风力发电领域的创新和进步，实现环境友好的清洁能源供应。

6.1.5 维护和修复难度

风力发电作为一种清洁能源的代表，不仅在环保方面具有巨大的优势，而且还在能源领域带来了巨大的发展机遇。然而，随着风力发电装置的不断增多和运行时间的延长，维护与维修难度逐渐凸显出来，成为制约其可靠性和可持续性发展的重要因素。在风力发电领域，维护和维修的难度直接关系到风机的性能、寿命和运行成本，因此需要针对这一问题进行深入的研究和分析。

（1）维护与维修的背景

随着风力发电装置规模的扩大和数量的增加，维护和维修成本逐渐占据了风力发电成本的较大比例。同时，由于风力发电装置通常建在偏远或海上等环境复杂的地区，维护和维修的难度也相应增加。风机叶片、发电机、变频器等关键部件的故障和损坏，都可能导致停机时间延长，进而影响发电效益。典型的运行和维护背景包括：

风力发电装置的规模逐渐增大：随着风力发电技术的不断进步，风力发电装置的规模逐渐增大，塔架高度和叶片长度不断增加，导致维护和维修作业的难度显著提高。

偏远环境和恶劣气候：很多风力发电场建在偏远地区，气候条件可能恶劣，如海上风电场受海盐腐蚀，山区风电场受寒冷和高海拔的影响，这些因素增加了维护和维修的难度。

大规模停机损失：风力发电装置发生故障时，需要停机进行维护和维修，导致停产时间延长，直接影响到电力的生产和输送，造成经济损失。

高空作业风险：风力发电装置的叶片和机械部件通常位于较高的位置，维护和维修作业需要进行高空作业，存在人员伤害和安全风险。

零部件的特殊性：风力发电装置的部件通常为大型和特殊形状，例如叶片的长度和曲率，塔架的高度，导致运输和更换的困难。

（2）维护与维修难度的挑战

维护和维修作为风力发电领域中至关重要的环节，涉及风力发电系统的各个方面，包括风机叶片、机械部件、电气元件等。然而，随着风力发电技术的不断发展和风力发电装置的不断增多，维护和维修难度也逐渐凸显出来，面临着一系列的挑战。

规模扩大带来的挑战：随着风力发电装置的规模不断扩大，风机叶片的长度和塔架的高度也在增加，这使得维护和维修作业变得更加复杂和困难。高空作业的难度和风险大大提高，需要更高水平的技术和装备来应对。

复杂环境的影响：风力发电装置通常分布在各种环境中，如海上、山区、沙漠等，受到恶劣气候、海洋盐腐蚀等因素的影响。这些复杂的环境条件加大了维护和维修的难度，需要采用特殊的材料和工艺来应对。

大规模停机带来的挑战：风力发电装置在维护和维修过程中通常需要停机，而大规模停机会导致电力生产中断，造成经济损失。因此，如何在维护和维修期间最大限度地减少停机时间，成为一个重要的挑战。

高空作业的挑战：风力发电装置的叶片和机械部件通常位于较高位置，进行维护和维修需要进行高空作业，这增加了工作人员的风险。高空作业不仅需要高超的技术和技能，还需要严格的安全措施和装备。

特殊部件的维护难题：风力发电装置的叶片、齿轮等部件具有特殊的结构和形状，导致维护和维修难度增加。例如，叶片的曲率和长度可能导致运输和更换困难，需要特殊的设备和方法。

维护人员的技术要求：维护和维修风力发电装置需要高水平的技术和技能，但是具备这些技能的人员相对较少。培养合格的维护人员需要时间和资源投入，是一个持续的挑战。

老化和劣化问题：风力发电装置在长时间运行后容易出现疲劳、腐蚀、老化等问题，这些问题可能导致设备性能下降和故障发生。如何准确判断设备的老化程度，并采取相应的维护措施，是一个技术和管理的挑战。

多样性的影响：风力发电装置的多样性使得维护和维修难度增加。不同类型、不同规模的风力发电装置可能需要不同的维护方法和技术，这要求维护人员具备丰富的经验和知识。

数据分析和预测的挑战：虽然大数据分析可以帮助预测设备故障和优化维护计划，但是分析和处理大量的数据也面临着挑战。如何从海量数据中提取有用信息，做出准确的预测，仍然需要进一步的研究和创新。

维护成本的控制：维护和维修的成本包括人工、材料、设备等多个方面，如何在保证设备性能的前提下，控制维护成本，提高维护的经济效益，是一个需要平衡的问题。

环保要求的压力：随着环保要求的不断提高，维护和维修作业需要更加注重环保和可持续性。如何在维护过程中减少能源消耗和环境污染，也是一个需要解决的挑战。

技术创新和合作的需求：面对维护和维修的各种挑战，需要不断进行技术创新和合作。开发新的维护技术、工具和设备，促进产学研合作，共同推动风力发电维护领域的发展。

（3）解决维护与维修难度的方法

维护和维修是风力发电领域中的关键环节，其难度与风力发电装置的复杂性、规模和环境有关。为了有效解决维护和维修难度，提高风力发电装置的可靠性和经济性，需要采取一系列的方法和策略。

智能化技术的应用：引入智能化技术，如物联网（IoT）、人工智能（AI）等，可以实时监测风力发电装置的运行状态，预测潜在故障，并提前采取维护措施。智能化技术可以提高维护的准确性和效率，降低维护成本。

远程监控和维护：通过远程监控系统，运维人员可以在办公室内实时监测风力发电装置的运行情况，发现异常及时作出响应。这种方式可以避免高空作业的风险，提高维护人员的安全性。

预测维护模式的应用：基于大数据分析和故障预测模型，可以制定预测性维护计划。通过预测设备可能出现的故障，及时采取维护措施，避免设备突发故障带来的停机损失。

使用无人机和机器人：无人机和机器人可以用于风力发电装置的巡检和维修，减少高空作业的风险。它们可以在风力发电装置上进行视觉检查、测量、清洁等工作，提高维护效率。

材料和涂层的优化：研发耐腐蚀、耐疲劳等性能更好的材料，可以延长风力发电装置的使用寿命，减少维护频次。此外，采用特殊的涂层技术，也可以提高叶片的表面质量，减少污染和积尘。

定期维护计划：建立定期的维护计划，对风力发电装置进行定期检查和维护，可以及早发现问题并加以解决，降低突发故障的风险。合理的维护计划可以避免维护工作集中在停机期间，影响电力生产。

维护人员培训：培养维护人员具备高水平的技术和技能，了解风力发电装置的工作原理和结构，可以更好地应对维护和维修挑战。维护人员的培训需要持续更新，跟随技术的发展。

数据共享和合作：不同的风力发电企业可以共享维护和维修方面的数据和经验，共同解决问题。产学研合作也可以促进维护技术的创新和应用，推动风力发电装置的维护质量提升。

环保意识的推动：强调环保和可持续发展理念，促使维护和维修工作更加注重环保和能源效益。采用环保的维护方法和设备，减少对环境的影响，符合可持续发展的要求。

技术创新的鼓励：鼓励技术创新，推动新技术在维护和维修领域的应用。政府和企业可以设立奖励机制，鼓励研究人员和企业开发创新的维护技术和装备。

跨领域合作：维护和维修涉及多个领域的知识和技术，如机械工程、材料科学、电气工程等。跨领域合作可以借鉴不同领域的专业知识，找到更好的维护解决方案。

持续监测和优化：维护和维修不是一次性的工作，需要持续不断地监测和优化。通过分析维护数据，了解维护效果，不断改进维护策略，提高风力发电装置的可靠性和效益。

（4）可持续性与环保要求的平衡

在如今社会日益关注环境保护和可持续发展的背景下，各行各业都在努力寻求一种平衡，既能满足人类的需求，又能保护自然环境。风力发电作为一种清洁能源形式，虽在一定程度上可以降低对环境的影响，但在实际应用中，也面临着可持续性和环保要求之间的平衡问题。

能源的可持续供应：可持续性要求能源的供应能够持续不断地满足人类的需求，而风力发电作为一种可再生能源，具有较大的潜力。风力资源广泛分布，不受耗尽的限制，可以为电力供应提供长期的支持，从而确保能源的可持续供应。

环境的生态平衡：环保要求强调对生态环境的保护，以确保生态系统的稳定和多样性。风力发电相对于传统的化石燃料发电方式，可以减少温室气体的排放，降低空气和水资源的污染，从而减少对生态环境的压力。

土地的合理利用：风力发电需要占用一定的土地，但相比于其他能源形式，其占地面积较小。然而，在选择风力发电场址时，需要考虑土地的其他用途，避免影响农业、生态保护区等重要用地，实现土地的合理利用。

生态系统的影响：风力发电装置的建设和运营可能对当地生态系统造成一定程度的影响，如鸟类和蝙蝠的生存。为了平衡生态保护和能源开发，需要选择合适的风力发电场址，采取适当的措施减少对生态系统的影响。

声音和视觉影响：风力发电装置的运转会产生噪声，而高大的风力涡轮机叶片也可能影响景观。在平衡环保和可持续性时，需要在规划和设计阶段考虑到当地居民的声音和视觉体验，减少对居民的干扰。

原材料的使用：风力发电需要使用一定的原材料，如钢铁、混凝土等，这些材料的生产和加工也会消耗能源和资源。在追求可持续性的同时，需要考虑如何优化材料的使用和回收，减少资源浪费。

能源转型的压力：由于社会对环境保护的日益关注，各国政府推动能源转型，减少对化石燃料的依赖。风力发电作为一种清洁能源，面临着更大的市场需求，但也需要在满足能源需求的同时保持环保要求。

社会经济效益：风力发电可以创造就业机会，促进当地经济发展。然而，为了平衡可持续性和环保，需要确保发电项目在社会和经济层面的可持续性，避免环境破坏和社会不稳定。

国际合作与政策支持：在全球范围内，国际社会积极合作，制定环境保护政策和能源政策，为风力发电提供政策支持和市场机会。这种国际合作可以促进可持续性和环保目标的实现。

技术创新的推动：技术创新可以帮助平衡可持续性和环保要求，例如开发更高效的风力涡轮机、改进的材料和制造工艺，以及更智能的运维系统，从而提高能源的利用效率和环境友好性。

公众意识的提高：增强公众对环保和可持续发展的意识，鼓励大众参与和支持风力发电项目，可以形成社会共识，推动风力发电在可持续性和环保之间取得更好的平衡。

教育与宣传：加强环保和可持续发展的教育宣传，培养公众的环保意识，从小事做起，逐步形成环保的生活方式，为实现环境保护和可持续发展提供更坚实的基础。

制度和法律保障：各国可以制定法律法规，建立环保和可持续发展的制度保障，为风力发电等清洁能源的发展提供合理的规范和指导。

经济与环境的协调发展：在追求经济发展的同时，要注重环境保护，实现经济与环境的协调发展，确保资源的合理利用和环境的健康。

总的来说，平衡可持续性与环保要求是一个复杂而持久的挑战，需要政府、企业、学术界和社会各界的共同努力。通过技术创新、政策支持、教育宣传等手段，可以在实现能源需求的同时保护环境，推动可持续发展的目标不断向前迈进。这种平衡不仅在风力发电领域，也在其他能源形式的开发和利用中具有重要意义，将为未来的世代创造更美好的生活环境。

6.1.6 资源的有限性

风电作为一种清洁、可再生的能源形式，近年来在全球范围内得到了广泛的发展和应用。然而，风电材料资源的有限性是一个不容忽视的问题，对于风电产业的可持续发展产生了重要影响。本节将深入探讨风电材料资源的有限性问题，分析其影响因素和挑战，同时提出可能的解决方案。

① 风电发展的背景。随着全球对可再生能源的需求不断增加以及环境问题的凸显，风力发电作为一种清洁、低碳的能源形式，受到了越来越多的关注。风力发电具有可再生性强、零排放、资源分布广泛等优势，成了替代传统化石能源的重要选择。

② 风电材料的重要性。风力发电的核心是风力涡轮机，而风力涡轮机的关键组成部分之一就是风机叶片。风机叶片的材料性能直接影响风力发电的效率和可靠性。因此，选择合适的风机叶片材料对于风力发电的可持续发展至关重要。

③ 风电材料资源的有限性问题。虽然风力发电具有可再生性，但是其中所涉及的风机叶片材料却存在有限性。首先，风机叶片所需的材料包括复合材料、金属材料等，其中一些稀有金属的储量有限，可能会受到供应短缺的影响。其次，风机叶片的生产需要大量的能源和原材料，也会对资源造成压力。

④ 影响风电材料资源的因素。风电材料资源的有限性受到多种因素的影响。首先是原材料的供应情况，如稀有金属的储量和开采难度。其次是制造工艺的限制，某些材料的生产过程可能需要大量的能源和水资源。此外，技术的发展也会影响风机叶片材料的选择，新材料的开发可能会在一定程度上缓解有限资源的问题。

⑤ 挑战与影响。风电材料资源的有限性问题可能带来一系列的挑战和影响。首先，资源短缺可能导致风力发电的成本上升，从而影响其竞争力。其次，如果材料供应出现断层，可能会导致风力发电设备的生产和维护受到影响，进而影响整个能源系统的稳定性。另外，资源的有限性也可能限制风电产业的规模扩张和发展速度。

⑥ 解决方案与策略。为了应对风电材料资源的有限性问题，需要采取一系列的解决方案和策略。首先，推动风力发电技术的创新，开发更加高效的风机叶片材料，降低对稀有资源的依赖。其次，加强循环经济和资源回收利用，减少材料的浪费和消耗。此外，加强国际合作，分享资源信息，可以缓解某些稀缺资源的供应问题。

⑦ 可持续发展与环保导向。在解决风电材料资源有限性的同时，也要始终将可持续发展和环境保护放在首位。通过选择更环保的材料、优化制造过程，可以减少对环境的影响。同时，加强社会宣传和教育，培养公众对资源的合理利用的意识，也是促进可持续发展的重要途径。

⑧ 政策支持与监管。政府可以制定相关政策，鼓励风电产业在材料选择和利用方面的创新。同时，建立资源管理和监管体系，确保资源的合理分配和利用。

⑨ 科研与人才培养。投资于风电材料领域的科学研究，可以推动新材料的开发和应用。培养相关领域的专业人才，也是风电产业可持续发展的重要保障。

⑩ 国际合作与共享。风力发电是全球性的产业，各国可以通过国际合作共同应对材料资源的有限性问题。共享经验、技术和资源信息，可以提高整个产业的可持续性。

综上所述，风电材料资源的有限性是一个需要引起重视的问题。通过技术创新、政策支持、循环经济等手段，可以在保障风电产业可持续发展的同时，更加有效地利用有限的资源，实现能源的可持续利用和环境的保护。

6.2 材料科学的未来发展趋势

随着社会对可持续能源的需求不断增加以及科技的不断进步，风电材料也在不断创新和发展。下面将深入探讨风电材料的未来发展趋势，分析其在材料种类、性能、制造工艺等方面的创新与改进。

6.2.1 新型材料的应用

新型材料在风力发电领域的应用，是推动风力发电产业创新和可持续发展的重要驱动因素。随着科技的进步和材料科学的不断发展，新型材料正逐渐取代传统材料，为风力发电设备的性能、可靠性和环保性能带来显著提升。高性能复合材料作为一类在材料科学领域不断受到关注和研究的材料，具有独特的性能和广泛的应用前景。在风力发电领域，高性能复合材料的应用正逐渐改变着风力发电设备的制造和性能，对提高风力发电效率、降低维护成本、实现可持续发展产生了积极影响。下面将深入探讨高性能复合材料在风力发电领域的应用，剖析其特性、优势以及对风力发电产业的推动作用。

（1）复合材料

① 复合材料的特性。高性能复合材料是由两种或多种不同类型的材料组合而成，以发挥各种材料的优点，并在一定程度上弥补其缺点。常见的组合包括纤维增强树脂复合材料、金属基复合材料等。复合材料具有优异的性能，如高比强度、高比刚度、优异的抗腐蚀性和耐久性，以及良好的吸音性能。这些特性使得高性能复合材料在风力发电领域得到了广泛的应用。

② 高性能复合材料在风力发电叶片中的应用。风力发电叶片作为风力发电设备的核心部件，其性能直接影响着风机的能量转化效率。传统的金属材料受限于重量和力学性能的平

衡，制约了叶片的尺寸和形状，从而限制了风机的发电效率。而高性能复合材料具有较低的密度和优越的力学性能，能够实现叶片的轻量化设计，增加叶片的长度和面积，从而捕捉更多的风能，提高风机的发电效率。此外，复合材料的高强度和耐久性，使叶片能够承受更大的风载荷和恶劣环境的考验，延长了叶片的使用寿命，降低了维护成本。

③ 制造工艺的改进。高性能复合材料的应用不仅改变了风力发电设备的性能，也促进了制造工艺的创新和改进。传统的金属加工工艺难以满足复合材料的加工要求，而复合材料具有一定的加工难度，需要开发适合其特性的加工工艺。随着制造技术的不断进步，出现了一系列适用于复合材料的加工工艺，如自动化纺织、预浸料技术、层压成型技术等，这些工艺能够提高生产效率，降低制造成本，使得高性能复合材料在大规模生产中得以应用。

④ 环保性能的优势。高性能复合材料的应用还带来了环保性能的优势。由于复合材料具有良好的耐腐蚀性和耐久性，风力发电设备的寿命得以延长，减少了设备的更替频率，降低了废弃物的产生。此外，复合材料在生产过程中也能够降低能耗和排放，减少对环境的影响。

⑤ 持续创新的驱动力。随着科技的不断进步和对可持续发展的追求，高性能复合材料领域也在不断创新。新型复合材料不仅关注力学性能的提升，还关注可再生材料的应用、纳米材料的加入等。例如，生物可降解复合材料在风力发电叶片制造中的应用，可以实现废弃叶片的环保处理。这些持续创新推动着高性能复合材料的应用进一步拓展，为风力发电领域带来更多可能性。

综上所述，高性能复合材料在风力发电领域的应用具有广泛的应用前景。通过应用高性能复合材料，可以实现风力发电设备的轻量化设计、提高发电效率、降低维护成本以及改善环保性能。随着科技的不断进步和创新，高性能复合材料的性能将进一步提升，为风力发电产业带来更加美好的未来。

（2）纳米材料

纳米材料，即具有纳米尺度结构的材料，由于其特殊的物理、化学和力学性能，在众多领域引起了广泛的关注和应用。在风力发电领域，纳米材料的应用正逐渐改变着风力发电设备的性能和制造工艺，为提高发电效率、降低成本、改善可持续性发展等方面带来新的可能性。

纳米材料具有独特的特性，主要源于其尺寸效应和表面效应。由于纳米尺度的存在，纳米材料的物理、化学性质和电子结构与传统材料有很大的不同。例如，纳米材料的比表面积较大，使其在吸附、催化等方面表现出卓越的性能。此外，纳米材料还具有优异的力学性能、光学性能和热导性能，使其在多领域具有广泛的应用前景。

风力发电叶片作为风力发电设备的关键部件，其性能直接影响风机的能量转化效率。纳米材料的特殊性质使其在风力发电叶片中得到了广泛的应用。例如，纳米填料可以被添加到树脂基体中，改善叶片的强度、硬度和耐久性，从而延长叶片的使用寿命。此外，纳米材料的导电性和导热性优越，可以在叶片中实现智能监测和热管理，提高叶片的性能和安全性。

纳米涂层是一种将纳米材料应用于表面的薄膜材料，具有改善表面性能、增强耐腐蚀性、抗紫外线辐射等优势。在风力发电领域，纳米涂层可以被应用于叶片表面，提高叶片的耐久性和抗风蚀性。例如，纳米涂层可以降低叶片表面的粗糙度，减少风力对叶片的冲击，从而延长叶片的寿命。此外，纳米涂层还可以具有自清洁功能，减少污染物的附着，提高叶片的发电效率。

纳米材料在传感技术中的应用也为风力发电领域带来了新的可能性。通过将纳米材料应用于叶片中，可以实现对叶片结构、温度、应变等参数的实时监测。例如，纳米传感器可以嵌入叶片内部，实时监测叶片的应变情况，预测叶片的损伤和疲劳状况，从而提前采取维护措施，降低设备故障的风险。

然而，纳米材料在风力发电领域的应用还面临着一些挑战。首先，纳米材料的制备和加工技术需要更高的精确度和专业性，提高了制造成本。其次，纳米材料在大规模应用时可能产生的环境和健康风险需要更多的研究和评估。此外，纳米材料的稳定性和耐久性也需要长期的实验验证。

综上所述，纳米材料在风力发电领域的应用具有广泛的应用前景。通过应用纳米材料，可以实现风力发电设备的性能提升、制造工艺改进、传感技术创新等方面的目标。然而，纳米材料的应用还需要克服一些技术和环境上的挑战，需要更多的研究和实验支持。随着科技的不断发展，纳米材料在风力发电领域的应用将会逐步展现更大的潜力。

（3）生物可降解材料

生物可降解材料，作为一种绿色环保的材料，具有可降解性、生物相容性和可再生性等特点，在各个领域受到了广泛关注。在风力发电领域，生物可降解材料的应用正在逐步改变着风力发电设备的制造和维护方式，为提高可持续性、降低环境影响等方面带来了新的可能性。

生物可降解材料是一类能够在自然环境中被微生物降解并还原为环境中元素的材料。这种材料在分解过程中不会对环境造成污染，因此被广泛认为是一种可持续发展的材料选择。

风力发电叶片是风力发电设备的关键部件，其制造和维护对整个风电系统的可持续性具有重要影响。生物可降解材料在风力发电叶片中的应用主要体现在以下几个方面。首先，生物可降解材料可以替代传统的非可降解材料，减少叶片的环境影响。其次，生物可降解材料可以用于制造叶片的结构件，如内部支撑结构，提高叶片的整体性能。此外，生物可降解材料还可以用于制造叶片的表面涂层，改善叶片的防风蚀性和耐久性。

风力发电设备在使用过程中需要定期维护和更换部件，而生物可降解材料在维护过程中也有其独特应用。例如，生物可降解材料可以用于制造可降解的螺栓、连接件等，方便维护人员进行拆卸和更换。此外，生物可降解材料还可以用于制造临时性支撑结构，使维护过程更加安全和高效。

然而，生物可降解材料在风力发电领域的应用还面临着一些挑战。首先，生物可降解材料的强度和耐久性相对较低，需要进一步改进和优化。其次，生物可降解材料的制造工艺和成本较高，限制了其大规模应用。此外，生物可降解材料在不同环境条件下的降解速度也需要更多的研究和实验支持。

生物可降解材料的环保优势在风力发电领域尤为显著。首先，生物可降解材料的制造过程通常产生较少的污染物和温室气体排放，减少了生产过程对环境的影响。其次，生物可降解材料的使用过程中不会产生有毒有害的副产物，降低了对土壤和水源的污染。此外，生物可降解材料的可降解性保证了其在使用寿命结束后可以被自然降解，减少了废弃物的处理压力。

生物可降解材料的应用体现了可持续发展和环保导向的理念，使风力发电领域更加注重环境影响的减少。生物可降解材料的应用不仅在风力发电领域有着广阔的前景，也为其他领域的可持续发展提供了借鉴。

随着科技的不断进步，生物可降解材料的性能和制造工艺将会不断改善，从而进一步拓展其在风力发电领域的应用范围。未来，可以预见生物可降解材料将在风力发电设备的制造、维护和废弃处理中发挥更加重要的作用，为风力发电产业的可持续发展做出贡献。

综上所述，生物可降解材料在风力发电领域的应用具有广泛的应用前景。通过应用生物可降解材料，可以实现风力发电设备的制造、维护和废弃处理的可持续性和环保导向。虽然在应用过程中还存在一些挑战，但随着技术的进步和研究的深入，生物可降解材料的应用将会逐步展现出更大的潜力，为风力发电领域带来新的发展机遇。

（4）智能材料

智能材料是近年来材料科学领域的一项重要创新，其引领着科技与工程的发展，为各个行业带来了前所未有的机遇和挑战。风力发电作为可再生能源领域的关键组成部分，也逐渐开始借助智能材料的特性，实现设备的智能化和高效化。下面将深入探讨智能材料在风力发电领域的应用，探讨其特点、优势、挑战以及对未来发展的影响。

1）智能材料的特点与特性

智能材料是一类能够根据外界环境或内部刺激做出响应的材料，从而改变其物理、化学或力学性质的材料。这些材料能够实现感知、传递信息和做出反应，使其能够在不同环境下实现不同功能。智能材料的特点如下。

① 响应性：智能材料能够对外部刺激做出实时响应，如温度、湿度、光照等；

② 自适应性：智能材料能够根据环境的变化自主调整其特性，以适应不同工作条件；

③ 可控性：智能材料的响应和行为可以通过外部刺激进行控制，实现特定的功能。

2）智能材料在风力发电领域的应用

在风力发电领域，智能材料的应用正逐步得到广泛关注和应用。其主要体现在以下几个方面。

智能材料在风力发电叶片中的应用：风力发电叶片是风力发电装置的核心组成部分，其性能和状态直接影响着发电效率。智能材料可以嵌入到叶片结构中，实现叶片的自主调节和智能监测。例如，智能材料可以用于叶片表面的涂层，实现自清洁、防污和防腐等功能，从而减少叶片维护的频率和成本。此外，智能材料还可以用于叶片内部的传感器，实时监测叶片的应力、振动等情况，为维护和维修提供准确数据支持。

智能材料在风力发电机组监测中的应用：智能材料的应用还可以实现风力发电机组的智能监测和管理。通过在发电机组中嵌入智能材料和传感器，可以实时监测机组的运行状态、温度、振动等参数，预测可能的故障和损坏，为维护和修复提供科学指导。

智能材料在风力发电设备维护中的应用：风力发电设备通常需要定期的维护和检修，以确保其正常运行和延长使用寿命。智能材料可以用于设备的远程监测和自动化调节，减少人工维护的频率和风险。例如，智能材料可以实现风力发电塔筒的自主检测，及时发现可能的裂纹和损伤，从而降低维护难度和成本。

3）智能材料应用中的挑战与问题

虽然智能材料在风力发电领域的应用前景广阔，但也面临着一些挑战和问题。首先，智能材料的制造和集成成本较高，可能会增加设备的制造成本。其次，智能材料的稳定性和耐久性需要进一步验证，确保其在复杂的外部环境下能够长期稳定工作。此外，智能材料的应用还需要建立相应的监测系统和数据分析方法，以确保其正常工作和及时调整。

4）智能材料应用的影响与未来展望

智能材料的应用将极大地提升风力发电设备的智能化水平和综合性能。通过智能材料的应用，可以实现设备的自主调节、实时监测和自动化维护，从而提高发电效率、降低维护成本，促进风力发电产业的可持续发展。

5）可持续发展与智能材料的结合

智能材料的应用体现了可持续发展的理念，通过智能材料的应用，可以实现资源的更加有效利用，减少能源浪费，降低环境污染，促进可持续发展目标的实现。

6）未来展望

随着智能材料技术的不断发展，其在风力发电领域的应用前景将会更加广阔。未来，智能材料可能会在风力发电领域的各个环节中得到更多应用，进一步提高设备的性能和智能化水平。

综上所述，智能材料在风力发电领域的应用正不断探索和发展。通过在风力发电设备中应用智能材料，可以实现设备的智能化监测、自适应调节等功能，提高风力发电的效率和可靠性，为风力发电产业的可持续发展带来新的机遇和挑战。

（5）新型涂层材料

新型涂层材料的应用在风力发电领域日益受到关注，这些涂层材料具有优异的性能，可以提升风力发电设备的耐候性、防腐性、保护性等，从而改善设备的性能和可靠性。下面将深入探讨新型涂层材料在风力发电领域的应用，探讨其特点、优势、挑战以及对未来发展的影响。

1）新型涂层材料的特点与特性

新型涂层材料是近年来涂料技术的创新产物，其具有许多优异的特点和特性。这些涂层材料不仅具有传统涂料的基本功能，如美观、保护、装饰等，还在功能性和性能方面得到了显著提升。新型涂层材料的特点主要包括：

① 耐候性：新型涂层材料具有较高的耐候性，能够在恶劣的环境条件下保持稳定性和持久性；

② 防腐性：新型涂层材料能够有效防止金属表面的腐蚀和氧化，延长设备的使用寿命；

③ 保护性：新型涂层材料可以形成一层保护性的膜，阻隔外界的湿气、化学物质等，保护设备的内部结构；

④ 功能性：新型涂层材料还可以根据需求具有特定的功能，如抗紫外线、自清洁、自修复等。

2）新型涂层材料在风力发电领域的应用

在风力发电领域，新型涂层材料的应用正逐步得到广泛关注和应用。其主要体现在以下几个方面。

风力发电叶片表面涂层：风力发电叶片是风力发电设备的核心组成部分，其表面容易受到各种外界因素的影响，如紫外线辐射、风沙侵蚀等。新型涂层材料可以用于叶片表面，形成一层耐候性和抗腐蚀的膜，保护叶片免受外界侵害，延长使用寿命。

塔筒和机舱涂层：风力发电塔筒和机舱也需要面对复杂的环境条件，如潮湿、腐蚀、化学气体等。新型涂层材料可以用于塔筒和机舱的内外表面，提供保护性的屏障，防止腐蚀和损坏，从而延长设备的使用寿命。

设备连接部位涂层：风力发电设备的连接部位容易受到应力和震动的影响，容易产生疲劳裂纹和损伤。新型涂层材料可以应用于连接部位，提供额外的保护层，减少裂纹和损伤的产生，提高设备的可靠性。

3）新型涂层材料应用中的挑战与问题

尽管新型涂层材料在风力发电领域应用前景广阔，但也面临着一些挑战和问题。首先，新型涂层材料的研发和制造成本较高，可能会增加设备的制造成本。其次，新型涂层材料的耐久性和稳定性需要经过长时间的实际环境考验，确保其在复杂的外部条件下能够长期稳定工作。此外，涂层的施工和维护也需要专业的技术和设备，以确保其正确施工和使用。

4）新型涂层材料应用的影响与未来展望

新型涂层材料的应用将极大地提升风力发电设备的耐久性和可靠性。通过应用新型涂层材料，可以减少设备的维护频率和成本，延长设备的使用寿命，从而降低风力发电的运营成本。

5）可持续发展与涂层材料的结合

新型涂层材料的应用也体现了可持续发展的理念。通过提高设备的耐候性和保护性，可以减少设备的早期损坏和报废，降低资源浪费，促进可持续发展目标的实现。

新型涂层材料在风力发电领域的应用具有广泛的前景和潜力。虽然在应用过程中可能面临一些挑战和问题，但通过不断的研发和创新，新型涂层材料有望为风力发电领域带来更多的技术突破和进步，为风力发电的可持续发展做出贡献。

（6）可再生能源材料

随着全球对环境问题的日益关注以及传统能源资源的枯竭，可再生能源作为一种绿色、清洁的能源形式，逐渐成为人们关注的焦点。可再生能源材料的应用在能源领域具有重要意义，不仅可以减少对有限能源资源的依赖，还能有效降低环境污染和气候变化。下面将深入探讨可再生能源材料在不同领域的应用，探讨其特点、优势、挑战以及对未来能源发展的影响。

① 太阳能能源材料的应用。太阳能是一种充足、广泛分布的可再生能源，其应用主要集中在光伏发电领域。太阳能电池板是太阳能发电的核心装置，其主要材料为硅。通过对太阳光的吸收，太阳能电池板将光能转化为电能，实现电能的产生。此外，新型的薄膜太阳能电池、有机太阳能电池等也在不断研究和应用中。太阳能材料的应用不仅可以为家庭和企业提供绿色电能，还可以为偏远地区和电网不发达地区提供电力供应。

② 风能材料的应用。风能是另一种重要的可再生能源形式，其应用主要集中在风力发电领域。风力发电机通过风能的转化，驱动发电机产生电能。风能材料的应用涉及风力发电机的叶片、塔筒等部件。叶片材料需要具备轻量化、高强度、耐腐蚀等特性，以提高风力发电机的效率和可靠性。风力发电的材料研究还包括复合材料的应用，提升叶片的性能。

③ 水能材料的应用。水能是一种广泛分布的可再生能源，其应用主要体现在水力发电领域。水力发电利用水的流动和落差产生动能，进而转化为电能。水力发电涉及水轮机、水电站等设备，其材料需要具备耐腐蚀、耐磨损、高强度等特性。此外，新型的潮汐能、海洋能等也属于水能范畴，需要开发适用的材料技术。

④ 生物能材料的应用。生物能是一种与生物质有关的可再生能源，其应用包括生物质燃料、生物气体等。生物质燃料主要包括生物柴油、生物乙醇等，可以作为传统石油能源的替代品，降低碳排放。生物气体则可以作为一种清洁能源，在家庭和工业中应用广泛。生物能材料的应用需要考虑生物质的来源、加工技术以及生产过程中的环保问题。

⑤ 地热能材料的应用。地热能是一种利用地壳内部热能产生电能的可再生能源，其应用主要体现在地热发电领域。地热能利用地下的热能，通过地热发电机转化为电能。地热能材料的应用需要考虑高温、高压环境下的耐热性、耐腐蚀性等特性，以确保设备的正常运行。

⑥ 可再生能源材料应用中的挑战与问题。尽管可再生能源材料的应用前景广阔，但也面临一些挑战和问题。首先，不同可再生能源形式的材料需求各异，需要开发不同的材料技

术。其次，一些可再生能源材料的生产和加工过程可能会产生环境问题，需要进行环境评估和监管。另外，可再生能源材料的研发和应用需要大量的投资和人才支持。

⑦ 可再生能源材料应用的影响与未来展望。可再生能源材料的应用将为能源领域带来深刻的影响。首先，可以减少对传统能源资源的依赖，降低环境污染和气候变化。其次，可再生能源材料的应用将推动相关产业的发展，创造就业机会。未来，随着科技的不断进步，可再生能源材料的研发和应用将不断突破，为人类提供更加清洁、可持续的能源解决方案。

综上所述，可再生能源材料的应用在能源领域具有重要地位，不仅可以满足人类对能源的需求，还可以保护环境、促进经济发展。虽然面临一些挑战和问题，但通过持续的研发和创新，可再生能源材料的应用前景仍然十分广阔，有望为人类创造更加可持续的未来。

6.2.2　提高材料性能

风机叶片作为风力发电装置的重要组成部分，其性能对于整个风力发电系统的效率和可靠性有着重要影响。随着风力发电技术的不断发展和推广，风机叶片材料的性能也得到了越来越多的关注和研究。下面将深入探讨风机叶片材料性能的提升，包括材料的强度、耐久性、轻量化等方面，以及如何通过不同方法来实现这些性能的提升。

风能作为一种重要的可再生能源，正逐步成为能源供应的重要组成部分。而风力发电装置的核心组件之一——风机叶片，直接影响了风力发电系统的性能和效率。在风机叶片的设计中，材料的强度和刚度是至关重要的性能指标，它们决定了叶片的承载能力、稳定性和寿命。

① 强度与刚度的重要性。风机叶片在运行过程中承受着风载荷、惯性载荷以及机械载荷等多种力的作用。因此，叶片材料的强度和刚度直接影响了叶片的结构安全性、性能稳定性和寿命。较高的强度可以确保叶片在高风速条件下不发生断裂或破裂，而较高的刚度可以保持叶片的几何形状稳定，从而减少气动效应的影响。因此，强度和刚度的提升对于风机叶片的可靠运行和长期使用至关重要。

② 材料选择与组合。材料是影响风机叶片强度和刚度的关键因素之一。传统的金属材料如钢和铝在强度和刚度方面具有一定优势，但同时也存在自重大、易腐蚀等问题。近年来，复合材料作为一种重要的替代材料，逐渐在风机叶片中得到应用。复合材料可以通过调整纤维的种类、体积分数和层叠方式来实现强度和刚度的提升。例如，碳纤维增强复合材料（CFRP）具有优异的强度和刚度，被广泛应用于风机叶片的制造中。

③ 结构设计与优化。在风机叶片的结构设计中，合理的几何形状和结构布局也可以对强度和刚度的提升产生重要影响。通过优化叶片的几何参数，如叶片的长度、宽度、厚度等，可以在不增加材料消耗的情况下提高叶片的强度和刚度。此外，采用一些增强结构，如加强筋、梁等，也可以在不增加自重的前提下提升叶片的强度和刚度。

④ 先进制造技术的应用。先进制造技术对于实现风机叶片材料强度和刚度的提升起着重要作用。例如，先进的复合材料制造技术，如自动化纤维层叠、激光熔覆等，可以实现复合材料的精确成型，从而提高材料的强度和刚度。此外，3D 打印技术也为定制化的叶片结构设计提供了新的可能性，可以根据实际需求优化叶片的几何形状，实现强度和刚度的提升。

⑤ 多学科交叉研究。风机叶片材料强度和刚度的提升需要多学科的交叉研究。材料科学、结构力学、流体力学等领域的知识都在其中发挥着重要作用。通过多学科的合作，可以

综合考虑不同因素的影响，实现叶片材料强度和刚度的综合提升。

⑥ 挑战与展望。尽管风机叶片材料强度和刚度的提升取得了显著进展，但仍面临一些挑战。例如，如何在提升强度和刚度的同时保持材料的轻量化和耐久性仍然是一个难题。此外，复杂的气动效应和多种力的共同作用也使得叶片的设计更加复杂。未来，随着材料科学和工程技术的不断发展，我们可以期待更多创新的解决方案和技术的涌现，进一步提升风机叶片材料的强度和刚度，为风能行业的可持续发展做出更大贡献。

随着可再生能源的迅速发展，风力发电作为一种清洁能源形式，受到了越来越多的关注。在风力发电系统中，风机叶片作为关键组件之一，其设计和材料选择直接影响着系统的性能和效率。

① 轻量化设计的意义。风机叶片在运行过程中承受着复杂的风载荷和惯性载荷，因此其结构需要具备足够的强度和刚度。然而，过重的叶片结构不仅会增加风力发电系统的自重，影响整体的效率，还可能导致叶片的振动和疲劳破坏。轻量化设计旨在在保证足够强度和刚度的前提下，尽可能减少叶片的自重，从而提高系统的性能和寿命。

② 材料选择与优化。轻量化设计的核心之一是选择合适的材料并进行优化。传统的金属材料如钢和铝在强度和刚度方面具有优势，但密度较大。近年来，复合材料作为轻量化设计的重要选择，其强度和刚度与密度之比较高。例如，碳纤维增强复合材料（CFRP）在风机叶片的轻量化设计中得到了广泛应用。通过调整纤维的方向、层数和分布，可以实现叶片的定向强度和刚度，从而减少材料的使用量。

③ 结构设计与优化。轻量化设计需要考虑叶片的结构设计和几何形状优化。合理的几何形状可以在不影响强度和刚度的前提下减少叶片的自重。通过优化叶片的长度、宽度、厚度以及气动外形，可以实现叶片负荷分布的合理化，减少应力集中，从而提高结构的可靠性和寿命。

④ 先进制造技术的应用。轻量化设计离不开先进制造技术的应用。先进的制造技术可以实现复杂形状的制造，减少不必要的材料浪费。例如，自动化纤维层叠技术可以实现复合材料的精确成型，减少过程中的手工操作，提高制造效率和质量。

⑤ 多学科的交叉研究。轻量化设计需要多学科的交叉研究。材料科学、结构力学、流体力学等领域的知识都在其中发挥着重要作用。通过多学科的合作，可以更好地考虑不同因素的影响，实现叶片的轻量化设计。

⑥ 挑战与展望。尽管轻量化设计在风机叶片中具有重要意义，但也面临一些挑战。一方面，如何在保证足够强度和刚度的前提下减轻叶片的自重仍然是一个难题。另一方面，轻量化设计可能会导致叶片的振动问题，需要在设计过程中兼顾结构的稳定性。未来，随着材料科学和工程技术的不断发展，我们可以期待更多创新的解决方案和技术的涌现，进一步推动风机叶片的轻量化设计。

⑦ 轻量化设计的影响。轻量化设计不仅可以提高风机叶片的性能和效率，还对整个风力发电系统产生积极影响。减轻叶片的自重可以降低整体系统的成本，提高电力输出。此外，轻量化设计还可以降低运输和安装的难度，缩短项目的周期，进一步推动风力发电技术的推广和应用。

总之，轻量化设计在风机叶片中的应用具有重要意义，可以提高叶片的性能和效率，同时对整个风力发电系统产生积极影响。通过合适的材料选择、结构设计和先进制造技术的应用，我们可以实现叶片的轻量化设计，为风力发电技术的可持续发展做出贡献。未来，随着科技的进步，轻量化设计将继续在风力发电领域发挥重要作用，为实现清洁能源的目标助力。

随着风力发电技术的不断发展，风机叶片作为风力发电系统的重要组成部分，其性能的优化变得越发重要。除了机械性能和气动性能外，声学性能也成了叶片设计中不可忽视的一部分。下面将深入探讨声学性能在风机叶片设计中的意义、挑战以及优化方法。

① 声学性能的意义：声学性能在风机叶片设计中具有重要的意义。首先，风机叶片在运行过程中会产生气动噪声，这可能对附近居民造成困扰，甚至影响风力发电项目的可接受性。其次，风机叶片的噪声还可能对风力发电系统的整体性能产生影响，降低发电效率。因此，优化声学性能不仅有利于减少噪声污染，还可以提高风力发电系统的可持续性和经济性。

② 噪声源与传播机制：风机叶片产生的噪声主要来自两个方面——气动噪声和结构噪声。气动噪声是由风力作用在叶片表面所产生的气流引起的，主要集中在叶片的前缘和后缘。结构噪声则是由于叶片的振动引起的机械振动噪声。这些噪声在传播过程中会受到大气环境的影响，需要进行精确的建模和分析。

③ 噪声优化的挑战：声学性能的优化面临一些挑战。首先，风机叶片的设计需要综合考虑机械强度、气动性能和声学性能等多个因素，这需要跨学科的合作和综合分析。其次，噪声的传播受到大气环境和地形的影响，需要进行精确的模拟和预测。此外，噪声优化还需要考虑不同运行工况下的影响，以及噪声与其他性能指标的权衡。

④ 声学性能的优化方法：为了优化风机叶片的声学性能，可以采取一系列方法。首先，通过结构优化和材料选择可以减少叶片的振动，从而降低结构噪声。其次，通过改进叶片的气动外形和气动性能，可以降低气动噪声的产生。此外，合理的叶片布局和风机运行管理也可以减少噪声的传播。

⑤ 先进技术的应用：随着科技的不断进步，一些先进技术也被引入到声学性能的优化中。例如，计算流体动力学（CFD）可以模拟风力作用下的气流分布，从而预测噪声的产生。声学信号处理技术可以用于分析和识别风机叶片产生的噪声，为优化提供数据支持。

⑥ 多学科的合作：声学性能的优化需要多学科的合作。声学工程师、气动工程师、机械工程师等专业人员需要共同协作，综合考虑不同因素的影响，实现声学性能和其他性能的平衡。

⑦ 未来展望：随着可再生能源的不断发展，风力发电作为一种清洁能源形式，将在未来得到更广泛的应用。声学性能的优化将成为风机叶片设计的重要方向之一。通过采用先进技术、多学科合作以及精确的模拟预测，可以实现风机叶片的声学性能的持续优化，为风力发电技术的可持续发展做出贡献。

总之，声学性能在风机叶片设计中的优化是一个复杂而关键的问题。通过综合考虑气动噪声和结构噪声的来源、传播机制以及影响因素，采用合适的优化方法和先进技术，可以实现风机叶片声学性能的提升。在未来，随着风力发电技术的不断发展，声学性能的优化将继续成为风机叶片设计的重要议题，为清洁能源的推广和应用做出贡献。

风力发电作为可再生能源的重要组成部分，正日益受到全球范围内的重视。为了提高风力发电的效率、可靠性和可持续性，风力发电领域不断探索和应用新材料与新技术，以满足日益增长的能源需求和环境保护的要求。下面将深入探讨风力发电领域新材料与新技术的应用，探讨其潜在优势、挑战以及未来发展趋势。

（1）新材料的应用

高性能复合材料在风力发电领域的应用正不断拓展。这类材料结合了不同类型的纤维增强剂和基体材料，具有出色的力学性能和耐久性。在风机叶片制造中，高性能复合材料能够减轻重量、增强强度，并在不同环境条件下保持稳定性，从而提高风机性能和寿命。

纳米材料的应用：纳米技术的兴起为风力发电带来了新的机遇。纳米材料具有独特的力学、热学和电学性能，适用于改善风机叶片的强度、导热性和电气性能。例如，纳米增强材料可以在微观层面上提升材料的性能，增强其抗氧化、耐磨和抗腐蚀能力。

生物可降解材料的应用：随着可持续发展理念的传播，生物可降解材料在风力发电领域逐渐受到关注。这类材料可以在使用寿命结束后分解，减少环境负担。在风机叶片的制造和废弃阶段，生物可降解材料有望降低环境影响，推动风力发电向更加环保的方向发展。

（2）新技术的应用

智能材料技术在风力发电中扮演着重要角色。这类材料能够感知外界环境并做出自主响应，用于实现风机叶片的主动控制和调整。例如，利用智能材料可以在变化的风力条件下调整叶片的形状，优化叶片的气动性能，提高发电效率。

3D打印技术的应用：3D打印技术在风力发电领域的应用正在快速发展。该技术能够以逐层叠加的方式制造复杂的零部件和结构，为风机叶片的设计和制造提供了更大的灵活性。通过3D打印，可以定制化叶片的设计，减少制造成本，提高制造效率。

先进涂层技术：先进涂层技术在风力发电领域具有广泛的应用前景。新型涂层材料可以提高叶片的抗腐蚀性能、耐磨性能和防污性能，从而延长叶片的使用寿命。同时，涂层还可以用于改善叶片的气动性能，减少噪声和振动。

（3）优势和挑战

风力发电新材料与新技术的应用带来了多重优势。首先，这些新材料和新技术能够提升风机叶片的性能和效率，从而提高风力发电系统的发电量。其次，新材料的应用可以减轻叶片的重量，降低风机的结构负荷，提高系统的稳定性和可靠性。此外，新技术的应用还可以降低风机叶片的制造和维护成本，提高系统的经济性。虽然风力发电新材料与新技术带来了诸多优势，但也面临一些挑战。首先，新材料的研发和应用需要投入大量的资金和时间，技术风险较高。其次，新技术的应用需要相应的设备和技术支持，可能需要对现有工艺进行改进。此外，新材料和新技术的长期稳定性和可靠性也需要进一步验证。

（4）未来发展趋势

风力发电新材料与新技术的应用涉及多个学科领域，包括材料科学、工程学、机械设计等。未来的发展将需要更多的跨学科合作，促进新材料和新技术的研发与应用。

先进制造技术：随着制造技术的不断进步，新型制造技术如3D打印、先进涂层技术等将会得到更广泛的应用。这些技术能够加速叶片的设计和制造过程，提高制造的精度和效率。

可持续发展导向：随着全球对可持续发展的关注不断增加，风力发电材料与技术的应用也将更加注重环境友好性。未来的发展趋势将更加偏向生物可降解材料、可循环利用的技术，以及低碳、低能耗的制造工艺。

（5）结论

风力发电新材料与新技术的应用正在不断推动风力发电领域向更高效、可靠、环保的方向发展。这些应用为风力发电系统的性能提升、成本降低和可持续发展提供了新的机遇。然而，随着应用的深入，仍然需要克服一系列技术和经济挑战。通过持续的研发创新和合作，风力发电新材料与新技术有望为未来能源领域的可持续发展作出更大的贡献。

随着风力发电技术的不断进步和发展，风机叶片作为风力发电系统的核心组成部分之一，其材料性能和设计对于整个系统的性能和可靠性至关重要。而在如今的工程实践中，利用数值模拟和优化设计方法来研究风机叶片材料和结构，已经成为一种不可或缺的手段。下面将深入探讨风电材料的数值模拟与优化设计在提高风力发电系统性能和可持续性方面的重要作用。

① 数值模拟在风电材料中的应用。力学性能分析：数值模拟在分析风机叶片的力学性能方面发挥着关键作用。通过有限元分析等方法，可以模拟叶片在不同工况下的受力情况，了解叶片的应力分布、变形情况等。这对于优化叶片结构、提高叶片的强度和耐久性具有重要意义。气动性能分析：叶片的气动性能直接影响风机的发电效率。数值模拟可以模拟叶片在不同风速下的流动情况，分析气动力和气动效率。这有助于优化叶片的气动外形，减小风阻，提高风机的效率。疲劳和寿命分析：风机叶片在长期的风吹日晒下容易受到疲劳损伤，影响其使用寿命。数值模拟可以模拟不同工况下叶片的疲劳寿命，预测叶片的寿命和耐久性。这有助于制定更合理的维护和更换策略。

② 优化设计在风电材料中的应用。结构优化设计：针对风机叶片的材料和结构，优化设计可以通过改变叶片的几何形状、层数分布等参数，实现在不同工况下的最佳性能。通过数值模拟和优化算法，可以找到叶片的最优设计，从而提高叶片的强度、刚度和气动性能。材料优化设计：选择合适的材料对叶片的性能至关重要。通过优化设计，可以确定最佳的材料组合和厚度分布，以达到最佳的力学性能和耐久性。这有助于减少材料的浪费，提高材料的使用效率。多学科综合优化：风机叶片的设计涉及多个学科领域，包括力学、气动学、材料科学等。通过多学科综合优化，可以将各个学科的因素综合考虑，找到最佳的设计方案，实现叶片性能的全面提升。

③ 数值模拟与优化设计的优势与挑战。数值模拟和优化设计方法具有多重优势。首先，它们可以在较短的时间内模拟和分析复杂的叶片结构和工况，节省了大量的试验时间和成本。其次，数值模拟和优化设计可以快速评估不同设计方案的性能差异，帮助工程师做出更明智的决策。此外，这些方法还可以在不同的工况下进行仿真，从而更好地了解叶片的性能。虽然数值模拟和优化设计方法具有很多优势，但也面临一些挑战。首先，准确的数值模拟需要基于精确的材料性能参数和工况数据，否则模拟结果可能会产生误差。其次，优化设计需要选择合适的优化算法和设计变量，以及合理的约束条件，才能找到可行的优化解。

④ 未来发展趋势。深度学习在优化设计中的应用：随着深度学习技术的不断发展，将其应用于风电材料的优化设计中，有望进一步提高设计的效率和精度。深度学习可以帮助识别出更多的设计参数和因素，优化设计的空间将更加广阔。多尺度模拟：风机叶片涉及多个尺度的问题，从宏观结构到微观材料，都需要考虑。未来的发展趋势将更加注重多尺度模拟方法的发展，以更准确地预测叶片的性能。可持续性与环保导向：未来的风电材料数值模拟和优化设计也将更加注重可持续性和环保。优化设计不仅要考虑性能指标，还要考虑材料的可循环性和生命周期环境影响。

总之，风电材料的数值模拟与优化设计在提高风力发电系统性能和可持续性方面具有重要作用。通过数值模拟，可以深入分析风机叶片的力学性能、气动性能和耐久性。优化设计则可以找到最佳的叶片结构和材料，从而实现叶片性能的全面提升。尽管在应用过程中存在一些挑战，但随着技术的不断发展，数值模拟和优化设计方法在风电材料研究中的地位将会更加重要。未来的发展趋势将更加注重多学科合作、深度学习应用和可持续性导向，为风力发电的可持续发展提供更强有力的支持。

风能作为可再生能源的重要组成部分，在世界范围内得到了广泛应用，而风机叶片作为风能转换的关键元件，其材料性能的提升对于风力发电系统的性能、效率和可持续性具有重要影响。然而，随着风力发电技术的不断发展，风机叶片材料性能的提升也面临着诸多挑战。下面将探讨风电材料性能提升的挑战，并展望其未来的发展前景。

（1）材料性能提升的挑战

强度与刚度的平衡：风机叶片需要在不同风速和工况下承受复杂的力学载荷，因此材料需要具备足够的强度和刚度来抵御外部力的影响。然而，过于追求强度和刚度可能会导致材料的重量增加，进而影响风机的气动性能和效率。因此，如何在强度与刚度之间找到平衡，是一个亟待解决的挑战。

轻量化设计：随着风机尺寸的增大，叶片的重量成为影响风机性能的重要因素之一。轻量化设计可以降低叶片的重量，提高风机的效率，但轻量化也可能影响叶片的强度和稳定性。因此，如何在保证叶片强度的前提下实现轻量化，是一个亟待解决的问题。

疲劳寿命的提升：如何提高叶片的疲劳寿命，延长叶片的使用寿命，是一个具有挑战性的任务。需要考虑材料的耐久性和稳定性，在不同工况下预测叶片的寿命。

多学科综合优化：如何将各个学科的因素综合考虑，找到最佳的设计方案，是一个复杂的挑战。需要建立多学科协同的优化设计方法，以实现风机叶片性能的全面提升。

（2）材料性能提升的前景

先进材料的应用：随着材料科学的不断发展，越来越多的先进材料被引入到风机叶片的制造中，如纳米材料、复合材料、生物基可降解材料等。这些材料具有优异的性能，可以在提高叶片强度和刚度的同时实现轻量化设计，为风力发电系统带来更高的效率和可靠性。

新型涂层技术的应用：涂层技术在风机叶片中的应用也具有重要意义。新型涂层可以增加叶片的耐腐蚀性、抗紫外线性能等，从而延长叶片的使用寿命。此外，涂层还可以改善叶片的气动特性，提高风机的效率。

智能材料的应用：随着智能材料技术的发展，智能材料在风机叶片中的应用也具有潜力。智能材料可以根据外部环境变化自动调整其性能，如变形、改变材料的刚度等。这些材料可以提高叶片在不同工况下的性能，进一步优化风力发电系统的效率。

数值模拟与优化设计的发展：随着计算机技术和仿真技术的不断发展，数值模拟和优化设计在风电材料性能提升中的应用将会更加广泛。新的仿真方法和优化算法的引入，将加快叶片设计的速度和精度，为风力发电系统的性能提升提供更强有力的支持。

可持续性导向的设计：随着可持续发展理念的深入人心，未来的风机叶片设计也将更加注重可持续性。从材料的选择、制造工艺到使用阶段的环境影响，都将被充分考虑，以实现风力发电系统的可持续性和环保导向。

6.2.3 制造工艺的创新

风能作为一种清洁、可再生的能源，近年来在全球范围内得到了广泛关注和应用。而风力发电系统的核心组成部分之一就是风机叶片，其材料制造工艺的创新对于提高风机性能、降低制造成本和推动可持续发展具有重要意义。下面将探讨风电材料制造工艺的创新，分析其挑战和前景。

（1）工艺创新的背景与意义

风力发电作为清洁能源的代表，不仅能够减少化石燃料的使用，还能有效降低空气污染和温室气体的排放。然而，随着风力发电技术的发展，风机叶片作为能量转换的关键部件，其制造工艺面临着诸多挑战，如制造成本高、生产周期长等。因此，通过工艺创新，可以实现风机叶片制造成本的降低、生产效率的提高，从而进一步推动风力发电产业的发展。

（2）工艺创新的挑战

复杂几何形状的加工难题：风机叶片的几何形状十分复杂，涉及大曲率、薄壁结构等特点，因此在制造过程中面临着加工难题。传统的加工方法可能无法满足叶片的精确要求，如何实现复杂几何形状的精确加工，是一个亟待解决的问题。

材料性能的保持：在追求工艺创新的同时，需要确保风机叶片材料的性能不受损害。一些先进的制造工艺可能会对材料的强度、刚度等性能产生影响，因此需要在工艺创新中保持材料性能的稳定性。

大规模制造的难题：随着风力发电规模的不断扩大，风机叶片的大规模制造成为一个挑战。如何在保证质量的前提下实现高效的大规模制造，是一个需要解决的问题。

可持续性和环保要求的考虑：随着可持续发展理念的深入，工艺创新也需要考虑环境影响和可持续性要求。如何在工艺创新中降低能源消耗、减少废弃物排放，是一个需要重视的问题。

（3）工艺创新的前景

先进加工技术的应用：随着制造技术的不断发展，越来越多的先进加工技术被应用于风机叶片的制造中，如激光切割、数控加工等。这些技术可以实现更精确的加工，提高叶片的质量和性能。

自动化与智能制造：自动化和智能制造技术的应用将进一步提高风机叶片的制造效率和一致性。通过机器人、无人机等技术，可以实现风机叶片的自动化生产和质量检测，减少人工干预。

材料的创新应用：新型材料的应用也为工艺创新提供了可能。例如，具有优异性能的复合材料、纳米材料等可以应用于风机叶片的制造，提高叶片的强度、耐久性等性能。

3D 打印技术的发展：3D 打印技术在制造领域的应用日益广泛，也为风机叶片的制造带来了新的机遇。通过 3D 打印技术，可以实现复杂几何形状的叶片制造，同时也能够降低制造成本和生产周期。

（4）工艺创新的影响与展望

工艺创新对风机叶片的制造和性能具有深远的影响。首先，工艺创新可以降低制造成本，提高生产效率，从而降低风力发电成本，推动风力发电的可持续发展。其次，工艺创新还可以改善叶片的性能，提高风机的转换效率，增强风力发电系统的竞争力。此外，工艺创新还可以推动相关产业链的升级和发展，促进经济的增长和就业的增加。

6.2.4　多功能化材料的发展

风力发电作为可再生能源的重要代表之一，在全球范围内得到了广泛应用。然而，随着风力发电装机容量的不断增加，对风力发电设备性能和可靠性的要求也越来越高。多功能化材料的发展为风力发电领域带来了新的机遇，通过在材料中引入多种性能，可以提高风力发电设备的效率、稳定性和可持续性。下面将探讨风力发电多功能化材料的发展，探讨其在风力发电领域的应用前景。

提高材料强度和耐久性：风力发电设备需要在恶劣的气候条件下工作，因此材料的强度和耐久性至关重要。多功能化材料可以通过在材料中引入纤维增强等结构设计，提高其强度和耐久性，从而延长设备的使用寿命。

改善材料的导热性能：提高材料的导热性能可以提高设备的热稳定性。多功能化材料可以通过导热材料的引入，提高材料的导热性能，降低温度变化对设备性能的影响。

增加材料的阻尼特性：风力发电涡轮机在运行过程中会受到振动和震动的影响，降低这些振动和震动可以提高设备的稳定性。多功能化材料可以引入阻尼材料，改善材料的阻尼特性，从而减少设备的振动和震动。

实现智能监测和维护：多功能化材料可以集成传感器等智能元件，实现对设备状态的实时监测和诊断。通过监测设备的工作状态，可以及时发现问题并进行维护，提高设备的可靠性和稳定性。

材料的设计和制备：多功能化材料需要在一个材料中实现多种性能，这对材料的设计和制备提出了更高的要求。如何在材料的设计和制备过程中实现不同性能的平衡，是一个具有挑战性的问题。

材料的一致性和稳定性：多功能化材料要求不同性能之间的一致性，以保证设备的稳定性和可靠性。然而，不同性能之间的差异可能导致材料的不稳定性，如何解决这一问题需要进一步研究。

可持续性和环保要求：风力发电作为可再生能源的代表，对材料的可持续性和环保性要求越来越高。多功能化材料的发展需要考虑材料的可持续性和环保性，这可能涉及新的材料和制备工艺的开发。

成本和经济性：多功能化材料的制备和应用可能会增加设备的成本，这对风力发电的经济性产生影响。如何在提高设备性能的同时控制成本，是一个需要解决的问题。

提高风力发电效率：多功能化材料可以通过提高设备的性能，提高风力发电的效率。例如，通过提高材料的强度和耐久性，可以减少设备的维护和停机时间，提高发电效率。

提高设备的可靠性：多功能化材料可以提高设备的稳定性和可靠性，降低设备故障和损坏的风险。这对于保障风力发电设备的正常运行具有重要意义。

推动风力发电技术创新：多功能化材料的发展将推动风力发电技术的创新，促进新的材料和制备工艺的开发。这有助于风力发电技术的不断进步和提升。

6.2.5 可持续发展和环保导向

随着全球能源需求的不断增长和环境问题的日益凸显，可持续发展已成为能源领域的核心目标。在这一背景下，风能作为一种清洁、可再生的能源源源不断，逐渐成了能源转型的重要组成部分。风电作为风能的主要转化形式，其可持续发展和环保导向的材料应用也备受关注。下面将深入探讨风电材料的可持续发展和环保导向，分析其在可持续能源体系中的重要性和前景。

材料的选择和应用对于能源系统的可持续性至关重要。在风电领域，材料可持续性体现在多个方面。

① 资源效率：可持续发展要求最大限度地利用有限的资源。风电材料应具备高效利用

原材料、能源和水等资源的特性，以减少资源浪费和环境压力。

②生命周期分析：风电材料的生命周期评价能帮助评估其整个生命周期中的环境影响。从原料采集到生产、使用、再利用和废弃，需要综合考虑不同阶段的环境影响，以制定可持续的材料策略。

③低碳排放：可持续发展要求减少温室气体的排放，风电材料的制造和使用应尽量减少二氧化碳等排放物的产生，以降低气候变化的影响。

风电材料的环保导向是指在材料选择、制造、使用和废弃等方面，积极采取措施以减少对环境的影响，实现环境友好型材料应用。

优先选择可再生、可循环利用、低毒性和低能耗的绿色材料，如生物基材料、可降解材料等，以减少资源消耗和环境污染。风电材料的生产过程应采用低能耗、低碳排放的制造技术，从而减少对能源的依赖，降低生产过程中的环境影响。风电设备的更新换代频率相对较低，因此在设计和制造风电材料时，应考虑材料的可再利用性，以实现循环经济的理念。

材料性能的平衡：材料的可持续性和环保性可能与性能之间存在平衡问题。在选择材料时，需要在环保性和性能之间进行权衡，找到最优解。

制造工艺的创新：制造工艺的改进可以降低材料生产过程中的能耗和排放。采用更环保、节能的制造技术，可以实现材料制造的可持续性。循环经济的推动：建立循环经济体系，实现材料的最大化利用和循环再生，是提升风电材料可持续性的重要途径。

生物可降解材料的应用：生物可降解材料因其在生命周期内能够分解为无害物质而备受关注。在风电领域，可以尝试将生物可降解材料应用于某些零部件中，减少对环境的影响。

智能材料的发展：智能材料具有响应、监测、控制等功能，可以提高风电设备的效率和可靠性。未来风电材料可能融入更多智能元素，以满足能源系统的智能化需求。轻量化设计的推进：轻量化设计可以降低材料的消耗和能源的使用，同时提高风电设备的运行效率。利用新型材料和先进制造技术，实现风电设备的轻量化。

6.2.6　跨学科合作与创新

风电作为可再生能源的代表，已经成为全球能源领域的重要组成部分。然而，风电技术的不断发展和扩展也带来了许多新的挑战，其中之一就是风电材料的研发与应用。为了应对这些挑战并推动风电技术的进一步创新，跨学科合作在风电材料领域具有重要作用。下面将深入探讨风电材料跨学科合作的必要性、优势以及面临的挑战，并探讨如何促进创新以实现可持续的能源未来。

(1) 跨学科合作的必要性

多领域知识的综合：风电材料涉及材料科学、机械工程、电气工程、环境科学等多个学科领域，要解决风电领域的复杂问题，需要将不同领域的知识综合起来，形成更全面的解决方案。

创新的推动：跨学科合作可以促进不同领域之间的知识交流和思想碰撞，从而催生创新思维和新的研究方向。不同学科的交叉结合可以产生新的想法，推动技术的不断突破。

解决复杂问题：风电材料领域存在许多复杂的问题，如材料性能与制造工艺的匹配、耐久性与可持续性的平衡等。跨学科合作可以汇集不同专业的专业知识，共同解决这些复杂问题。

（2）跨学科合作的优势

综合性解决方案：跨学科合作能够提供综合性的解决方案，从材料的选择、设计、制造到使用和维护等各个环节，全面考虑问题的方方面面。

创新的刺激：不同学科的交叉合作能够激发创新思维，引发新的研究方向和领域。例如，材料科学家可以与工程师合作，开发出更先进的风电材料和制造技术。

提高效率：跨学科团队的协作可以提高工作效率，因为团队成员可以共同解决问题，减少重复工作，加快研发和应用的进程。

（3）跨学科合作的挑战

语言障碍：不同学科领域的专业术语和概念可能存在差异，造成沟通和理解的困难。解决这一问题需要团队成员具备跨学科的知识背景。

文化差异：不同学科领域的研究文化和工作方式可能存在差异，需要合作团队建立相互尊重和合作的文化氛围。

目标统一：跨学科合作需要统一目标和愿景，以确保团队成员在不同学科之间保持一致的方向和动力。

（4）促进跨学科合作的方法

跨学科培训：针对跨学科合作团队，可以进行相关培训，使团队成员了解其他领域的基本知识，降低沟通障碍。

跨学科领导：领导者可以具备跨学科背景，能够更好地协调和整合不同学科的资源，推动团队的合作。

团队建设：在团队建设中，强调团队成员之间的协作和合作精神，培养团队成员之间的信任和尊重。

（5）创新的实现与前景

新材料的开发：跨学科合作可以促进新材料的研发，例如将纳米技术应用于风电材料中，改善其性能和可持续性。

新技术的应用：跨学科合作可以推动新技术的应用，如智能材料、3D打印等，进一步提升风电设备的效率和可靠性。

能源系统优化：跨学科合作可以将风电材料与其他能源领域的技术结合，实现能源系统的优化和整合，提高能源利用效率。

6.2.7 能源转型的推动

全球范围内的能源转型将对风电材料的发展产生积极影响。随着可再生能源在能源结构中的占比不断增加，风电产业将迎来更多的投资和支持，从而推动风电材料的研发和创新。

能源转型是当今全球面临的重要议题之一，旨在实现从传统化石燃料能源向可持续、清洁能源的转变。在能源转型的背景下，风力发电作为一种重要的可再生能源形式，已经成为全球关注的焦点。然而，要实现风力发电的广泛应用，风电材料的研发与创新起着关键作用。下面将探讨风电材料如何推动能源转型，以及在能源转型中的战略地位和挑战。

（1）能源转型的背景

环境问题的加剧：气候变化、空气污染和能源稀缺等环境问题日益严重，传统的化石燃料能源不断加剧了这些问题。因此，转向可再生能源是保护环境和人类健康的必要途径。

能源安全问题：传统能源依赖性导致了能源安全的风险，不稳定的地缘政治局势可能导致能源供应中断，危及国家的经济和社会稳定。

可持续发展目标：联合国可持续发展目标要求实现可持续的能源生产和消费，促进经济的绿色增长和社会的可持续发展。

（2）风电材料在能源转型中的地位

清洁能源的代表：风力发电是一种清洁、可再生的能源形式，不产生二氧化碳等温室气体和污染物，对环境友好。

能源多样性的推动：风力发电作为能源多样性的一部分，可以减少对传统化石燃料的依赖，降低能源供应风险。

能源供应的稳定性：风力发电具有分散性，可以在不同地区分布式建设，提高能源供应的稳定性和可靠性。

（3）风电材料推动能源转型的路径

材料性能的提升：风电材料的性能直接影响风力发电设备的效率和可靠性。通过材料的研发与创新，可以提高风力发电的整体性能，降低成本，促进其在能源结构中的地位。

新材料的应用：随着纳米技术、生物材料和智能材料等的发展，新材料在风电领域的应用不断涌现。这些新材料能够提升风电设备的性能、可靠性和可持续性。

制造技术的创新：制造技术的创新可以降低风电设备的制造成本，提高生产效率。例如，3D 打印等先进制造技术可以为风电材料的生产带来新的可能性。

能源系统的优化：风力发电作为能源体系的一部分，需要与其他能源形式进行优化整合。通过跨能源的整合与调度，可以实现能源系统的高效利用。

（4）风电材料推动能源转型面临的挑战

技术难题：风电材料的研发和应用面临着材料性能、稳定性、制造技术等方面的挑战，需要跨学科的合作来解决这些问题。

经济成本：风电材料的研发和应用可能会带来一定的经济成本，需要寻找合适的资金支持和投资渠道。

政策支持：能源转型需要政府的政策支持，包括减税、补贴和产业政策等，以促进风力发电材料的研发和应用。

（5）推动风电材料在能源转型中的创新

跨学科合作：风电材料涉及材料科学、工程技术、经济学等多个领域，跨学科的合作可以促进新材料、新技术的创新。

科研机构与产业界合作：科研机构与产业界的合作可以加速研究成果的转化和应用，推动风电材料的商业化进程。

国际合作：能源转型是全球性的问题，国际合作可以共享资源、经验和技术，推动风电材料在全球范围内的发展。

参 考 文 献

[1] 简信. 风力发电机叶片制造技术发展动态 [J]. 非织造布, 2012 (03): 39.

[2] 编辑部. 工信部: 加快发展新能源、新材料、新能源汽车、绿色环保等战略性新兴产业 [J]. 粉末冶金工业, 2022, 32 (01): 19.

[3] Wang D, Zhou Y H, Yao X, et al. Inheritance of microstructure and mechanical properties in laser powder bed fusion additive manufacturing: A feedstock perspective [J]. Materials Science & Engineering A, 2022, 832.

[4] 李德源, 叶枝全, 陈严, 等. 风力机叶片载荷谱及疲劳寿命分析 [J]. 工程力学, 2004, 21 (6): 118-123.

[5] 包飞. 风力机叶片几何设计与空气动力学仿真 [D]. 大连: 大连理工大学, 2008.

[6] 许晓燕, 颜鸿斌, 李东, 等. 风机叶片静载荷和模态测试技术 [J]. 宇航材料工艺, 2011, 41 (02): 43-46.

[7] 麻俊杰. 兆瓦级风力发电机组叶片动态载荷分析 [J]. 机电产品开发与创新, 2013, 26 (05): 32-33, 70.

[8] 时燕, 田德, 王海宽. 风力发电机叶片设计技术的发展概况 [J]. 农业工程技术, 2008, (2): 21-22.

[9] 杨俊. 大型风机叶片动态分析及结构优化 [D]. 无锡: 江南大学, 2015.

[10] 胡杰桦, 邓航, 梁鹏程, 等. 风电叶片疲劳测试中的等效载荷研究 [J]. 复合材料科学与工程, 2022 (02): 89-93.

[11] 巴晓蕾, 梁吉鹏, 郭文婧, 等. 全尺寸垫升风机复合材料叶片疲劳试验加载技术研究 [J]. 强度与环境, 2020, 47 (3): 17-23.

[12] 苏灵. 风力发电机叶根疲劳载荷及寿命分析 [D]. 重庆: 重庆交通大学, 2019.

[13] 代东亮, 布欣, 王新武. 钢材高温下应力-应变曲线研究 [J]. 洛阳理工学院学报 (自然科学版), 2011, 21 (01): 14-18.

[14] 王少辉, 李颖, 翁依柳, 等. 基于棒材拉伸试验确定金属材料真实应力应变关系的研究 [J]. 塑性工程学报, 2017, 24 (04): 138-143.

[15] 陈振华, 夏伟军, 严红革, 等. 镁合金材料的塑性变形理论及其技术 [J]. 化工进展, 2004 (02): 127-135.

[16] 陈园. 风力发电机叶片三维建模及有限元动力学分析 [D]. 西安: 西安理工大学, 2008.

[17] 李欢, 余波, 沈俊杰, 等. 气动力和离心力载荷对风力机叶片结构特性的影响 [J]. 科学技术与工程, 2019, 19 (19): 151-156.

[18] 朱希. 高强度结构钢材材料设计指标研究 [D]. 北京: 清华大学, 2015.

[19] 王俊升, 薛程鹏, 王硕, 等. 轻质金属的发展和应用: 高强铝合金和镁合金 [J]. 特种铸造及有色合金, 2023, 43 (02): 145-152.

[20] 邹学通, 李顺华, 臧永伟, 等. 铸造铝合金方棒浇铸质量控制与应用 [J]. 云南冶金, 2023, 52 (01): 167-172.

[21] 李祖华. 风力发电现状和复合材料在风机叶片上的应用 [J]. 高科技纤维与应用, 2008 (03): 30-35.

[22] 熊皓, 王学花, 张纯琛, 等. 复合材料及碳纤维在风电叶片中的应用现状 [J]. 科技风, 2020 (31): 179-180.

[23] 许经纬. 碳纤维/玻璃纤维混杂增强复合材料力学性能研究及风电叶片应用 [D]. 苏州: 苏州大学, 2019.

[24] 张玮, 谭艳君, 刘姝瑞, 等. 玄武岩纤维的性能及应用 [J]. 纺织科学与工程学报, 2022, 39 (01): 85-89.

[25] 江泽慧, 孙正军, 任海青. 先进生物质复合材料在风电叶片中的应用 [J]. 复合材料学报, 2006 (03): 127-129.

[26] 雷国财. 超级不锈钢涂层在风机主轴修复上的应用研究 [J]. 中国设备工程, 2022 (07): 142-143.

[27] 姚日煌, 陈新苹, 鹿洵. 智能传感器在智能制造中的应用和意义 [J]. 电子质量, 2023 (03): 108-113.

[28] 陈劲松, 王亚洲, 翟亚进, 等. 3D打印技术在涡轮叶片制造中的应用 [J]. 自动化应用, 2022 (05): 78-79+82.

[29] 王泽宇, 霸金, 马蕾, 等. 纳米材料增强复合钎料的研究进展 [J]. 精密成形工程, 2018, 10 (01): 82-90.

[30] 孙二平, 苏宝定, 江海涛. 大风机叶片材料轻量化的探索 [J]. 玻璃纤维, 2022 (02): 37-42.

[31] 王海涛, 万敏, 姜兆芳, 等. 电子散斑干涉技术的发展及其无损检测方面的应用 [C] //南昌无损检测国际会议——无损检测技术国际研讨会暨无损检测高等教育发展论坛, 电磁检测学术交流会, 2007.

[32] 吴春梅, 田瑞, 陈永艳. 基于振动性能优化的风力机叶片设计 [J]. 工程热物理学报, 2008, 29 (11): 1857-1860.

[33] 陈严, 张林伟, 刘雄, 等. 水平轴风力机叶片疲劳载荷的计算分析 [J]. 太阳能学报, 2013, 34 (5): 7.

[34] 王琪, 杜伟宏, 孙淑霞. 水平轴风力发电机结构动态特性的测试与分析 [J]. 沈阳工业大学学报, 2001, 23 (2): 107-109.

[35] 李声艳，徐玉秀，周晓梅.风力发电机组风轮的动态特性分析 [J].天津工业大学学报，2006，25（6）：3.

[36] 董平利，龙晓云.引风机调风门叶片损坏导致风机故障的维修改进 [J].机械工程师，2016（1）：243-244.

[37] 周勃，王慧，张亚楠.轴流风机叶片优化设计仿真与模态分析 [J].重型机械，2017（6）：71-75.

[38] 赵丽丽，吴成刚，宫天泽，等.应用多翼离心式风机的风管机流场优化 [J].制冷与空调，2016.

[39] 曹人靖，王超，周盛.轴流通风机气动稳定性研究 [J].流体机械，2001，29（4）：5.

[40] 陈涛，陈永艳，高志鹰，等.小型风力机风轮及机舱动态响应特征分析 [J].可再生能源，2018，36（7）：6.

[41] Cai H，Zhu R C，Wang X J，et al.浮式风机在风浪联合作用下的动力响应分析 [J].哈尔滨工程大学学报，2019（001）：040.

[42] 赵永祥，夏长亮，宋战锋，等.变速恒频风力发电系统风机转速非线性 PID 控制 [J].中国电机工程学报，2008，28（11）：113-138.

[43] Evans，R.The steroid and thyroid hormone receptor superfamily [J].Science，1988，240（4854）：889-895.

[44] Salleh Z，Islam M M，Epaarachchi J A.Compressive behaviour of low density polymeric syntactic foams [J].Applied Mechanics and Materials，2015，799-800：135-139.

[45] Boujleben A，Ibrahimbegovic A，Lefranois E.An efficient computational model for fluid-structure interaction in application to large overall motion of wind turbine with flexible blades [J].Applied Mathematical Modelling，2020，77（Part 1）：392-407.

[46] 刘晓良，祁大同，毛义军，等.串列叶片式前向离心风机气动与噪声特性的优化研究 [J].应用力学学报，2009（1）：40-44.

[47] 张顾钟.离心风机优化设计方法研究 [J].风机技术，2011（5）：6.

[48] 马平，王英敏，张建，等.基于遗传优化神经网络的故障诊断研究 [J].微计算机信息，2007（28）：3.

[49] 陈文威.风机叶片的表面强化技术 [J].焊接，1997（1）：4.

[50] Voogd A C，Nielsen M，Peterse J L，et al.Differences in risk factors for local and distant recurrence after breast-conserving therapy or mastectomy for stage Ⅰ and Ⅱ breast cancer：pooled results of two large European randomized trials [J].Journal of Clinical Oncology，2001，19（6）：1688-1697.

[51] 姜香梅.有限单元法在风力发电机组开发中的应用研究 [J].新疆农业大学，2002.

[52] 屈泉，陈南梁.玻璃纤维多轴向经编织物增强复合材料弯曲性能的研究 [J].产业用纺织品，2004，（02）：22-25.

[53] 陈南梁.地组织结构及材料对多轴向经编增强复合材料拉伸性能的影响 [J].东华大学学报（自然科学版），2002，（01）：105-106，115.

[54] 刘元万.多轴向经编针织（MWK）复合材料 SHPB 动态响应 [J].纤维复合材料，2006，（02）：16-18，54.

[55] Renkens W.Geometry modelling of warp knitted fabrics with 3D form [J].Textile Research Journal，2011，81（4）：437-443.

[56] Luo F F.Study of micro/nanostructures formed by a nanosecond laser in gaseous environments for stainless steelsurface coloring [J].Applied Surface Science，2015，328：405-409.

[57] 雷光勇.不锈钢化学发黑的新工艺 [J].材料保护，1990（4）：30-31.

[58] 谷春瑞，李国彬，姜延飞.影响不锈钢化学着色工艺因素的探讨 [J].新技术新工艺，1999，21（2）：3-5.

[59] 刘忠宝，梁燕萍.不锈钢化学着色的低温工艺研究 [J].表面技术，2008（5）：58-60.

[60] Dariusz B，et al.Characterization of W-Cr metal matrix composite coatingsreinforced with WC particles produced on low-carbon steel using laser processing of precoat [J].JOM，2020，13（22）：59-63.

[61] Chen S X，et al.Patterning and fusion of alumina particles on S7 tool steel by pulsed laser processing [J].Journal of Manufacturing Processes，2020，60：107-116.

[62] Lesyk D A，B.Mordyuk N，Martinez S，et al.Influence of combined laser heat treatment and ultrasonic impact treatment on microstructure and corrosion behavior of AISI 1045 steel [J].Surface and Coating Technology，2020，401：45-56.

[63] 子君.利用激光热处理控制显微组织改善不锈钢箔疲劳寿命 [N].世界金属导报，2019-06-18（B14）.

[64] Liu Z Y.Wear properties and characterization of laser-deposited Ni-base composites on 304 stainless steel [J].Surface Review and Letters，2020，27（10）：60-68.

[65] Song S Q.Effect of N＋Cr ions implantation on corrosion and tribological properties in simulated seawater of carbu-

rized alloy steel [J]. Surface & Coatings Technology, 2020，385：1641-1650.

[66] 陈康，赵玮霖. 304 奥氏体不锈钢氮离子注入层的组织与性能研究 [J]. 表面技术，2011，40（2）：18-20.

[67] Liu M. Inhibition of stress corrosion cracking in 304 stainless steel through titanium ion implantation [J]. Materials Science and Technology，2020，36（3）：284-292.

[68] 张坚，邱斌，赵龙志. 激光熔覆技术研究进展 [J]. 热加工工艺，2011，40（18）：124-127.

[69] 赵名师，吴明. 管道热喷玻璃釉技术分析 [J]. 管道技术与设备，2006，（6）：35-37.

[70] 刘景辉，勾红星，吴连波，等. 锌-铁-磷电镀技术研究 [J]. 有色金属加工，2008，37（2）：52-53.

[71] 蔡正杰. 一种风力发电叶片及其制造技术 [P]. 中国：101581269A. 2009.

[72] 李健，周洲. 一种芳纶纤维/环氧树脂复合材料的制备方法 [P]. 中国：101538398A. 2009.

[73] 陈玲，江泽慧，黄晓东，等. 风电叶片复合材料杉木薄板树脂浸渍量研究 [J]. 中国木材，2008（1）：28-29.

[74] 黄晓东，江泽慧，任海青，等. 分级杉木风电叶片复合材料的制备与研究 [J]. 福州大学学报（自然科学版），2008，36（5）：714-717.

[75] 黄晓东，江泽慧，程海涛，等. 风电叶片复合材料毛竹增强相的动态热机械分析研究 [J]. 世界竹藤通讯，2008（3）：6-9.

[76] 祝荣先，于文吉. 风电叶片用竹基纤维复合材料力学性能的评价 [J]. 木材工业，2012，26（3）：7-10.

[77] Shah D U，et al. Can flax replace E-glass in structural composites? A small wind turbine blade case study [J]. Composites Part B：Engineering，2013，52：172-181.

[78] Kuehneweg B，Weber B，Timothy N N. Polyurethane-based protective coatings for rotor blades [P]. US，2015/0166831 A1. 2015-07-18.

[79] Connelb A，Valenta J N. Composites comprising a multi-layer coating system [P]. US，20090220795. 2009-07-12.

[80] Kallesoee E，Nysteen L. Improved coating composition for wind turbine blades [P]. US，2010122157. 2010-10-28.

[81] Karmouch R，Ross G G. Super hydrophobic wind turbine blade surfaces obtained by a simple deposition of nanoparticle embedded in epoxy [J]. Applied Surface Science，2010，257（3）：665-669.

[82] Carrion J E，Lafave J M，Hjelmstad K D. Experimental behavior of monolithic composite cuff connections for fiber reinforced plastic box sections [J]. Composite Structures，2005，67（3）：333-345.

[83] 刘国春，幸李雯，杨文锋，等. 铺层方向角偏差对复合材料层板阶梯挖补的拉伸强度影响研究 [J]. 玻璃钢/复合材料，2015（4）：52-56.

[84] 卞航，梁宪珠，张铖，等. 铺层角度偏差对曲面复合材料结构固化变形的影响分析 [J]. 材料开发与应用，2012，27（4）：38-41.

[85] Kim E，Park J，Jo S. A study on fiber orientation during the injection molding of fiber-reinforced polymeric composites：Comparison between image processing results and numerical simulation [J]. Journal of Materials Processing Technology，2001，111（1）：225-232.

[86] Yang C，Huang H X，Li K. Investigation of fiber orientation states in injection-compression molded short-fiber-reinforced thermoplastics [J]. Polymer Composites，2010，31（11）：1899-1908.

[87] Vincent M，Giroud T，Clarke A，et al. Description and modeling of fiber orientation in injection molding of fiber reinforced thermoplastics [J]. Polymer，2005，46（17）：6719-6725.

[88] Thomason J. Structure-property relationships in glass-reinforced polyamide Ⅰ：The effects of fiber content [J]. Polymer Composites，2006，27（5）：552-562.

[89] Nairn J A，Zoller P. Matrix solidification and the resulting residual thermal-stresses in composites [J]. Journal of Materials Science，1985，20（1）：355-367.

[90] 张博明，杨仲，孙新杨，等. 含界面相复合材料热残余应力分析 [J]. 固体力学学报，2010，31（2）：142-148.

[91] Zhao L G，Warrior N A，Long A C. A thermo-viscoe-lastic analysis of process-induced residual stress in fiber-reinforced polymer-matrix composites [J]. Materials Science and Engineering A，2007，452-453：483-498.

[92] Fiedler B，Hojo M，Ochiai S，et al. Finite element modeling of initial matrix failure in CFRP under static transverse tensile load [J]. Composites Science and Technology，2001，61（1）：95-105.

[93] Fletcher A J，Oakeshott J L. Thermal residual micro stress generation during the processing of unidirectional carbon fiber/epoxy resin composites：Random fiber arrays [J]. Composites，1994，25（8）：806-813.

[94] Jin K K，Oh J H，Has K. Effect of fiber arrangement on residual thermal stress distribution in a unidirectional composite [J]. Journal of Composite Materials，2007，41（5）：591-611.

[95] Hobbiebrunken T，Hojo M，Jin K K，et al. Influence of non-uniform fiber arrangement on microscopic stress and failure initiation in thermally and transversely loaded CF/epoxy laminated composites [J]. Composites Science and Technology，2008，68（15-16）：3107-3113.

[96] 杨雷，刘新，高东岳，等. 考虑纤维随机分布的复合材料热残余应力分析及其对横向力学性能的影响 [J]. 复合材料学报，2016，33（03）：525-534.

[97] 刘诚，范豪，花军，等. 铺层取向角度对黄麻纤维复合材料性能的影响 [J]. 东北林业大学学报，2016，44（02）：52-55，79.

[98] 贺晶晶，师俊平. 纤维取向与打团效应对玄武岩纤维增强复合材料拉伸性能的影响 [J]. 科技导报，2017，35（19）：67-73.

[99] 张昊，蔡佩芝，赵东林，等. 碳纳米管增强环氧树脂基复合材料的制备及其力学性能 [J]. 北京化工大学学报（自然科学版），2011，38（1）：62-67.

[100] Yang Y K，et al. Incorporation of liquid-like multiwalled carbon nanotubes into an epoxy matrix by solvent-free processing [J]. Nanotechnology，2012，23（22）：225701.

[101] 徐洪军，张启忠，等. 多壁碳纳米管的功能化及其应用研究 [J]. 弹性体，2012，22（1）：38-41.

[102] 王静荣，谢华清. 制备方法对聚氨酯/碳纳米管复合材料性能的影响 [J]. 合成橡胶工业，2009，32（5）：391-394.

[103] 姜宪凯，顾继友，陈萃，等. 碳纳米管/聚氨酯复合材料的制备及其力学性能的研究 [J]. 黑龙江大学自然科学学报，2009，26（6）：790-794.

[104] Loos M R，et al. Enhancement of fatigue life of polyurethane composites containing carbon nanotubes [J]. Composites Part B：Engineering，2013，44（1）：740-744.

[105] 张照辉. 基于光纤传感技术的风力发电机结构状态评估方法 [D]. 哈尔滨：哈尔滨工业大学，2020.

[106] Liu Z，Liu X，Zhu S，et al. Reliability assessment of measurement accuracy for FBG sensors used in structural tests of the wind turbine blades based on strain transfer laws [J]. Engineering Failure Analysis，2020，112：104506.

[107] Josué P，Oliver P. Vibration-based damage detection in a wind turbine blade through operational modal analysis under wind excitation [J]. Materials Today：Proceedings，2022，56（P1）：291-297.

[108] Tcherniak D，et al. Active vibration-based structural health monitoring system for wind turbine blade：Demonstration on an operating Vestas V27 wind turbine [J]. Structural Health Monitoring，2017，16（5）：536-550.

[109] 顾永强，冯锦飞，张哲玮，等. 基于模态参数的在役风力发电机叶片损伤识别研究 [J]. 太阳能学报，2022，43（03）：350-355.

[110] 张则荣，韩桐桐，李影. 基于应变模态的风机叶片损伤诊断研究 [J]. 可再生能源，2021，39（03）：359-364.

[111] 贾辉，张磊安，王景华，等. 基于声发射技术的风电叶片复合材料损伤模式识别 [J]. 可再生能源，2022，40（01）：67-72.

[112] 张亚楠，周勃，俞方艾，等. 含缺陷风电叶片复合材料的失稳状态识别和预测 [J]. 太阳能学报，2021，42（09）：318-325.

[113] Pan X，Liu Z，Xu R，et al. Early warning of damaged wind turbine blades using spatial-temporal spectral analysis of acoustic emission signals [J]. Journal of Sound and Vibration，2022，537：117209.

[114] 董小泊. 基于 DBSCAN 的风电叶片音频分类研究 [J]. 科技创新与应用，2022，12（04）：23-25.

[115] Poozesh P，Aizawa K，Niezrecki C，et al. Structural health monitoring of wind turbine blades using acoustic microphone array [J]. Structural Health Monitoring，2017，16（4）：471-485.

[116] Czifrák K，Lakatos C，Karger-Kocsis J，et al. One-pot synthesis and characterization of novel shape-memory poly（ε-caprolactone）based polyurethane-epoxy co-networks with Diels-Alder couplings [J]. Polymers，2018，10：504.

[117] Compton B G，Lewis J A. 3D-printing of lightweight cellular composites [J]. Additive Manufacturing，2014，26（34）：5930-5935.

[118] Hao W, Liu Y, Zhou H, et al. Preparation and characterization of 3D printed continuous carbon fiber reinforced thermosetting composites [J]. Polymer Testing, 2018, 65: 29-34.

[119] Ming Y K, Zhang S Q, Han W, et al. Investigation on process parameters of 3D printed continuous carbon fiber-reinforced thermosetting epoxy composites [J]. Additive Manufacturing, 2020, 33: 101184.

[120] Tian X Y, Liu T F, Yang C C, et al. Interface and performance of 3D printed continuous carbon fiber reinforced PLA composites [J]. Composites Part A: Applied Science and Manufacturing, 2016, 88: 198-205.

[121] Liu T F, Tian X Y, Zhang M Y, et al. Interfacial performance and fracture patterns of 3D printed continuous carbon fiber with sizing reinforced PA6 composites [J]. Composites Part A: Applied Science and Manufacturing, 2018, 114: 368-376.

[122] Akasheh F, Aglan H. Fracture toughness enhancement of carbon fiber-reinforced polymer composites utilizing additive manufacturing fabrication [J]. Journal of Elastomers & Plastics, 2019, 51 (7-8): 698-711.

[123] 单忠德, 范聪泽, 孙启利, 等. 纤维增强树脂基复合材料增材制造技术与装备研究 [J]. 中国机械工程, 2020, 31 (2): 221-226.

[124] Young D, Wetmore N, Czabaj M. Interlayer fracture toughness of additively manufactured unreinforced and carbon-fiber-reinforced acrylonitrile butadiene styrene [J]. Additive Manufacturing, 2018, 22: 508-515.

[125] 明越科, 段玉岗, 王奔, 等. 高性能纤维增强树脂基复合材料 3D 打印 [J]. 航空制造技术, 2019, 62 (4): 34-38, 46.

[126] Shi B, Shang Y, Zhang P, et al. Dynamic capillary-driven additive manufacturing of continuous carbon fiber composite [J]. Matter, 2020, 2 (6): 1594-1604.

[127] 张肖男, 单忠德, 范聪泽, 等. 增材制造用 PLA/连续碳纤复合材料力学性能 [J]. 工程塑料应用, 2019, 47 (8): 91-95.

[128] Hou Z H, Tian X Y, Zhang J K, et al. 3D printed continuous fibre reinforced composite corrugated structure [J]. Composite Structures, 2018, 184: 1005-1010.

[129] Hu Q X, Duan Y C, Zhang H G, et al. Manufacturing and 3D printing of continuous carbon fiber prepreg filament [J]. Journal of Materials Science, 2018, 53 (3): 1887-1898.

[130] Ning F D, Cong W L, Hu Y B, et al. Additive manufacturing of carbon fiber-reinforced plastic composites using fused deposition modeling: Effects of process parameters on tensile properties [J]. Journal of Composite Materials, 2017, 51 (4): 451-462.

[131] Chacon J M, Caminero M A, Garcia-plaza E, et al. Additive manufacturing of PLA structures using fused deposition modelling: Effect of process parameters on mechanical properties and their optimal selection [J]. Materials & Design, 2017, 124: 143-157.

[132] Chacon J M, Caminero M A, Nunez P J, et al. Additive manufacturing of continuous fiber reinforced thermoplastic composites using fused deposition modelling: Effect of process parameters on mechanical properties [J]. Composites Science and Technology, 2019, 181: 107688.

[133] Dickson A N, Barry J N, Mcdonnell K A, et al. Fabrication of continuous carbon, glass and Kevlar fiber reinforced polymer composites using additive manufacturing [J]. Additive Manufacturing, 2017, 16: 146-152.

[134] Caminero M A, Chacon J M, Garcia-moreno I, et al. Interlaminar bonding performance of 3D printed continuous fiber reinforced thermoplastic composites using fused deposition modelling [J]. Polymer Testing, 2018, 68: 415-423.

[135] Goh G D, Dikshit V, Nagalingam A P, et al. Characterization of mechanical properties and fracture mode of additively manufactured carbon fiber and glass fiber reinforced thermoplastics [J]. Materials & Design, 2018, 137: 79-89.

[136] Oztan C, Karkkainen R, Fittipaldi M, et al. Microstructure and mechanical properties of three dimensional-printed continuous fiber composites [J]. Journal of Composite Materials, 2019, 53 (2): 271-280.

[137] Yang C C, Wang B J, Li D C, et al. Modelling and characterization for the responsive performance of CF/PLA and CF/PEEK smart materials fabricated by 4D printing [J]. Virtual and Physical Prototyping, 2017, 12: 69-76.